U0330173

华大基因—国家基因库系列

Collection of Global Cone Snails

海洋
芋螺资源图鉴

石琼　高炳淼　彭超 ◎ 主　编

吴勇　朱晓鹏　陈琴 ◎ 副主编

中山大学出版社
SUN YAT-SEN UNIVERSITY PRESS
·广州·

图书在版编目（CIP）数据

海洋芋螺资源图鉴/石琼，高炳淼，彭超主编；吴勇，朱晓鹏，陈琴副主编. —广州：中山大学出版社，2018.3

（华大基因—国家基因库系列）

ISBN 978 - 7 - 306 - 06195 - 9

Ⅰ.①海…　Ⅱ.①石…②高…③彭…④吴…⑤朱…⑥陈…　Ⅲ.①腹足纲—图集　Ⅳ.①Q959.212 - 64

中国版本图书馆 CIP 数据核字（2017）第 238435 号

Haiyang Yuluo Ziyuan Tujian

出 版 人：徐　劲
策划编辑：李　文　曹丽云
责任编辑：曹丽云
封面设计：曾　斌
责任校对：梁嘉璐
责任技编：何雅涛
出版发行：中山大学出版社
电　　话：编辑部 020 - 84111996，84113349，84111997，84110779
　　　　　发行部 020 - 84111998，84111981，84111160
地　　址：广州市新港西路 135 号
邮　　编：510275　　　　　传　真：020 - 84036565
网　　址：http://www.zsup.com.cn　E-mail：zdcbs@ mail. sysu. edu. cn
印 刷 者：广州家联印刷有限公司
规　　格：889mm×1194mm　1/16　19.25 印张　550 千字
版次印次：2018 年 3 月第 1 版　2018 年 3 月第 1 次印刷
定　　价：100.00 元

本书编委会

主　编　石　琼　高炳淼　彭　超
副主编　吴　勇　朱晓鹏　陈　琴
编　委　（排名不分先后）

　　　　安婷婷　陈　琴　高炳淼　彭　超
　　　　石　琼　唐天乐　林　波　吴　勇
　　　　易　博　朱晓鹏　任　洁　张　章
　　　　姚　戈　杨家安　黄　海　林学强
　　　　徐军民

序

　　自从 20 世纪五六十年代以来，芋螺及芋螺毒素一直是海洋药物研发领域的热点之一。我国从中央到地方政府对有关研究提供了大力支持，不少研究团队参与其中，如中国人民解放军军事科学院防化研究院我的团队、中国科学院上海生化研究所的戚正武院士团队、海南大学海洋学院罗素兰教授团队等。近年来，随着测序技术的快速发展，华大基因旗下的深圳市华大海洋研究院石琼院长团队逐步成长起来，正在开展基因组、转录组、多肽组学研究。

　　全球芋螺种类繁多，资源丰富。华大基因石琼教授与海南医学院高炳淼副教授牵头编著的《海洋芋螺资源图鉴》，对全球芋螺资源进行系统总结。不仅详细介绍芋螺的形态与分类（提供了大量翔实的图片），更重要的是对芋螺毒素及其应用研究做了大篇幅的概括性综述。值得一提的是第三部分"芋螺索引"，提供了一个很好的芋螺种类拉丁文与中文对照信息，为相关分类研究提供强有力的支撑。

　　本图鉴由 10 家单位的 17 位合作者编撰而成，他们辛勤工作的结晶为有关领域的科技工作者提供了宝贵的参考资料，也是值得海洋科学爱好者珍藏的科普读物。

　　特此推荐。

中国工程院院士
中国人民解放军军事科学院防化研究院研究员

前　言

　　芋螺是一类生活在热带海洋的肉食性软体动物。作为古老海洋生物之一，芋螺起源于5500万年前，分类学上隶属软体动物门（Mollusca）腹足纲（Gastropoda）新腹足目（Neogastropoda）芋螺科（Conidae）芋螺属（Conus），主要分布在太平洋、印度洋和大西洋等热带与亚热带海域。芋螺外壳多呈倒圆锥形或纺锤形，厚重坚硬，体螺层高大，螺塔因种类差异呈高低不同。壳面平滑或具螺脉、成长脉、螺沟、颗粒及肩部的结节等突起；外壳颜色和花纹斑斓多彩，并以各式各样的颜色呈现出多种形状。

　　5000多万年来，芋螺成功地进化出一套成熟的毒液系统，用于捕获猎物。一旦感知到猎物，芋螺就会伸长它的吻，发射中空的针状齿舌，刺入猎物体内，并注入高效的混合毒液。攻击过程平均持续仅数毫秒，猎物通常会在1～2秒内被毒液麻痹失去知觉。芋螺毒素（conotoxins，CTXs）是由芋螺分泌的用于麻醉猎物的神经性毒素小肽，具有种类多、结构新颖、生物活性强、选择性高等特点，能特异结合各种离子通道、转运体和受体等靶标，已成为当今药理学和神经科学研究的重要工具，在新药开发方面极具潜力。芋螺毒素疗效确切、不成瘾，在诸如中枢神经紊乱、癫痫症、帕金森病、神经肌肉阻滞、抑郁症、高血压、心率不齐、顽痛、哮喘、烟酒成瘾、毒瘾、肌肉松弛和中风等诸多神经疾病的治疗方面具有极好的前景；同时，食虫芋螺毒素在绿色多肽杀虫剂领域也极具开发应用前景。到目前为止，已有一种芋螺毒素产品（ω-CTX MⅦA，专利约8亿美元）获美国食品药品管理局（FDA）批准上市，还有约10种芋螺毒素正处于不同的临床验证阶段。

　　诸多研究表明，每种芋螺可能存在50～200种芋螺毒素转录本，最新研究更是发现，每种芋螺中可能含有1000～2000种特异的毒素肽。芋螺属种类繁多，全世界约有700种，据此估计全球总共有70万～1400万种芋螺毒素肽。而迄今为止，已发现和研究的芋螺多肽不足该数量的千分之一，这表明芋螺毒液是一个潜力无限的"天然海洋药物宝库"，尚待人类深入研究、开发利用与保护。

　　隶属华大基因的深圳市华大海洋研究院与合作伙伴一起，长期致力于从中国南海芋螺中开展新型芋螺毒素的基因资源挖掘、毒素多肽合成、动物实验和活性筛选试验等研究，并建立了一套完备的半自动芋螺人工室内循环水饲养系统。近年来，我们系统地完成了我国南海优势种——桶形芋螺（Conus betulinus）的不同大小个体及不同组织的转录组研究，从中发现了215条芋螺毒素转录本，与海南医学院联合筛选获得 16 个具杀虫活性的多肽，确定具有显著杀虫活性的芋螺毒素肽 5 个；同时，还完成了其他多种芋螺毒液管组织的转录组和多肽组研究，共发掘到新型芋螺毒素序列 237 条；完成了桶形芋螺和菖蒲芋螺（*C. vexillum*）的基因组调查研究，获得了这两种芋螺基因组基本信息。目前，有关桶形芋螺全基因组的测序、组装和注释工作正在深入进行之中。

全球芋螺种类繁多。当前，国际上对芋螺分类的主要依据是贝壳的形状差异和颜色花纹的不同。本图鉴对全球芋螺种类及其图片进行系统而全面的梳理，主要分为总论和芋螺图鉴两部分。在总论部分，对芋螺的生物学特征，芋螺毒素的种类、功能、研究进展和应用前景等进行简要介绍；在图鉴部分，对搜集到的 343 种芋螺进行独立介绍，并配以丰富的图片和文字说明。为了便于读者快速查找相关信息，随后的芋螺索引部分按照种名的中文拼音与拉丁文首字母顺序分别标出了相应的页码。最后，提供了主要编者的简介。

本专著的出版得到国家高技术研究发展计划（"863"计划）课题（2014AA93501）、深圳市科技计划国际合作项目（GJHZ20160229173052805）和广东省海洋经济动物分子育种重点实验室的经费支持。深圳市华大海洋研究院、海南医学院、海南大学、海南广播电视大学、海南省药物研究所、中国人民解放军军事科学院防化研究院、中国人民解放军第一八七中心医院、麦科罗医药科技（武汉）有限公司等单位的老师们，在过去的近一年时间里参与了本书的编写与校对工作，在此一并致以诚挚的谢意。

作为"华大基因—国家基因库系列"丛书中的一本，本图鉴可用作深圳华大基因学院等相关院校的研究生教材。本图鉴内容系统翔实，图片丰富美观，为芋螺及芋螺毒素科研工作者提供了芋螺种类鉴定等有关的参考信息；同时，对于螺类收藏者和海洋科学爱好者来说，也是一本值得阅读与收藏的科普典籍。

由于编者水平有限，仓促之中难免存在诸多错漏之处，还请大家批评指正。

目　　录

第一部分 Part ❶

总论

ZONGLUN

第一章 芋螺资源概述

芋螺是最古老的海洋生物物种之一，最早出现在 5500 万年前，是很奇妙的软体动物，为热带习见的海洋腹足类。分类学上属于腹足纲（Gastropoda）前腮亚纲（Prosobranchia）新腹足目（Neogastropoda）芋螺科（Conidae）芋螺属（Conus），别称鸡心螺。芋螺属种类繁多，全世界有约 700 种，贝壳均呈圆锥形或纺锤形，花纹斑斓。芋螺最恰当的描述是"美丽、剧毒"。贝壳表面的花纹争奇斗艳，使得世界各地的贝壳爱好者们趋之若鹜。除此之外，每一种芋螺都有一套藏有上百种芋螺毒素的"库房"，它们像美食大厨一样随时改变食谱的配料，以防猎物对其毒素产生抵抗力。这种本领真是妙不可言！它们所产生的各式各样的毒素令人叹为观止。有人把每一只芋螺比作一个实验室，它们不停地生产、变更着配方，制造着新产品。因此，芋螺用来制服猎物的毒液及其复杂性令科学家们痴迷。

第一节 芋螺的形态结构特征

一、芋螺的形态与结构

芋螺为典型的热带种类，具有倒圆锥形外壳和水管沟。其神经系统集中，食道神经环位于唾液腺的后方，没有被唾液腺输送管穿过；胃肠神经节位于脑神经中枢附近。口吻发达，食道具有不成对的食道腺。外套膜的一部分包卷而形成水管。在芋螺的结构中，特化的捕食器官和特殊的毒液系统可分泌毒液，并将其从口吻射出杀伤其他动物；口腔内有鱼叉倒刺管状的齿舌[1]。

1. 芋螺贝壳

芋螺贝壳最显著的形态是倒圆锥形或纺锤形，贝壳较厚重，形状像鸡的心脏或芋头，前方尖瘦而后端粗大，有的壳顶低矮，有的具有高耸的螺塔，螺旋部低平或稍高，体螺层高大（图1.1）；壳面平滑或具螺脉、成长脉、螺沟、颗粒及肩部的结节等突起；外壳颜色和花纹斑斓多彩，并以各种各样的颜色呈现出各种形状，如云状斑、圆点、轴线等。可根据贝壳的形状差异和颜色、花纹的不同来区分其种类[2]。

芋螺贝壳的主要成分为 95% 的碳酸钙和少量的壳质素。一般可分为三层。最外层为黄褐色的角质层（壳皮），薄而透明，有防止碳酸侵蚀的作用，由外套膜边缘分泌的壳质素构成。中层为棱柱层（壳层），较厚，由外套膜边缘分泌的棱柱状方解石构成。外层和中层可扩大贝壳的面积，但不增加厚度。内层为珍珠层（底层），由外套膜整个表面分泌的叶片状霰石（文石）叠成，具有美丽光泽，可随身体增长而加厚。

顶点：螺塔部的尖端

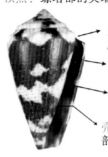

肛裂隙：螺排泄固体
废物的地方

外唇：口的自由边缘，
新螺壳产生的地方

内唇：平滑，通常没有
彩色图案

壳口：狭长的开口，软体
部分伸出的地方

基部：螺壳的底部

（a）芋螺螺壳示意

倒锥形壳体：螺塔部
很低或者扁平

锥形壳体：螺塔部
不太高也不太低

双锥形壳体：螺塔部高，
与体螺层相当

（b）三种不同高低的螺塔

图1.1　芋螺形态[3]

2. 芋螺水管沟

芋螺右侧裂了条长沟，是它的壳口。壳口狭长，前沟宽短，厣角质，小，许多芋螺都有一个小而窄的角质口盖。壳皮或者薄如丝，或者厚而粗。有些壳口狭窄的芋螺毒性较低，而壳口越宽广，毒性也就越强[1]。

3. 芋螺外套膜

芋螺的外套膜具有一种特殊的腺细胞，其分泌物可形成保护身体柔软部分的钙化物，将内部的软体部完全包卷而形成水管。外套膜与内脏团之间形成的腔称为外套腔，腔内常有鳃、足以及肛门、肾孔、生殖孔等。头、内脏囊、外套膜、足部均可缩入壳内，无真正的内骨骼。外套膜的主要功能是分泌贝壳物质；此外，外套膜还具有感觉、呼吸功能，控制水流在体内的循环，以增强运动能力。

二、芋螺神经系统

芋螺的神经系统集中，食道神经环位于唾液腺的后方，没有被唾液腺输送管穿过；胃肠神经节位于脑神经中枢附近。侧神经节（peural ganglion）发出神经至外套膜及鳃等，脏神经节（visceral ganglion）发出神经至各内脏器官。这些神经节有趋于集中之势，神经感官发达，与其生活方式相适应。口吻发达，食道具有不成对的食道腺。芋螺毒液中除了神经毒素外，还发现大量特化型胰岛素，其结构类似鱼胰岛素。

三、芋螺毒液及消化系统

芋螺能够在自然界中生生不息，就是因为它们有特化的捕食器官和特殊的毒液系统[4,5]。在探讨其消化系统前，先了解它的捕食构造。芋螺有一套特殊的毒液投递系统，主要包括毒管、毒囊和针状齿舌三部分，且不同种类的芋螺，其齿舌形状不同（图1.2）。

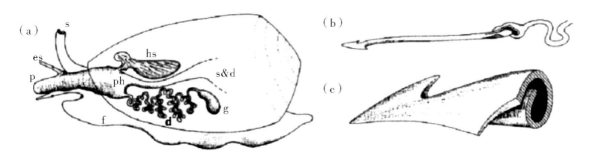

图 1.2　芋螺毒液投递系统示意[6]

（a）毒液投递系统和消化器官；（b）鱼叉状齿舌；（c）鱼叉状齿舌横切面特写

注：d：毒液管（venom duct）；es：眼柄（eye stalks）；f：肌肉足（foot）；g：毒腺（venom gland）；p：吻（proboscis）；ph：咽（pharynx）；hs：齿舌囊（harpoon sac）；s：虹吸管（sipho）；s&d：食道、胃和消化腺。

　　芋螺的齿舌位于齿舌囊内，呈中空鱼叉状，具有倒钩，其内充满毒液，是专门为了捕食特化而成的（图 1.3）。芋螺在捕食前，先在其毒液管壁细胞中分泌毒液，毒液进入毒液管之后，借由毒腺肌肉的挤压，被送到前端的口腔，装填在齿舌囊内的齿舌中，一次装填一根齿舌。装填好毒液的齿舌，借由口腔的肌肉挤送至吻部的前端待用，这时的齿舌就变成具有毒液的鱼叉。

　　当芋螺准备捕食时，会利用其特化的长吻伪装成虫饵，待猎物趋近后，把含毒液的鱼叉状齿舌射入猎物，使其麻痹丧失运动能力后，再以吻部食入。食物团通过食道被输送到胃，食道连接口和胃，食道腺可分泌消化酶和酸性黏液多糖，胃的周围布满消化腺且胃壁具有强有力的收缩肌，胃的开口与具有很多弯曲的小肠相连，最后是直肠和肛门（图 1.4）。

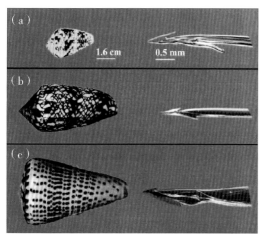

图 1.3　不同种类芋螺的齿舌结构[7]

（a）食鱼类芋螺（猫芋螺，*Conus catus*）；（b）食软体动物类芋螺（织锦芋螺，*C. textile*）；（c）食虫类芋螺（密码芋螺，*C. leopardus*）。

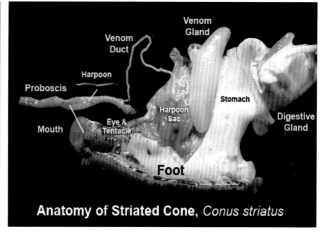

图 1.4　芋螺软体部分实物示意[7]

注：venom gland：毒腺；venom duct：毒液管；harpoon：齿舌；proboscis：吻；mouth：口；eye & tentacle：眼和触角；harpoon sac：齿舌囊；foot：肌肉足；stomach：胃；digestive gland：消化腺。

四、芋螺生殖系统

　　芋螺属于雌雄异体的种类，雄性个体是首先形成阴茎（penis），然后从阴茎的基部形成输精管并朝前列腺的方向发展，前列腺开口在阴茎内，其授精液帮助交配，且有交接器。雄性个体包括精巢与输精管，输精管的后端有前列腺以产生授精液，输精管的末端形成交配器官阴茎。雌性个体有卵巢、输卵管，输卵管可膨大形成蛋白腺（albumin gland）、纳精腺（ingestion gland）、卵囊腺（capsule gland）、生殖乳突（genital papilla）和生殖孔口（vaginal opening）、受精囊（seminal receptacle）及黏液腺（mucous gland）。蛋白腺及黏液腺可分泌营养物及黏液，以形成卵膜及卵囊；输卵管的末端还伸出一交配囊以贮存交配后的精子。雌雄性须交配后方能使卵受精。

在一般情况下，其雌雄个体的性别终生不变，有些雌性个体受到环境的影响也会发生性畸变。虽然海产腹足类中有极少种类（如帆螺、玳瑁螺）会发生雌雄性别的逆转，但性别逆转后其原先的性别自行消失，雌雄两性只得其一。但芋螺的性畸变现象则不同，它是在雌性生殖系统上叠加了雄性的某些生殖器官（如阴茎、输精管、前列腺），雌雄两性的第二性征同时存在，却不同于雌雄同体，因为迄今为止没有任何报道论及性畸变个体具有精巢，会行使雄性的生殖功能。因此，芋螺的性畸变与自然发生的性逆转和雌雄同体具有本质上的不同，是环境污染（有机锡）引起的一种非自然的现象。

第二节　芋螺生活史

一、繁殖和发育

与大多数新腹足目物种一样，芋螺是雌雄异体，卵生动物，体内受精，成年雌雄个体交配受精产生的受精卵集合在卵囊中共同发育。卵囊袋状，每个雌性芋螺一次产卵囊10～100个，每个卵囊含有卵500～700个。受精后的卵只有少数能成功孵化出壳，而一直生存到成年期的则更少。芋螺受精卵能像浮游生物一样漂浮在水中，形成自由游泳的面盘幼虫。面盘幼虫期已出现了足、触手、眼及壳，在面盘幼虫后期出现了扭转（torsion）。这一过程可能在数分钟内或数日内完成，身体扭转致使神经扭成了"8"字形，内脏器官也失去了对称性（图1.5）。一些种类在发育中经过扭转之后又经过反扭转，神经不再呈"8"字形，但在扭转中失去的器官不再发生，身体的内脏仍然失去了对称性。

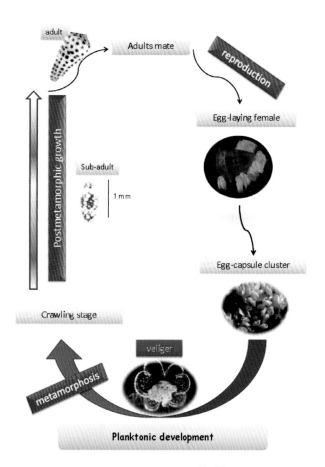

图1.5　芋螺生活史[8-11]

注：adult：芋螺成体；adults mate：成体交配；reproduction：繁殖；egg-laying female：正在产卵的雌性；egg-capsule cluster：卵囊群；veliger：面盘幼虫；planktonic development：浮游发育；metamorphosis：蜕变，变形；crawling stage：爬行期；postmetamorphic growth：变态后生长；sub-adult：芋螺幼螺。

面盘幼虫从卵囊释放后，经 2～3 个月的浮游阶段，遇到礁石便附着上，在礁石缝隙待孵化，变态发育成幼螺，幼螺再经数月发育为成年个体。成年个体的活动性较小，成体性成熟后雌雄交配，繁殖后代。春夏季节为繁殖期，这段时期海域水温较高，适宜于海螺等生活、繁衍。

二、芋螺捕食过程

捕食时，芋螺具有两种捕猎方式，一种是将毒液释放到周围海水中；较为常见的第二种方法是迅速伸出形似鱼叉的牙齿，刺入猎物体内。芋螺行动相当缓慢，不得不使用有毒的"鱼叉"（一种毒性齿舌）来捕捉像小鱼这样的快速游泳的猎物。捕猎的时候，芋螺会把身体埋伏在水底的沙子里，仅将长长的鼻子暴露在外面，这样不但能够获取氧气，还可以监视猎物的动静。它的尖端部分隐藏着一个很小的开口，当发现有猎物靠近的时候，它就将长管状的吻伸向猎物，通过肌肉的收缩，将装满毒液的"鱼叉"从吻里像子弹一样射到猎物身上（图 1.6）。

（a）芋螺捕食小鱼　　　　　　　　　　（b）芋螺捕食沙蚕

图 1.6　芋螺捕食过程[12]

当其嘴尖的胡须感知到鱼的存在时，芋螺只需 250 毫秒就可将牙齿（即齿舌）迅速投射出来，深深刺入猎物身体，迅速将毒素注射到猎物体内。其牙齿与嘴里的基座之间通过一根细线相连，整个过程就像捕鲸船发射鱼叉。猎物在被芋螺攻击之前，依靠生物神经系统控制着自己的身体。芋螺将齿舌刺入猎物的身体后，只用不到 1 秒的时间就阻止了猎物挣扎，紧接着，毒素展开了第一轮攻击，迅速进入控制猎物神经信号的化学阀门，使阀门处于长时间的开放状态，毒素不断地侵入鱼体内。由于芋螺毒素的作用，猎物肌肉开始痉挛，就在其设法重新控制自己的行动之前，芋螺毒素的又一次攻击开始了，毒素攻击着鱼的神经和肌肉之间的接点，阻止了肌肉接受指令。当痉挛变得越来越微弱的时候，猎物彻底瘫痪了。然后芋螺收起它的鱼线，将已被制服的猎物拖入口中。其齿舌平时收在齿舌囊内，需要时带有毒液从吻部射出。

如果一击不中，芋螺会吐掉这颗齿舌，重新"装弹"。科学家发现，芋螺投射齿舌的动力来自于液压，投射动作只需几分之一毫秒就可完成，即使用每秒能拍摄 1000 幅图像的高速照相机也难以看清。液压动力可能来自其嘴部的收缩，但具体机制并不清楚。芋螺毒液是其捕食与防御的主要武器，毒液的毒性很强，人被刺伤时亦常导致严重伤害，甚至死亡。300 年前，就有芋螺毒死采螺人的记录。像芋螺这样的一系列的海洋有毒生物，由于它们长期生存于一种特定的海洋生态环境里，长期的进化过程使它们形成了多种多样的生理功能，这些生理功能其中之一就体现在它们的毒素上。

三、生活习性

热带和亚热带海洋中生活的芋螺种类，遍布世界各暖海区，栖息于岩石、珊瑚礁、沙和泥沙质的海底。它们喜欢温暖的水域，热带珊瑚礁是它们栖息的最好环境；岩岸、沙滩、潮间带十几米至百米水深都有分布；平常昼伏夜出，行动缓慢。

芋螺食物种类很广，包括多毛环节动物蠕虫，头足类动物，其他腹足动物，双壳类、鱼和甲壳纲动物。芋螺根据其捕食习性分为食鱼芋螺、食螺芋螺、食虫芋螺。其中，食虫芋螺最为常见，而食鱼芋螺对脊椎动物包括人类的毒性最大。

芋螺体内的毒液经由输毒管的传送，被投递至化成箭状的齿舌。当猎物靠近时，它会将吻端伸出，将充满毒液的齿舌刺入猎物体中。芋螺的齿舌每使用一次就会断一次，下次攻击前会再次从齿舌囊中选择成熟的齿舌连接、使用。壳口狭窄的芋螺毒性较低，而壳口越宽广，毒性也就越强。芋螺的毒属蛋白质毒，与毒蛇的毒相似。被咬伤中毒的部位则会红肿刺痛，经常出现的症状是灼烧感及麻木，接着逐渐蔓延至全身，使得四肢无力，肌肉麻痹，意识涣散，渐渐昏厥，而最后的死亡导因是心肌无力。

四、地理分布

芋螺种类繁多，全世界有约700种，是海洋无脊椎动物最大的一个种属。其分布很广，从日本奄美岛以南、澳大利亚以北到东非以东的印度洋、太平洋海域皆有其踪迹（图1.7）。中国有芋螺80余种，主要分布在西沙群岛、海南岛及台湾海域，仅少数分布在海南岛北部以北的广西和广东大陆沿岸，个别延伸到东海；福建、广东沿岸以及台湾省和南海诸岛的珊瑚礁中都有分布。1999年，中国才真正开始研究分布在中国的芋螺的毒液。芋螺具有强大的自然进化能力，单一属中包括数百种物种的情况在各种生物中极为罕见，其适应新的栖息域的能力极强。快速进化的能力使芋螺成为海洋无脊椎动物中进化最成功的生物之一。

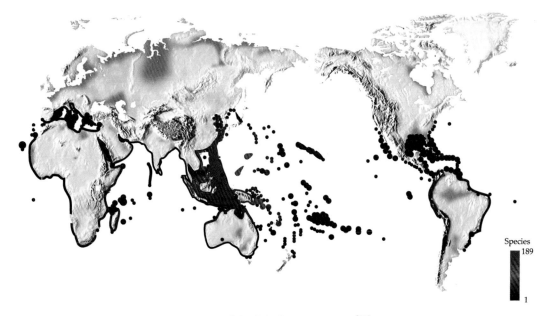

Species
189

1

图1.7 芋螺的全球地理分布示意[13]

第三节　芋螺的价值

一、观赏价值

芋螺可供观赏，其壳面光滑、花纹争奇斗艳、色彩斑斓，壳面颜色和花纹随种的不同而异，倘若把各样的种类陈列起来，真是琳琅满目，美不胜收，为人们所喜爱和收藏。我们研究贝类的人要采集它做研究材料，目的是要弄清芋螺在世界上究竟有多少种类及其生态情况。另有一些人为出售贝壳获利而到处采集。有些芋螺种类稀少，因而价格非常昂贵，最早于1758年被命名的就有两种：大西洋荣光芋螺和色东氏芋螺，前者曾拍卖出高价，后者美丽之至，世称无出其右者。最早的两枚色东氏芋螺分别为葡萄牙王室和丹麦国王收藏。它曾两次荣登邮票。18世纪初，法国人皮埃尔·利昂内曾拥有两枚，始终不肯出手。2006年，所罗门群岛还发行了一套绚丽多彩的芋螺邮票，共14枚。

第二次世界大战期间，驻守在所罗门群岛的美国士兵在闲暇时对多姿多彩的贝壳产生了兴趣。他们通过系统的分类，使贝壳收藏成为一种有组织的爱好，由此在美国出现了两个专门的组织：美国软体动物学联合会和美国贝类学者协会。2006年由所罗门群岛发行的这套芋螺邮票再次引起人们对芋螺的兴趣。

二、食用价值

芋螺属有毒种类，那么有人会食用它们吗？当然有。在菲律宾贩卖海螺和其他海产品的市场里可以买到幻芋螺（*Conus magus*）、光环芋螺（*C. radiatus*）和暗色芋螺（*C. furvus*）。芋螺可以与大蒜、洋葱、辣椒、生姜和椰子汁一起煮汤，是一道美味的奶油汤（图1.8）。中国南海附近也有芋螺种类分布，特别是台湾岛、海南岛和西沙群岛附近海域，分布密度较高。海南省三亚市第一市场及部分海鲜酒楼、陵水新村港等地偶尔可见批量桶形芋螺（*C. betulinus*）售卖，零星可见单个字码芋螺（别名"信号芋螺"。*C. litteratus*）、唐草芋螺（别名"独特芋螺"。*C. caracteristicus*）等。

图1.8　部分芋螺可以被食用[14,15]

三、药用价值

芋螺征服猎物的毒液及其复杂性令科学家们痴迷。芋螺的毒液使我们看到全新的具有药用价值的化合物。目前，科学界所做的还只集中在提取这些化合物，但是并不了解其生物学上的奥秘，尤其是其生化特性。芋螺是怎样使其毒素变化多端的呢？这还是个谜。多数芋螺毒素只有简简单单的 7～46 个氨基酸的长度，却对其受体的结合点具有微妙的极佳选择性。芋螺不单是我们了解细胞活动的有力工具，也是我们发现新药物的丰富资源。1985 年诺贝尔和平奖得主齐维安（Eric Chivian）指出："大自然一直是我们今天所用大部分药物的宝库，而我们还几乎没有去开发她的资源。" 如果我们不保护芋螺，我们后代的损失将是无法估量的。

芋螺毒素具有多样性，每种芋螺毒液中有 1000～2000 种不同成分，至少有 50000 种芋螺毒肽具有调节各种离子通道的特殊功能。芋螺毒素化学结构新颖，生物活性强，作用靶位的选择性高，已成为药理学和神经科学的有力工具和新药开发的新来源[16,17]，并在顽痛、癫痫症、心脏血管疾病、精神病、运动失调、痉挛、癌症、艾滋病、中风等疑难杂症的治疗中显示出诱人的应用前景[18]。

prialt，通用名为齐考诺肽（ziconotide），为人工合成的芋螺毒素 ω-MⅦA，是一种新型 N 型钙通道阻滞剂，可阻断痛觉神经信号传导。（图 1.9）美国 FDA 于 2004 年批准其作为新型镇痛药（非阿片类），用于治疗其他方法不能耐受或不能控制的严重慢性疼痛[19,20]。

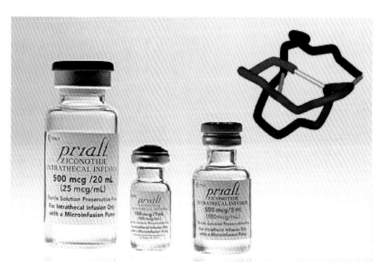

图 1.9　prialt，一种新型镇痛药[21]

本章参考文献

［1］作者未知. 芋螺科［EB/OL］. 2017 – 04 – 20. http://www. twword. com/wiki/% E8% 8A% 8B% E8% 9E% BA% E7% A7% 91.

［2］作者未知. 弓舌总科［EB/OL］. 2017 – 04 – 20. http://www. blueanimalbio. com/ruantidongwu/ gongshe. htm#2.

［3］Caitriona G, Ashley C. Cone snails［EB/OL］. 2017 – 04 – 20. http://www. theconesnail. com/explore-cone-snails/shell-anatomy.

［4］Kohn A J, Saunders P R, Wiener S. Preliminary studies on the venom of the marine snail Conus ［J］. Annu N Y Acad Sci, 1960, 90: 706 – 725.

［5］Olivera B M. Conus venom peptides: reflections from the biology of clades and species［J］. Annu Rev Ecol Syst, 2002, 33: 25 – 47.

［6］Garn P. Cone shells' (conidae) venom apparatus［EB/OL］. 2017 – 04 – 20. http://www. molluscs. at/gastropoda/index. html?/gastropoda/sea/conotoxin. html.

［7］Stender K. Cones［EB/OL］. 2017 – 04 – 20. http://www. marinelifephotography. com/marine/mollusks/gastropods/cones/cones. htm.

［8］Unknown author. Mollusks［EB/OL］. 2017 – 04 – 20. http://krisxumollusks. weebly. com/about. html.

［9］Unknown author. Mollusk life cycle［EB/OL］. 2017 – 04 – 20. https://www. reference. com/pets-animals/mollusk-life-cycle-cfa22ad2cf35470f#.

［10］Unknown author. Land, ocean, or freshwater: Learning about gastropods［EB/OL］. 2017 – 04 – 20. http://www. brighthubeducation. com/science-homework-help/110267-an-overview-of-the-life-cycle-of-a-gastropod/.

［11］Cruz L J, Corpuz G, Olivera B M. Mating, spawning, development and feeding habits of *Conus geographus* in captivity［J］. The Nautilus, 1978, 92 (4): 150 – 153.

［12］Janet F. These creepy carnivorous snails with harpoon-shaped teeth hunt fish［EB/OL］. 2017 – 04 – 20. http://kurth4. rssing. com/browser. php? indx = 3713334&item = 375.

［13］Bingmiao G, Chao P, Yunhai Y, et al. Cone snails: a big store of conotoxins for novel drug discovery［J］. Toxins.

［14］Unknown author. Ch ef with tray of food in hand［EB/OL］. 2017 – 04 – 20. http://www. hellorf. com/photo/show/180396182? from = zcool.

［15］Unknown author. *Conus marmoreus*［EB/OL］. 2017 – 04 – 20. https://www. vapaguide. info/cgi-bin/WebObjects/vapaGuide. woa/3/wa/getImage? id = op_1254822065943.

［16］Terlau H, Olivera B M. Conus venoms: a rich source of novel ion channel-targeted peptides［J］. Physiol Rev, 2004, 84: 41 – 68.

［17］罗素兰, 张本, 长孙东亭. 芋螺毒素［J］. 生物学通报, 2003, 38(4):7 – 8.

［18］Shen G S, Layer R T, McCabe R T. Conopeptides: From deadly venoms to novel therapeutics［J］. Therapeutic Focus, 2000, 5(3):104 – 105.

［19］Jain K K. An evaluation of intrathecal ziconotide for the treatment of chronic pain［J］. Expert Opin

Investig Drugs, 2000, 9(10): 2403 − 2410.

[20] Klotz U. Ziconotide—a novel neuron—specific calcium channel blocker for the intrathecal treatment of severe chronic pain—a short review[J]. Int J Clin Pharmacol Ther, 2006, 44 (10): 478 −483.

[21] Unknown author. Prialt_ziconotide[EB/OL]. 2017 − 04 − 20. http://blogs. discovermagazine. com/science-sushi/files/2014/01/prialt_ziconotide. png.

第二章　芋螺毒素

第一节　芋螺毒素概述

　　芋螺（*Conus*）属于海洋肉食性软体动物，全世界大约有 700 种（图 1.10），主要分布在热带和亚热带海域。根据芋螺食性的不同可将其分为三类：食虫芋螺（vermivorous species，worm-hunting species）、食软体动物芋螺或食螺芋螺（molluscivorous species，snail-hunting species）和食鱼芋螺（piscivorous species，fish-hunting species）。其中，食虫芋螺的数量最多，占全部芋螺种类的 70% 左右；而食鱼芋螺的毒性最大。芋螺可以通过分泌毒液来捕食猎物和防御天敌。每种芋螺的毒液中含有 1000 ～ 2000 种不同的小肽，称为芋螺毒素或者芋螺肽（conotoxin or conopeptide）[1, 2]。这些芋螺毒素具有分子量小、富含半胱氨酸、序列多变、靶点专一等特点（图 1.11）。芋螺毒素是迄今为止发现的分子量最小的一类多肽毒素，通常由 10 ～ 40 个氨基酸残基所组成。而蛇、蝎、蜘蛛及海葵等物种毒液中所含的神经毒素多由 40 ～ 80 个氨基酸组成。芋螺毒素按照信号肽序列可以分为若干个超家族，包括 A、O、M、P、I、T 等。按照药理学活性，又可分为若干个亚家族，如 A-超家族（α-、αA-、κA- 和 ρ-Conotoxins）、M-超家族（μ-和 ψ-Conotoxins）、O-超家族（ω-、μO-、δ- 和 κ-Conotoxins）、T-超家族（τ- 和 χ-Conotoxins）等[2]。芋螺毒素能特异地作用于电压门控或配体门控离子通道，因此，有望成为神经科学研究的新型工

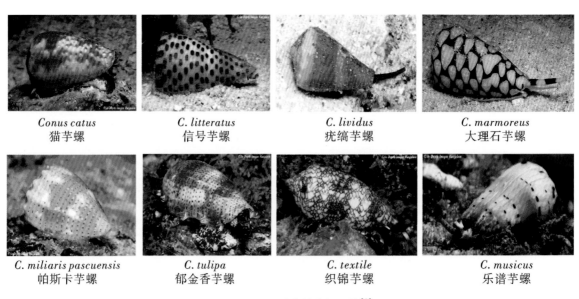

Conus catus
猫芋螺

C. litteratus
信号芋螺

C. lividus
疣缟芋螺

C. marmoreus
大理石芋螺

C. miliaris pascuensis
帕斯卡芋螺

C. tulipa
郁金香芋螺

C. textile
织锦芋螺

C. musicus
乐谱芋螺

图 1.10　不同种类的芋螺图片[3]

具和治疗相关疾病的新型药物而引起人们的广泛关注[4]。由于芋螺毒素具备巨大的治疗潜力和良好的应用前景，越来越多的研究者和公司开始关注并致力于相关研究。目前，有些芋螺毒素已经进入临床或开发为相关药物，用于疼痛等疾病的治疗[5]。

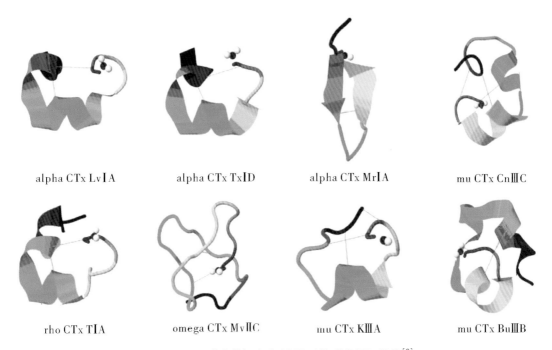

alpha CTx LvIA   alpha CTx TxID   alpha CTx MrIA   mu CTx CnIIIC

rho CTx TIA   omega CTx MvIIC   mu CTx KIIIA   mu CTx BuIIIB

图 1.11 不同种类芋螺毒素 NMR（核磁共振）结构[6]

第二节　芋螺毒素的命名与分类

一、芋螺毒素的命名

芋螺毒素的命名采用传统的 NC-IUPHAR（The International Union of Basic and Clinical Pharmacology Committee on Receptor Nomenclature and Drug Classification）系统[7]。如图 1.12 所示，第一个希腊字母代表芋螺毒素的药理学活性；紧接着的一个或两个字母（第一个字母大写）代表芋螺毒素所来源芋螺的种属；字母后面是罗马数字，代表半胱氨酸骨架结构；最后一个大写英文字母代表芋螺毒素在该芋螺种类当中发现的顺序。如果芋螺毒素的靶点还未确定，希腊字母可以省略；前两个小写字母表示芋螺毒素所来源芋螺的种属；阿拉伯数字代表半胱氨酸骨架结构；发现的顺序也以小写字母表示[8, 9]。

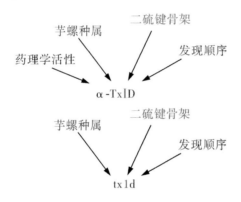

图 1.12　芋螺毒素系统命名法

经过 50 多年对芋螺毒素的研究，人们已经对其生理功能及靶点有了深入的了解。目前发现的芋螺毒素作用靶点主要包括：配体门控离子通道（nAChRs、NMDA 受体、NEM 受体等）、电压门控离子通道（Na^+、K^+、Ca^{2+} 通道）和 G 蛋白偶联受体等[5, 10]。图 1.13 列举了一些芋螺毒素作用的靶点。目前发现的芋螺毒素有 27 个超家族，每个超家族当中，按照药理学活性和半胱氨酸模式又分为多个亚家族。有些芋螺毒素的靶点已经明确，而有些还有待研究。

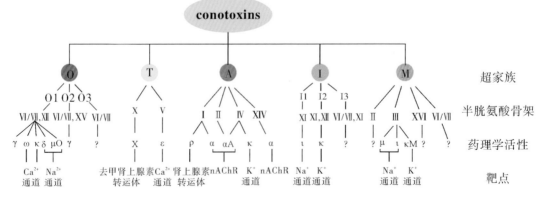

图 1.13　不同芋螺毒素作用的靶点

二、芋螺毒素的分类

目前已发现的芋螺毒素有 1000～2000 种，随着基因测序技术、转录组技术和蛋白质组技术的发展，发现的芋螺毒素种类会越来越多。面对多样的芋螺毒素序列，传统分类方法似乎不能满足需要，如何细致地分类，是亟待解决的重要问题。目前，对于芋螺毒素的分类主要有三种方式：基因超家族（gene superfamilies）、Cys 模式（cysteine frameworks）和药理学活性家族（pharmacological families）[2]。

按照基因超家族分类是目前芋螺毒素研究中常用的一种分类方式。芋螺毒素是由 mRNA 翻译成前体肽，而后加工形成的。前体肽通常由三部分所组成：N 端信号肽、中间 Pro 区、C 端成熟肽（图 1.14）。信号肽序列由芋螺前体肽的 N 端部分所组成，包含 20 个左右的疏水性氨基酸，通常还有一个或多个带正电荷的氨基酸残基，信号肽序列与芋螺毒素在细胞内的迁移途径相关，指导芋螺毒素运输到内质网之后加工。Pro 区与芋螺毒素成熟肽的形成有关，形成成熟肽后被切除。对于不同的芋螺毒素，它们的信号肽具有高度的保守性[11]，不同芋螺毒素之间信号肽具有很高的同源性，因此，可以按照信号肽序列将芋螺毒素分为若干超家族：A、B、C、D、E、F、G、H、I、J、K、L、M、N、O、P、S、T、V、Y 等。各个超家族及信号肽序列如表 1.1 所示[2, 12]。目前，cDNA 测序技术是确定新型芋螺毒素的主要技术，这一技术也使得利用信号肽序列对芋螺毒素进行分类成为最简便、科学的一种方法。

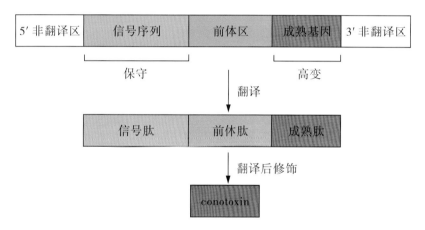

图 1.14　芋螺毒素的翻译和加工

表 1.1　芋螺毒素基因超家族[13]

基因超家族	超家族中半胱氨酸类型	保守信号肽序列
A	Ⅰ，Ⅱ，Ⅳ，ⅩⅣ	MGMRMMFTVFLLVVLATTVVSXTS
B1	不含二硫键的 conantokins	MXLYTYLYLLVPLVTFHLILGXGT
B2	Ⅷ	MLRLITAAVLVSACLA
B3	ⅩⅩⅣ	METLTLLWRASSSCLLVVLSHSLLRLLG
C	不含二硫键的 contulakins	MXXAYWVMVMMMVXIXAPLSEG
D	ⅩⅤ，ⅩⅩ	MPKLEMMLLVLLILPLXYFDAAGG

续表 1.1

基因超家族	超家族中半胱氨酸类型	保守信号肽序列
E	XXII	MMTRVFFAMFFLMALTEG
F	—	MQRGAVLLGVVALLVLWPQAGA
G	XIII	MSGMGVLLLVLLLVMPLAA
H	VI/VII	MNTAGRLLLLCLALGVLVFESLG
I1	VI/VIII，XI	MKLXXTFLLXLXILPXXXG
I2	XI，XII	MMFRXTSVXCFLLVIXXLNL
I3	VI/VIII，XI	MKLVLAIVXILMLLSLSTGA
J	XIV	MPSVRSVTCCCLLWXMLSXXLVTPGSP
K	XXIII	MIMRMTLTLFVLVVMTAASASG
L	XIV	MXXXVMFXVXLXLTMPLTX
M	I，II，III，IV，VI/VII，IX，X，XIV，XVI	MMXKXGVXMLXIXLXLFPLXXXQLDA
N	XV	MSTLKMMLLILLLLLPXATFDSDG
O1	I，VI/VII，XII，XIV	MKLTCVXIVAVLFLTAXXLXTA
O2	VI/VII，XIV，XV	MEKLTILLLVAAVLMSTQALXQS
O3	VI/VII	MSGLGIMVLTLLLLVFMXTSHQ
P	IX	MHXXLXXSAVLXLXLLXAXXNFXXVQ
S	VIII	MMXKMGAMFVLLLLFXLXSSQQ
T	I，V，X，XVI	MRCLPVFXILLLLIXSAPSVDA
V	XV	MMPVILLLLLSLAIRXXDG
Y	XVII	MQKATVLLLALLLLLPLSTA

　　按照 Cys 模式分类是根据芋螺毒素成熟肽序列中 Cys 的分布进行分类的方法。通常芋螺毒素当中都含有多个 Cys，这些 Cys 的分布有一定的规律，如 CC-C-C、CC-CC、CC-C-C-CC、C-C-CC-C-C 等[14]。每种 Cys 的分布模式对应一个罗马数字序号，代表一类芋螺毒素，可以利用这种方法对芋螺毒素进行分类。不同 Cys 对应的罗马序号和分类方式如表 1.2 所示。随着芋螺毒素数目的不断增加，发现许多具有不同 Cys 模式的芋螺毒素却具有相同的信号肽序列[2,14]。例如，M-超家族中的芋螺毒素涵盖了 9 种 Cys 模式，而且几乎在所有超家族中都发现了多种 Cys 模式不同的芋螺毒素。因此，随着芋螺毒素序列信息的增多，芋螺毒素的分类系统也需要不断地修改和完善，以确保分类方法更为合理。目前，比较通用的还是以超家族信号肽的保守性作为分类的主要依据。本书也将采用基因超家族分类的方式对不同家族芋螺毒素的功能进行总结。

表 1.2　芋螺毒素半胱氨酸模式[13]

半胱氨酸类型	半胱氨酸模式	半胱氨酸数目/个	成熟肽数目/条	基因超家族
I	CC-C-C	4	293	A、M、O1、T
II	CCC-C-C-C	6	3	A、M
III	CC-C-C-CC	6	299	M
IV	CC-C-C-C-C	6	51	A、M
V	CC-CC	4	128	T
VI/VII	C-C-CC-C-C	6	517	H、I1、I3、M、O1、O2、O3
VIII	C-C-C-C-C-CC-C-C-C	10	11	B2、S
IX	C-C-C-C-C-C	6	29	M、P
X	CC-C.［PO］C	4	11	T
XI	C-C-CC-CCC-C	8	89	I1、I2、I3
XII	C-C-C-C-CCC-C	8	2	G
XIV	C-C-C-C	4	56	A、I2、J、L、M、O1、O2
XV	C-C-CC-C-CC-C	8	23	D、N、O2、V
XVI	C-C-CC	4	7	M、T
XVII	C-C-CC-CCC-C	8	1	Y
XVIII	C-C-CC-CC	6	2	—
XIX	C-C-C-CCCC-C-C-C	10	2	—
XX	C-CC-C-CCC-C-C-C	10	21	D
XXI	CC-C-C-CCC-C-C-C	10	1	—
XXII	C-C-C-C-C-CC-C	8	8	E
XIII	C-C-C-CC-C	6	6	K
XXIV	C-CC-C	4	1	B3
XXV	C-C-C-C-CC	6	1	—
XXVI	C-C-C-C-CCCC	8	1	—

注：［PO］表示该位置可能存在一个脯氨酸（proline，P）或者羟脯氨酸（hydroxy-proline，Hyp）。

　　另外，还可以按照芋螺毒素作用的受体和靶点进行分类，称为药理学活性家族。在药理学分类上，隶属同一家族的芋螺毒素具有相同的受体特异性，包括作用受体的类型和生理活性（拮抗剂、激动剂或其他生理学特征）[15]。药理学分类通常用希腊字母表示，如 α-芋螺毒素代表作用于乙酰胆碱受体（nicotinic acetylcholine receptors，nAChRs）的芋螺毒素，μ-芋螺毒素代表作用于电压门控 Na^+ 通道的芋螺毒素，χ-芋螺毒素代表作用于去甲肾上腺素转移体（neuronal nora-drenaline transporter，NEM）的芋螺毒素等。表 1.3 列举了一些常见的按药理学分类的芋螺毒素[14]。药理学分类常用来作为超家族内不同芋螺毒素的亚家族分类。例如，A-超家族芋螺毒素包括 α-、αA-、κA- 和 ρ-芋螺毒素；M-超家族芋螺毒素包括 μ- 和 ψ-芋螺毒素；O-超家族芋螺毒素包括 ω-、μO-、δ- 和 κ-芋螺毒素；T-超家族芋螺毒素包括 τ- 和 χ-芋螺毒素；等等。

　　这三种分类方法各具特点，因此，当发现一种新型芋螺毒素时，通常要综合考察三种分类方式，才能对其进行准确的描述和分类。图 1.15 综合三种分类方式对目前发现的部分芋螺毒素进行了归纳和总结[1,2]。

表 1.3　按药理学分类的芋螺毒素[13]

药理学家族	靶点	代表芋螺毒素	参考文献
α（alpha）	乙酰胆碱受体	GI、TxID、TxIB	[16 – 18]
γ（gamma）	神经起搏离子流	PnVIIA	[19]
δ（delta）	电压门控钠离子通道	TxVIA	[20]
ε（epsilon）	突触前膜钙离子通道或 G 蛋白偶联受体	TxVA	[21]
ι（iota）	电压门控钠离子通道	RXIA	[22]
κ（kappa）	电压门控钾离子通道	PVIIA	[23]
μ（mu）	电压门控钠离子通道	GIIIA	[24]
ρ（rho）	肾上腺素受体	TIA	[25]
σ（sigma）	5-羟色胺受体	GVIIIA	[26]
τ（tau）	生长抑素受体	CnVA	[27]
χ（chi）	去甲肾上腺素受体	MrIA、CMrVIA	[28]
ω（omega）	电压门控钙离子通道	GVIA	[29]

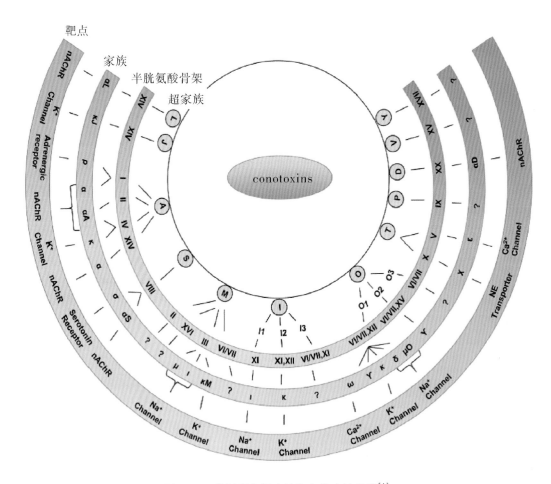

图 1.15　芋螺毒素超家族和各种家族分类[1]

第三节　芋螺毒素的药理活性

经过数十年对芋螺毒素的研究，人们对它们的生理功能已经有了较为清晰的认识。不同种类的芋螺毒素可以作用于不同的靶点，有些芋螺毒素还能区分同一靶点的不同亚型。目前，研究发现，芋螺毒素作用的靶点主要包括三大类：①配体门控离子通道，如乙酰胆碱受体、NMDA受体、5-羟色胺受体；②电压门控的离子通道，如钠、钾、钙等离子通道；③G蛋白偶联的受体等（图1.16、图1.17）。研究发现，这些受体和通道与某些重大疾病密切相关，如疼痛、帕金森综合征、精神性疾病、乳腺癌等。因此，开发针对此类靶点的相关药物，是治疗此类疾病的关键。下面对不同超家族的芋螺毒素及其活性进行简单的介绍和总结。

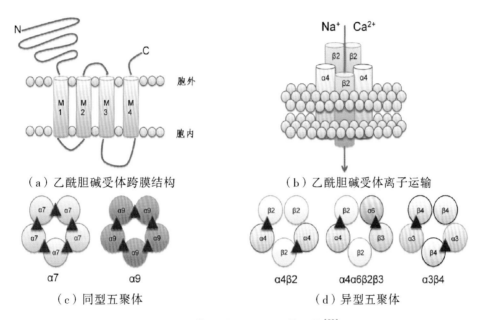

（a）乙酰胆碱受体跨膜结构　　　　（b）乙酰胆碱受体离子运输

α7　　α9

（c）同型五聚体

α4β2　　α4α6β2β3　　α3β4

（d）异型五聚体

图1.16　神经型乙酰胆碱受体结构[30]

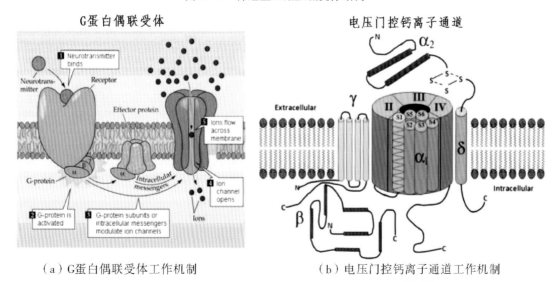

（a）G蛋白偶联受体工作机制　　　　（b）电压门控钙离子通道工作机制

图1.17　G蛋白偶联受体和电压门控钙离子通道结构[31, 32]

一、A-超家族芋螺毒素活性研究

A-超家族芋螺毒素是最大的一类，按照半胱氨酸模式和药理学靶点的不同，还可分为α、ρ、αA、κA 等亚家族。部分 A-超家族芋螺毒素序列及作用靶点如表 1.4 所示。其中，作用于 nAChRs 的 α-芋螺毒素是 A-超家族中最大和最重要的一类，也是本书综述的重点。在目前所研究的不同种类的芋螺毒液中，都至少含有一种 nAChRs 的拮抗剂[33, 34]。这些拮抗剂当中最大的一类就是 A-超家族中的 α-芋螺毒素。α-芋螺毒素分子量较小，由 12～19 个氨基酸所组成，富含二硫键，通常含有 4 个 Cys，组成 2 对二硫键[35, 36]。α-芋螺毒素的半胱氨酸模式为 CC-Xm-C-Xn-C，4 个 Cys 理论上可以形成 3 种异构体：Globular（Ⅰ～Ⅲ，Ⅱ～Ⅳ）、Beads（Ⅰ～Ⅱ，Ⅲ～Ⅳ）和 Ribbon（Ⅰ～Ⅳ，Ⅱ～Ⅲ）。天然的 α-芋螺毒素及其活性形式通常是 Globular。根据 Cys 之间氨基酸的数目可以将 α-芋螺毒素进一步分类，m/n：3/5，4/3，4/4，4/5，4/6 和 4/7 型[3, 37]。表 1.5 列举了一些不同类型的 α-芋螺毒素。通常 α3/5-芋螺毒素作用于肌肉型 nAChRs，而 α4/7、α4/4 和 α4/3 等芋螺毒素一般作用于神经型 nAChRs。

表 1.4　A-超家族芋螺毒素序列及作用靶点

名称	种属	序列	靶点	参考文献
TⅠA	*C. tulipa*	FNWRCCLIPACRRNHKKFC#	α1-肾上腺素受体调节剂	[25]
SⅣA	*C. striatus*	ZKSLVPSVITTCCGYDOGTMCOOCRCTNSC#	钾离子通道抑制剂	[35]
CcTx	*C. consors*	AOWLVPSQITTCCGYNOGTMCOSCMCTNTC	神经型电压门控钙离子通道	[38]
PⅣA	*C. purpurascens*	GCCGSYONAACHOCSCKDROSYCGQ#	肌肉型乙酰胆碱受体	[39]
Pu14.1	*C. pulicarius*	VLEKDCPPHPVPGMHKCVCLKTC	乙酰胆碱受体	[40]
Vc1.1	*C. victoriae*	GCCSDPRCNYDHPEIC#	α9α10 乙酰胆碱受体和 γ-氨基丁酸受体	[41, 42]
OⅣA	*C. obscurus*	CCGVONAACHOCVCKNTC#	胎儿型神经肌肉乙酰胆碱受体	[43]
EⅣA	*C. ermineus*	GCCGPYONAACHOCGCKVGROOYCDROSGG#	胎儿型神经肌肉乙酰胆碱受体	[44]
SⅡ	*C. striatus*	GCCCNPACGPNYGCGTSCS	神经肌肉乙酰胆碱受体	[45]
GⅠA	*C. geographus*	ECCNPACGRHYSCGK	神经肌肉乙酰胆碱受体	[46]

注：Z：焦谷氨酸；S：糖基化丝氨酸；O：羟脯氨酸；#：C 末端酰胺化。

表 1.5　α-芋螺毒素序列及作用靶点

类型	名称	种属	序列	靶点	参考文献
3/5	GⅠ	*C. geographus*	ECCNPACGRHYSC#	α1β1γδ	[16]
	MⅠ	*C. magus*	GRCCHPACGKNYSC#	α1β1γδ	[47]
	SⅠA	*C. striatus*	YCCHPACGKNFDC#	α1β1γδ	[48]
4/3	ImⅠ	*C. imperialis*	GCCSDPRCAWRC#	α3β2、α7	[49]
	ImⅡ	*C. imperialis*	ACCSDRRCRWRC#	α7	[50]
	RgⅠA	*C. regius*	GCCSDPRCRYRCR#	α9α10、α7	[51]
4/4	BuⅠA	*C. bullatus*	GCCSTPPCAVLYC#	α6/α3β2、α6/α3β4、α3β2、α3β4	[52]
4/6	TxⅠA	*C. textile*	GCCSROOCIANNPDLC#	α3β2、α7	[34]
	TxⅠD	*C. textile*	GCCSHPVCSAMSPIC#	α3β4、α6/α3β4	[17]

续表1.5

类型	名称	种属	序列	靶点	参考文献
4/7	GIC	*C. geographus*	GCCSHPACAGNNQHIC#	α3β2	[53]
	Vc1.1	*C. victoriae*	GCCSDPRCNYDHPEIC#	α9α10	[41]
	PeIA	*C. pergrandis*	GCCSHPACSVNHPELC#	α9α10、α3β2、α6β2*、α3β4、α7	[52]

注：#：C末端酰胺化；*：有可能含有其他亚基。

1. 作用于肌肉型 nAChRs 的 α-芋螺毒素

从芋螺毒液中纯化的第一个 α-芋螺毒素就是作用于肌肉型 nAChRs。α-芋螺毒素 GI、GIA、GII是从食鱼类地纹芋螺（*C. geographus*）中分离得到的[54]（图1.18）。α-芋螺毒素 GI 无论是在体内还是体外，都能阻断神经—肌肉间的信号传递，但是，对神经型 nAChRs 的所有亚型都没有作用[46]。随后，在幻芋螺（*C. magus*）中又发现了一个肌肉型 nAChRs 的阻断剂 α-芋螺毒素 MI，它能阻断神经与肌肉连接处 nAChRs 对 ACh 的反应[47,55]。后来，又从不同芋螺中分离得到了一系列阻断肌肉型 nAChRs 的 α-芋螺毒素，包括线纹芋螺（*C. striatus*）中分离到了 α-芋螺毒素 SI、α-芋螺毒素 SIA 和 α-芋螺毒素 SII[45,48]；从耸肩芋螺（*C. consors*）中分离到了 α-芋螺毒素 CnIA 和 α-芋螺毒素 CnIB[56]；从花玛瑙芋螺（*C. achatinus*）中分离到了 α-芋螺毒素 Ac1.1a 和 α-芋螺毒素 Ac1.1b[57]。小鼠受体结合实验表明，α-芋螺毒素 GI、α-芋螺毒素 MI 和 α-芋螺毒素 SIA 主要与肌肉型 nAChRs 内的 α/δ 界面结合，3 种 α-芋螺毒素在这一位置的结合活性是 α/γ 界面的 10000 倍[58-60]；但是在电鳗 nAChRs 模型上，3 种 α-芋螺毒素对 α/γ 界面的结合高于 α/δ 界面[59]。另外 2 种 α-芋螺毒素 Ac1.1a 和 Ac1.1b 对小鼠 α/δ 界面的结合活性比 α/γ 界面高 50000 倍[61]。对 α-芋螺毒素 SI 的研究发现，SI 对小鼠 α/δ 界面和 α/γ 界面的结合活性都比较弱，不像 α-芋螺毒素 GI 和 α-芋螺毒素 MI 可以区分 α/δ 和 α/γ；而且在电鳗 nAChRs 模型上，针对 α/δ 和 α/γ 两个位点也未表现出良好的区分性[46,62]。动物实验表明，α-芋螺毒素 SI 的毒性较 GI 和 MI 弱[63]。通过结构和功能的研究发现，α-芋螺毒素 GI 序列中第 9 位的 Arg 对其活性至关重要，无论是在小鼠还是在电鳗 nAChRs 模型上，Arg 都影响着 GI 与受体的结合[46,64]。α-芋螺毒素 SI 与 GI 活性差别较大，就是由于 SI 的第 9 位氨基酸被 Pro 取代所致[65]。

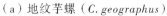

（a）地纹芋螺（*C. geographus*）　　　　（b）芋螺毒素GI结构［PDB（1NOT）］

图1.18　地纹芋螺与芋螺毒素 GI 结构[6]

虽然通常认为作用于肌肉型 nAChRs 的 α-芋螺毒素都是 α3/5-芋螺毒素，但是最近的研究发现，其他类型的 α-芋螺毒素也有阻断肌肉型 nAChRs 的功能。表 1.6 列举了一些作用于肌肉型

nAChRs 的 α-芋螺毒素。α-芋螺毒素 EI 是从大西洋食鱼类乌龟芋螺（*C. ermineus*）中分离到的一种 α4/7-芋螺毒素[66]（图 1.19），α4/7-芋螺毒素通常阻断神经型 nAChRs。α-芋螺毒素 EI 在溶液中的二级结构与其他 α4/7-芋螺毒素类似[67]。虽然 EI 对神经型 nAChRs（α3β4、α4β2）也有一定的作用，但与其他 α4/7-芋螺毒素不同，EI 主要阻断肌肉型 nAChRs[66, 68]。与其他 α3/5-芋螺毒素不同，α-芋螺毒素 EI 对 α/δ 和 α/γ 亲和性相差不大；另外，α-芋螺毒素 EI 对电鳗 nAChR 中 α/δ 的结合亲和性稍强，而其他 α3/5-芋螺毒素偏向于 α/γ[66]。研究人员在赭色字母芋螺（*C. spurius*）中发现了另外 2 种作用于肌肉型 nAChRs 的 α4/7-芋螺毒素：α-芋螺毒素 SrIA 和 α-芋螺毒素 SrIB[68]。与 EI 类似，α-芋螺毒素 SrIA 和 SrIB 序列中存在许多修饰氨基酸。这 2 种毒素不仅能作用于肌肉型 nAChRs，还对神经型 nAChRs 中的 α4β2 亚型有作用。另外一个特殊的阻断肌肉型 nAChRs 的 α-芋螺毒素 PIB 属于 α4/4-芋螺毒素，它是从紫金芋螺（*C. purpurascens*）毒液中分离得到的。利用非洲爪蟾卵母细胞表达小鼠胎儿（α1β1γδ）和成年（α1β1δε）肌肉型 nAChRs 模型来研究 PIB 的活性，结果显示，PIB 对这 2 种亚型都有较好的阻断效果，阻断剂量在 nM（1 M = 1 mol/L，其余类推）级别，但是 PIB 对神经型 nAChRs 的各种亚型都无作用[69]。

表 1.6　作用于肌肉型 nAChRs 的芋螺毒素

名称	种属	序列	靶点	参考文献
GI	*C. geographus*	ECCNPACGRHYSC#	肌肉型 nAChR	[46]
GIA	*C. geographus*	ECCNPACGRHYSCGK#	肌肉型 nAChR	[46]
GII	*C. geographus*	ECCNPACGKHFSC#	肌肉型 nAChR	[54]
MI	*C. magus*	GRCCHPACGKNYSC#	肌肉型 nAChR	[47]
SI	*C. striatus*	ICCNPACGPKYSC#	肌肉型 nAChR	[46]
SIA	*C. striatus*	YCCHPACGKNFDC#	肌肉型 nAChR	[48]
SII	*C. striatus*	GCCCNPACGPNYGCGTSCS^	肌肉型 nAChR	[45]
CnIA	*C. consors*	GRCCHPACGKYYSC#	肌肉型 nAChR、α7	[56]
CnIB	*C. consors*	CCHPACGKYYSC#	肌肉型 nAChR	[56]
Ac1.1a	*C. achatinus*	NGRCCHPACGKHFNC#	肌肉型 nAChR	[70]
Ac1.1b	*C. achatinus*	NGRCCHPACGKHFSC#	肌肉型 nAChR	[70]
EI	*C. ermineus*	RDOCCYHPTCNMSNPQIC#	肌肉型 nAChR、α3β4、α4β2	[66]
SrIA	*C. spurius*	RTCCSROTCRMγYPγLCG#	肌肉型 nAChR、α4β2	[68]
SrIB	*C. spurius*	RTCCSROTCRMEYPγLCG#	肌肉型 nAChR、α4β2	[68]
PIB	*C. purpurascens*	ZSOGCCWNPACVKNRC#	成人/胎儿肌肉	[69]

注：#：C 末端酰胺化；^：C 末端自由的羧基；γ：γ-羧基谷氨酸；O：4-反式-羟脯氨酸；Z：焦谷氨酸。

（a）乌龟芋螺（*C. ermineus*）　　　（b）芋螺毒素 EI 结构［PDB（1K64）］

图 1.19　乌龟芋螺与芋螺毒素 EI 结构[6]

2. 作用于神经型 nAChRs 的 α-芋螺毒素

作用于神经型 nAChRs 的 α-芋螺毒素是 A-超家族中重要的一大类，这类芋螺毒素具有非常高的多样性，它们不仅能作用于神经型 nAChRs，还能区分不同的亚型。神经型 nAChRs 组成多样，有多个亚型，广泛分布于外周和中枢神经系统，是在生物体内广泛存在的具有重要生理功能的一类膜蛋白[71]。胆碱类神经元能合成并释放神经递质乙酰胆碱（acetylcholine，ACh），ACh 可以通过与 nAChRs 相互作用，影响并调节生物体一系列生理机能，如疼痛、抑郁、焦虑、认知等[72]（图 1.20）。nAChRs 属于半胱氨酸环受体家族的一员，该家族中所有亚基都含有一对由 13 个氨基酸残基隔开并经二硫键相连的半胱氨酸，该家族还包括 5-羟色胺受体（5-HT3 和 MOD-1 受体）、甘氨酸受体（GlyR）、γ-氨基丁酸受体（GABAA 和无脊椎动物的 EXP-1 受体）、无脊椎动物谷氨酸门控的氯受体（GluCl）和锌离子激活的受体（ZAC）[73]。α-芋螺毒素对神经型 nAChRs 亚型的选择特异性为其今后在受体探针和受体相关药物先导化合物的研究方面提供了基础[3]。神经型 nAChRs 主要包括 α7、α3β2、α3β4、α9α10 等不同亚型。表 1.7 对目前发现的部分作用于神经型 nAChRs 的 α-芋螺毒素进行了总结。

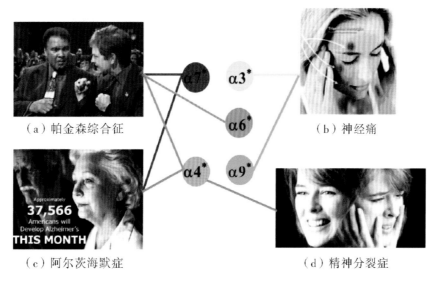

（a）帕金森综合征　　（b）神经痛　　（c）阿尔茨海默症　　（d）精神分裂症

图 1.20　不同乙酰胆碱受体亚型相关疾病[74]

3. 作用于 α3β2 nAChRs 的 α-芋螺毒素

α-芋螺毒素 MⅡ是从幻芋螺中发现的能作用于 α3β2 和 α6*（*代表包含 α6 亚基的亚型）nAChRs 的一种 α4/7-芋螺毒素[75]（图 1.21）。1997 年，Havery 等利用受体突变技术发现，α-芋螺毒素 MⅡ主要与 α3 亚基上的 Lys[185] 和 Ile[188] 以及 β2 亚基上的 Thr[59]、Val[109]、Phe[117] 和 Leu[119] 相互作用[76]。根据这一结论，2005 年，Dutertre 等构建了 MⅡ与 β2 亚基相互作用的分子模型[77]。来自金翎芋螺（*C. pennaceus*）的 α-芋螺毒素 PnⅠA 也是 α3β2 的选择性拮抗剂，而与其序列具有很高同源性的 α-芋螺毒素 PnⅠB 却与 α7 亚型结合活性较强[78]。2008 年，Jin 等通过实验证实，PnⅠA的 Cys 之间第二个环（loop2）影响着 PnⅠA 的受体选择性，如果 loop2 发生变化，PnⅠA 结构将发生很大变化[79]。2003 年，Hogg 等利用受体突变技术确定 α3 亚基上的 Pro[182]、Ile[188] 和 Gly[198] 是决定 PnⅠA 结合的 3 个关键氨基酸残基[80]。利用该结论，通过结构与功能关系的研究，

表 1.7　作用于神经型 nAChRs 的芋螺毒素

名称	种属	序列	靶点	参考文献
ImI	*C. imperialis*	GCCSDPRCAWRC#	α3β2 > α7 > α9	[49]
ImII	*C. imperialis*	ACCSDRRCRWRC#	α7	[50]
MII	*C. magus*	GCCSNPVCHLEHSNLC#	α3β2 ≈ α6β2* > α6β4	[75]
PIA	*C. purpurascens*	RDPCCSNPVCTVHNPQIC#	α6β2* > α6β4 ≈ α3β2	[69]
OmIA	*C. omaria*	GCCSHPACNVNNPHICG#	α3β2 > α7 > α6β2*	[84]
GIC	*C. geographus*	GCCSHPACAGNNQHIC#	α3β2 ≈ α6β2* > α7	[53]
GID	*C. geographus*	IRDγCCSNPACRVNNOHVC^	α7 ≈ α3β2 > α4β2	[85]
EpI	*C. episcopatus*	GCCSDPRCNMNNPDY（S）C#	α3*、α7	[86]
AnIA	*C. anemone*	CCSHPACAANNQDY（S）C#	α3β2、α7	[87]
AnIB	*C. anemone*	GGCCSHPACAANNQDY（S）C#	α3β2、α7	[87]
AuIA	*C. aulicus*	GCCSYPPCFATNSDYC#	α3β4	[88]
AuIB	*C. aulicus*	GCCSYPPCFATNPDC#	α3β4	[88]
AuIC	*C. aulicus*	GCCSYPPCFATNSGYC#	α3β4	[88]
PnIA	*C. pennaceus*	GCCSLPPCAANNPDY（S）C#	α3β2 > α7	[78]
PnIB	*C. pennaceus*	GCCSLPPCALSNPDY（S）C#	α7 > α3β2	[78]
BuIA	*C. bullatus*	GCCSTPPCAVLYC#	koff β2 > koff β4	[52]
PeIA	*C. pergrandis*	GCCSHPACSVNHPELC#	α9α10 > α3β2 > α6β2* > α3β4 > α7	[52]
Vc1.1	*C. victoriae*	GCCSDPRCNYDHPEIC#	α9α10 > α6β2* > α6β4 > α3β4 ≈ α3β2 > α7	[41]
RgIA	*C. regius*	GCCSDPRCRYRCR^	α9α10≫α7	[51]
TxIA	*C. textile*	GCCSRPPCIANNPDLC#	AChBP ≈ α3β2 > α7	[34]
Lp1.1	*C. leopardus*	GCCARAACAGIHQELC#	α3β2、α6β2	[89]
ArIA	*C. arenatus*	IRDECCSNPACRVNNOHVCRRR^	α7 ≈ α3β2	[90]
ArIB	*C. arenatus*	DECCSNPACRVNNPHVCRRR^	α7 ≈ α6β2* > α3β2	[90]
RegIIA	*C. regius*	GCCSHPACNVNNPHIC#	α3β2 > α3β4 > α7	[91]
TxID	*C. textile*	GCCSHPVCSAMSPIC#	α3β4 > α6β4	[17]
TxIB	*C. textile*	GCCSDPPCRNKHPDLC#	α6/α3β2β3	[18]
LtIA	*C. litteratus*	GCCARAACAGIHQELC#	α3β2 > α6β2*	[83]

注：#：C 末端酰胺化；^：C 末端自由的羧基；γ：γ-羧基谷氨酸；O：4-反式-羟脯氨酸。

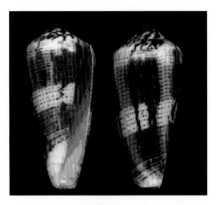

（a）幻芋螺（*C. magus*）　　　（b）芋螺毒素 MII 结构［PDB（1MII）］

图 1.21　幻芋螺与芋螺毒素 MII 结构[6]

进行了 PnIA 与 α3β2 nAChR 的分子对接[81]，这一模型的结论与 PnIA 与乙酰胆碱结合蛋白（AChBP）共结晶得到的结论一致[82]。2010 年，Luo 等从海南产信号芋螺（*C. litteratus*）中发现了一种新型 α-芋螺毒素 LtIA，它主要作用于 α3β2 和 α6/α3β2β3 两种亚型，属于 α4/7-芋螺毒素[83]。LtIA 与以往发现的 α-芋螺毒素不同，绝大多数 α-芋螺毒素在 loop1 内都有一个保守的 Ser-Xaa-Pro motif（表 1.7），而且这一结构对 α-芋螺毒素的活性非常重要；但是 α-芋螺毒素 LtIA 中不存在这一保守结构，LtIA 对 α3β2 和 α6/α3β2β3 两种亚型具有很好的结合活性，IC_{50}（半阻断剂量）分别为 9.79 nM 和 84.4 nM。与 MII 相比，LtIA 与 α3β2 的洗脱速率更快。受体突变结果表明，β2 亚基中的 Phe^{119} 对 LtIA 的结合至关重要。

4. 作用于 α3β4 nAChRs 的 α-芋螺毒素

从宫廷芋螺（*C. aulicus*）中发现的 AuIB 是一种特异作用于 α3β4 nAChRs 亚型的 α-芋螺毒素。AuIB 长度为 15 个氨基酸，属于 α4/6-芋螺毒素，它对 α3β4 的 IC_{50} 为 750 nM[88]。大多数作用于 α3β4 的 α-芋螺毒素，对 α3β2 也有作用，但是 AuIB 只作用于 α3β4 nAChRs。除此之外，AuIB 与其他 α-芋螺毒素的最大区别在于，通常 α-芋螺毒素的天然形式是 Globular（Ⅰ～Ⅲ，Ⅱ～Ⅳ），Globular 也是 α-芋螺毒素唯一有活性的形式，而 Ribbon（Ⅰ～Ⅳ，Ⅱ～Ⅲ）没有活性，但是 AuIB 是个特例，它的 Ribbon 形式比 Globular 表现出了更好的活性[92]；往往 α-芋螺毒素与 nAChRs 作用是作为竞争性拮抗剂，但是 Globular AuIB 是 α3β4 的非竞争拮抗剂；另外，Ribbon 形式的 AuIB 在蛙卵表达的 α3β4 nAChRs 模型上，对不同构型的 α3β4 表现出了不同的敏感性[93]。2013 年，Grishin 等利用丙氨酸扫描（alanine scanning）发现，AuIB 序列中的 Pro^6 和 Phe^9 被 Ala 取代后，AuIB 对 α3β4 的抑制活性丧失[94]。海南产织锦芋螺（*C. textile*）的 TxID 是发现的另外一种特异作用于 α3β4 nAChRs 亚型的 α4/6-芋螺毒素[17]，如图 1.22 所示。TxID 对 α3β4 nAChRs 的阻断效果是 AuIB 的 60 倍，IC_{50} 为 12.5 nM。TxID 对 α6/α3β4（α6/α3、α6 和 α3 形成的嵌合体，便于 α6 的表达）也有阻断，IC_{50} 为 94 nM。TxID 的 loop1 中也具有保守的 Ser-Xaa-Pro motif，因此，决定其受体亚型选择性的主要是 loop2 中的 -SAMSPI-。NMR 结果显示，TxID 存在顺反异构，loop1 中的 Pro 对其形成顺反异构起着重要作用。

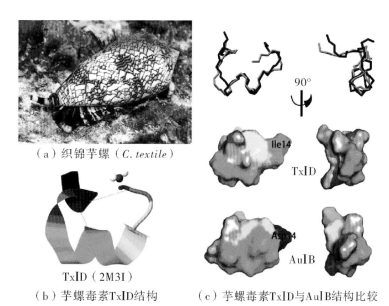

（a）织锦芋螺（*C. textile*）

TxID（2M3I）

（b）芋螺毒素 TxID 结构

（c）芋螺毒素 TxID 与 AuIB 结构比较

图 1.22　织锦芋螺与芋螺毒素 TxID 结构[17]

5. 作用于 α4β2 nAChRs 的 α-芋螺毒素

目前还未发现特异只作用于 α4β2 nAChRs 的 α-芋螺毒素。来自地纹芋螺（*C. geographus*）的 GID 对 α4β2 nAChR 表现出了较高的亲和性[85]（图 1.23）。尽管 GID 与地纹芋螺中发现的另外一种 α-芋螺毒素 GIC 在 loop1 序列中有一定的相似性，而且也属于 α4/7-芋螺毒素，但是两者结构和作用靶点不同。GIC 主要作用于 α3β2，IC_{50} 为 1.1 nM，此外，它对 α3β4 和 α4β2 也有作用，IC_{50} 分别为 755 nM 和 309 nM[53]；GID 可以作用于 α4β2、α3β2 和 α7，IC_{50} 分别为 152 nM、3.1 nM 和 4.5 nM[85]。GID 的氨基酸序列结构也与其他 α-芋螺毒素有差别。首先，GID 的 N 端氨基酸序列与以往发现的 α-芋螺毒素不同，多了几个额外的氨基酸；其次，GID 的 C 末端没有酰胺化，而其他大多数 α-芋螺毒素 C 末端是酰胺化的；最后，GID 的氨基酸序列中有 2 个修饰氨基酸（γ 羧基谷氨酸和羟脯氨酸）。对 GID 进行丙氨酸扫描，结果显示，任意位置的氨基酸被取代后，GID 对 α4β2 的活性都降低了至少 10 倍，表明 GID 中的每一个氨基酸都对它与 α4β2 结合起着重要作用[95]。2014 年，Banerjee 等研究 GID 的其他突变体发现，GID（V18N）、GID（A10S）和 GID（V13I）3 种突变体对 α4β2 和 α3β2 的区分度有所提高，说明 GID 序列中第 10、第 13、第 18 位氨基酸对 α4β2 和 α3β2 的选择性起重要作用[96]。另外，在研究其他 α-芋螺毒素（MII、GIC、AnIB）突变体的过程中，研究人员发现有些突变体对 α4β2 nAChRs 有阻断作用，但是 IC_{50} 比较大，在 μM 级别。

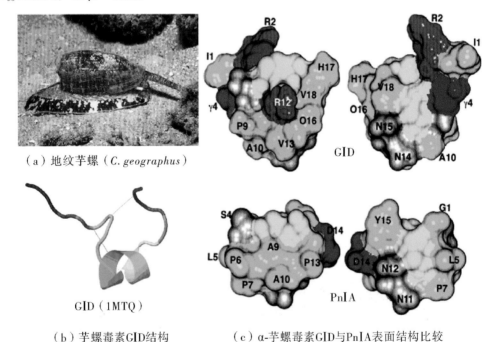

（a）地纹芋螺（*C. geographus*）

GID（1MTQ）

（b）芋螺毒素 GID 结构

（c）α-芋螺毒素 GID 与 PnIA 表面结构比较

图 1.23　地纹芋螺与芋螺毒素 GID 结构[85]

6. 作用于 α6* nAChRs 的 α-芋螺毒素

α6* nAChRs 与 α3 亚基在结构上很相似，因此，很多作用于 α3 亚基的 α-芋螺毒素与 α6* nAChRs 也相互作用。寻找能区分 α3 亚基和 α6* nAChRs 亚型的芋螺毒素是目前很多芋螺毒素研究者在做的工作。例如，来自幻芋螺的 α-芋螺毒素 MII，它不仅阻碍 α3β2，也对 α6* nAChR 有阻断作用[75]。2004 年，Azam 等通过氨基酸突变，设计了 MII 的一系列突变体，发现了 2 种有效的突变体：MII（H9A，L15A）和 MII（S4A，E11A，L15A）。第一种突变体对 α6/α3β2 nAChR 的

IC_{50}是 2.4 nM，能有效区分 α2β2、α3β4、α3β2、α2β4、α4β4 和 α7 nAChRs 亚型；第二种突变体能将 α3 和 α6* 亚型的分辨率提高 1000 倍[97]。2013 年，Luo 等从海南产织锦芋螺中发现了一种特异作用于 α6/α3β2 nAChR 的 α-芋螺毒素 Tx[B，Tx[B 对 α6/α3β2 的阻断效果很强，IC_{50} 为 28 nM，但是对其他 nAChRs 亚型的阻断效果都高于 10 μM（图 1.24）[18]。Tx[B 的 loop1 中具有保守的 Ser-Xaa-Pro motif 结构，但是 loop2 中的 RNKH 4 个氨基酸与以往发现的 α-芋螺毒素相比差别较大，推测这 4 个氨基酸可能与 Tx[B 的选择专一性相关。

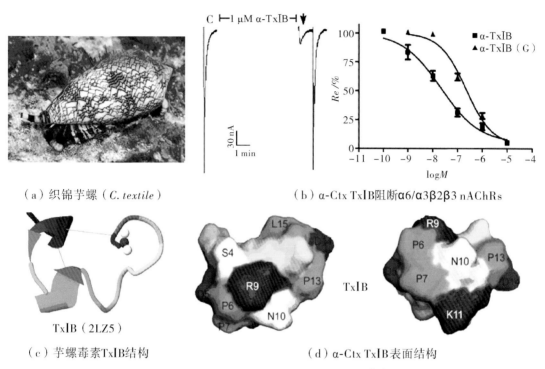

（a）织锦芋螺（*C. textile*） （b）α-Ctx Tx[B阻断α6/α3β2β3 nAChRs

Tx[B（2LZ5）

（c）芋螺毒素Tx[B结构 （d）α-Ctx Tx[B表面结构

图 1.24 织锦芋螺与芋螺毒素 Tx[B 结构[18]

注：*Re*：反应度；log*M*：毒素摩尔浓度取对数值。

7. 作用于 α7 nAChRs 的 α-芋螺毒素

从金翅芋螺中发现了 2 种 α-芋螺毒素：Pn[A 和 Pn[B，它们能作用于 α7 nAChRs[78]。这 2 种 α-芋螺毒素的序列同源性很高且在序列中都存在修饰氨基酸（15 位 Tyr 修饰为 sulfotyrosine），只第 10 和第 11 位 2 个氨基酸不同，Pn[A 中这 2 个位置分别是 Ala 和 Asn，而 Pn[B 对应的位置是 Leu 和 Ser。Pn[A 与 α3β2 nAChR 结合活性较强，而 Pn[B 与 α7 nAChR 结合更好。如果将 Pn[A 中的 Ala[10]用 Leu 取代，发现 Pn[A（A10L）对 α7 nAChR 的抑制活性增加（IC_{50} 为 168 nM）；将 Pn[A 中的 Asn[11]用 Ser 取代，Pn[A（N11S）对 α3β2 和 α7 nAChRs 活性都丧失[98-100]。2007 年，Whiteakcr 等通过比较 α-芋螺毒素 Ar[B 和其他 α-芋螺毒素序列，合成了一个 α7 nAChRs 的选择性拮抗剂 Ar[B 突变体[90]。Ar[B 同时作用于 α3β2 和 α7 nAChRs，Whiteaker 等通过改造得到了 2 种 Ar[B 突变体：Ar[B（V11L，V16A）和 Ar[B（V11L，V16D），突变体对 α7 nAChRs 活性保持不变，对 α3β2 活性减弱，增加了它们对 α3β2 和 α7 两种亚型的区分度。碘标记的 [125]I α-芋螺毒素 Ar[B（V11L，V16A）被开发成为一种药理学工具，用于 α7 nAChRs 相关研究[101]。

8. 作用于 α9α10 nAChRs 的 α-芋螺毒素

α9α10 nAChRs 是与免疫应答、疼痛、乳腺癌、肺癌相关的一个重要分子靶标[102, 103]，因此，

发现作用于 α9α10 nAChRs 的 α-芋螺毒素对于研究和治疗这些疾病至关重要。目前发现的 α-芋螺毒素 Vc1.1、RgIA 和 PeIA 都能作用于 α9α10 nAChRs[41, 52, 104]（图 1.25）。Vc1.1 是第一个在疼痛模型上表现出良好镇痛效果的 α-芋螺毒素。2005 年、2006 年，Satkunanathan、Vincler 等通过实验证明，Vc1.1 通过与 α9α10 nAChRs 相互作用而起到镇痛的效果[105, 106]。Vc1.1 已经进入了临床实验阶段，但是由于它对人源 α9α10 nAChRs 的活性较鼠源弱，因此止步于临床 II 期[10]。2009 年，Halai 等通过对 Vc1.1 进行 Ala Scan，确定了 Ser^4 和 Asn^9 是决定 Vc1.1 活性的关键氨基酸[107]。当 Ser^4 突变为一个正电性更强的氨基酸，Vc1.1 活性增强；如果突变成 Ala 或 Asp，则活性减弱。如果 Asn^9 被疏水性氨基酸（Ala、Leu 或 Ile）所取代，Vc1.1 活性则大大减弱。RgIA 是从食虫王冠芋螺的毒液中通过基因克隆得到的一种 α4/3-芋螺毒素。RgIA 与 α9α10 nAChRs 上的 ACh 结合位点相结合，其中，Asp^5、Pro^6、Arg^7 和 Arg^9 对 RgIA 的结合活性起关键作用[51]。对 RgIA 的 3D 结构进行解析，发现 Arg^9 通过与 α9α10 nAChRs 表面的负电荷相结合而对其活性起关键作用[108]。

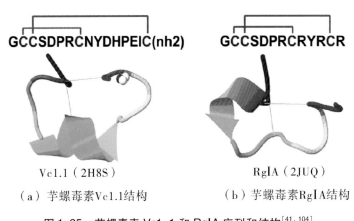

GCCSDPRCNYDHPEIC(nh2)　　　GCCSDPRCRYRCR

Vc1.1（2H8S）　　　　　RgIA（2JUQ）

（a）芋螺毒素Vc1.1结构　　　（b）芋螺毒素RgIA结构

图 1.25　芋螺毒素 Vc1.1 和 RgIA 序列和结构[41, 104]

随着基因测序技术的进步和转录组技术的发展，未来还会有更多的 α-芋螺毒素被发现。另外，结构与活性的研究结合同源建模（图 1.26）[109] 和 NMR 技术，会使我们更深入地了解 α-芋螺毒素与 nAChRs 不同亚型之间的作用机制，帮助我们对 α-芋螺毒素进行结构改造，提高 α-芋螺毒素的选择特异性。由于 nAChRs 在疼痛、炎症、成瘾、阿尔茨海默症（Alzheimers）和帕金森综合征（Parkinson）中的重要作用[10]，是一个非常重要的药理学靶点，α-芋螺毒素必将在药物先导化合物的研究中发挥重要作用。

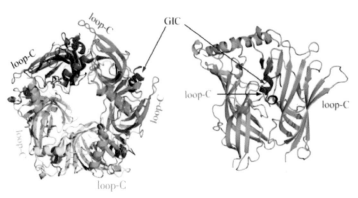

（a）Ac-AChBP/GIC五聚体　　　（b）相邻结构

图 1.26　GIC 与 Ac-AChBP 复合物 X 射线晶体结构[109]

二、B-超家族芋螺毒素活性研究

Conantokin-G 是从地纹芋螺中分离得到的一种芋螺毒素，给小鼠颅内注射 Conantokin-G 会导致小鼠出现睡眠等症状，因此，被称为睡眠肽（Conantokin-G）[110]（图 1.27）。Conantokin-G 属于 B-超家族，它是发现的第一个不含 Cys 的芋螺毒素，其成熟肽序列中包含 5 个 γ-carboxygluta-mate，此类修饰氨基酸也是首次在芋螺毒素当中被发现[35]。Conantokin-G 是 N-methyl-D-aspartate 受体（NMDAR）的非竞争拮抗剂，它通过与 NMDAR 内的 NR2B 亚基选择性拮抗，导致生物出现睡眠现象[38]。后来又陆续发现了另外几种 conantokin，它们都是 NMDAR 的拮抗剂，而且也都与 NR2B 亚基结合，但几种肽对 NR2B 的选择程度有所差异[40]。conantokin 在治疗疼痛、惊厥等一些神经性紊乱疾病方面的作用引起了研究者的广泛关注。其中，用于治疗疼痛和癫痫的 Co-nantokin-G 已经进入临床 I 期实验阶段[111]。2013 年，Luo 等通过构建 cDNA 文库，从海南产菖蒲芋螺（C. vexillum）毒腺当中发现了一种新型的 B-超家族芋螺毒素 αB-VxXXIVA，并对其活性进行了研究[112]。与以往发现的芋螺毒素不同，αB-VxXXIVA 的前体基因没有 Pro 区，成熟肽由 40 个氨基酸所组成，内含 4 个 Cys。Luo 等合成了 αB-VxXXIVA 的 3 种异构体，对其药理学活性进行了研究，发现 αB-VxXXIVA$^{(1, 2)}$ 和 αB-VxXXIVA$^{(1, 3)}$（括号内代表二硫键连接方式）都对 α9α10 nAChRs 表现出结合活性，IC_{50} 分别为 1.49 μM 和 3.15 μM。

图 1.27 芋螺毒素 Conantokin-G 结构[10]

三、C-超家族芋螺毒素活性研究

从地纹芋螺中分离到的 Contulakin-G（CGX-1160）属于 C-超家族芋螺毒素。它是从无脊椎动物当中发现的第一个神经降压素[113]。神经降压素是一种镇痛剂，可以激活 GPCRs，在神经传递和神经调控方面起着重要作用。Contulakin-G 颅内注射会导致小鼠行动迟缓。药理学靶点研究发现，Contulakin-G 与人源神经降压素 I 型受体，大鼠源神经降压素 I、II 型受体和小鼠降压素 III 型受体结合。Contulakin-G 当中没有二硫键，有 2 个修饰氨基酸：焦谷氨酸和 O-糖基化的 Trp，后者是首次在芋螺毒素当中发现。O-糖基化的 Trp 对于多肽的活性至关重要。Contulakin-G 在 2 种临床前疼痛模型上都表现出良好的镇痛活性，而且对心血管系统和运动技能无副作用[114]，因此，有望开发成为新型镇痛药物，目前已进入临床 I 期研究。αC-PrXA 是从黄石芋螺（C. parius）毒液中发现的新型 C-超家族芋螺毒素。αC-PrXA 长度为 32 个氨基酸，内含 1 对二硫键，作用的靶点是神经肌肉型 nAChRs，对大鼠成年和胎儿型肌肉型 nAChRs 的 IC_{50} 分别为 1.8 nM 和 3.0 nM[115]。

四、D-超家族芋螺毒素活性研究

VxXXA、VxXXB 和 VxXXC 是从旗帜芋螺（*C. vexillum*）中分离得到的 3 种 D-超家族芋螺毒素。这 3 种毒素的分子量较大，约 11 kDa，序列当中有 10 个 Cys，能抑制 nAChRs[116]。采用双电极电压钳技术发现，3 种毒素主要抑制 α7 和包含 β2 亚基的 nAChRs 亚型。随后又通过基因克隆的方法发现了几种新的 D-超家族芋螺毒素，其中，来自信号芋螺的几种 D-超家族芋螺毒素半胱氨酸模式为 XV 型（C-C-CC-C-C-C-C）[117]。

五、E-超家族芋螺毒素活性研究

通过对大理石芋螺（*C. marmoreus*）和维多利亚芋螺（*C. victoriae*）毒腺转录组的研究，在其中发现了 2 种 E-超家族芋螺毒素[118, 119]。其中，来自大理石芋螺的 Mr104 长度为 26 个氨基酸，内含 4 个 Cys，形成 2 对二硫键，序列当中的 Trp 被修饰（bromotryptophan）。目前，关于 E-超家族芋螺毒素的活性还未有报道。

六、F-超家族芋螺毒素活性研究

与 E-超家族芋螺毒素类似，F-超家族芋螺毒素也是在最近研究 2 种芋螺——大理石芋螺和维多利亚芋螺的毒腺转录组过程中发现的[118, 119]，每种芋螺当中也只发现一种。其中，来源于大理石芋螺的 Mr105 是通过前体基因预测得到的芋螺毒素，活性方面还鲜有报道。

七、G-超家族芋螺毒素活性研究

从黄带芋螺（*C. delessertii*）中分离得到的芋螺毒素 de13a 属于 G-超家族芋螺毒素，这是目前发现的唯一具有 XIII 型（C-C-C-CC-C-C-C）半胱氨酸模式的芋螺毒素[120]。de13a 的成熟肽序列中含有特殊修饰的氨基酸（hydroxyl-lysine）。利用 de13a 设计引物，通过基因克隆，从黄带芋螺的毒腺 cDNA 中得到了其前体基因序列 De13.1[121]。虽然 De13.1 的信号肽序列与 O3-超家族有一定的相似性，但是由于 de13a 和 De13.1 的序列特殊性，还是将其归为新的 G-超家族。

八、H-超家族芋螺毒素活性研究

H-超家族是最近从大理石芋螺[118]和维多利亚芋螺[119]中发现的新型超家族。目前，H-超家族芋螺毒素都是通过基因克隆分析的方法发现的，预测成熟肽序列大于 20 个氨基酸，半胱氨酸骨架模式为 VI/VII 型；但是，关于这类毒素的活性还鲜有研究。

九、I-超家族芋螺毒素活性研究

I-超家族是芋螺毒素中较大的一类，根据信号序列的差别，又可分为 I1、I2、I3 和 I4 四个家族。I-超家族芋螺毒素中，XI 半胱氨酸模式是比较典型的二硫键排列方式。ι-RXIA 是 I1 家族芋螺毒素，长度为 46 个氨基酸，是 Nav1.6 和 Nav1.2 电压门控钠离子通道（VGSCs）的激活剂[22,122]。ι-RXIA 序列当中的 inhibitor cysteine knot（ICK）结构形成了额外的二硫键。ι-RXIA 和其他几个 I1-家族的芋螺毒素中都存在一个 D 型氨基酸修饰，修饰对其功能有重要作用[123]。ViTx 和 sr11a 是属于 I2-家族的 2 种芋螺毒素，半胱氨酸模式跟 I1 相同，但是作用靶点不同。其中，ViTx 选择性抑制 Kv1.1 和 Kv1.3[124]，而 sr11a 选择性抑制 Kv1.2 和 Kv1.6[125]。另外发现的一种 I2-芋螺毒素 BeTX 主要作用于 Ca^{2+} 通道和电压依赖的 BK 通道[126]。I2-家族芋螺毒素前体基因的结构比较特殊（图 1.28），其中，I1 的 Pro 区位于信号肽和成熟肽之间，而 I2 的 Pro 区位于成熟肽的末端[127]。最近又发现了 I-超家族的新成员 I3-家族的 2 种芋螺毒素：ca11a 和 ca11b，它们是从唐草芋螺（C. caracteristicus）中分离得到的[128]。这 2 种毒素的序列当中没有修饰氨基酸，其活性还未知。

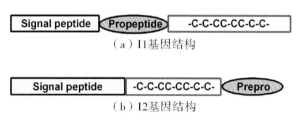

（a）I1基因结构

（b）I2基因结构

图 1.28　I-超家族芋螺毒素基因结构示意

十、J-超家族芋螺毒素活性研究

从焦黄芋螺（C. planorbis）中发现的芋螺毒素 pl14a 是发现的第一个 J-超家族芋螺毒素成员[129]。pl14a 由 25 个氨基酸组成，有一个酰胺化的 C 末端和一个长的 N 端尾巴结构。pl14a 半胱氨酸骨架结构为 XIV 型，二硫键连接方式 I～III、II～IV。通过 cDNA 克隆，发现 pl14a 的信号序列属于新的 J-超家族。利用 pl14a 的信号序列，又从焦黄芋螺和漫黄芋螺（C. ferrugineus）中发现了另外 5 种 J-超家族芋螺毒素，这 5 种新 J-超家族成员与 pl14a 具有相似的结构、信号肽和酰胺化末端。给小鼠颅内注射 pl14a，能导致小鼠出现震颤、翻滚、麻痹等症状；pl14a 高剂量注射可导致小鼠死亡。pl14a 表现出抑制 nAChRs（神经型 α3β4 和肌肉型 α1β1εδ）和电压门控钾离子通道（Kv1.6）的药理学活性。pl14a 是目前发现的第一个能同时作用于电压门控离子通道和配体门控离子通道的芋螺毒素。

十一、K-超家族芋螺毒素活性研究

最先发现的 2 种 K-超家族芋螺毒素——im23a 和 im23b 是从帝王芋螺（C. imperialis）毒液中分离得到的。它们的半胱氨酸骨架为 XXIII 型（-C-C-C-CC-C-），二硫键连接方式 I～II、III～IV、V～VI[130]。动物活性实验结果显示，给小鼠颅内注射 im23a 和 im23b，小鼠出现兴奋症状；但是对于它们的分子靶标还不清楚。

十二、L-超家族芋螺毒素活性研究

lt14a 是从信号芋螺基因组文库中发现的一个 L-超家族芋螺毒素。lt14a 具有特殊的信号肽序列和半胱氨酸骨架（XIV）[131]。Peng 等通过对 lt14a 前体基因结构的分析，预测了它的成熟肽，通过化学合成得到 lt14a 成熟肽，并对其活性进行了检测[131]。lt14a 在小鼠热板实验中表现出镇痛活性。随后，在加州芋螺（C. californicus）中也发现了 L-超家族芋螺毒素。

十三、M-超家族芋螺毒素活性研究

M-超家族芋螺毒素是研究比较多的一大类芋螺毒素[132]。大多数 M-超家族芋螺毒素的半胱氨酸模式为 CC-C-C-CC。按照 loop3 中氨基酸的数目，可以将 M-超家族进一步细分为 M1 ～ M5 5 个亚家族。5 个亚家族的半胱氨酸模式相同，信号肽序列略有差别，其中，M1 和 M3 两类的前体序列同源性较高，而 M2、M4 和 M5 三者之间前体序列的同源性较高。

M-超家族芋螺毒素按照其药理学靶点主要分为三类：μ-芋螺毒素（阻断 VGSCs）、κM-芋螺毒素（阻断电压门控 K⁺ 通道）和 ψ-芋螺毒素（阻断 nAChRs）。作用于神经型 VGSCs 的 μM-芋螺毒素表现出良好的镇痛活性，将来有望开发成为新的镇痛药物先导化合物[133,134]。从光环芋螺（C. radiatus）中发现的 2 种 κM-芋螺毒素——RⅢJ 和 RⅢK 能选择性阻断 Kv1.2 钾离子通道，是研究钾离子通道亚型和心肌保护机制的重要工具[135]（图 1.29）。3 种 ψ-芋螺毒素——PⅢE、PⅢF 和 PrⅢE 是 nAChRs 的拮抗剂。虽然这 3 种毒素与 α-芋螺毒素具有相同的靶点，但在 nAChRs 亚基上的结合位点不同[136 - 138]。这类 ψ-芋螺毒素也有望成为新型靶点药物。表 1.8 对目前发现的一些 M-超家族芋螺毒素的序列和活性进行了总结。

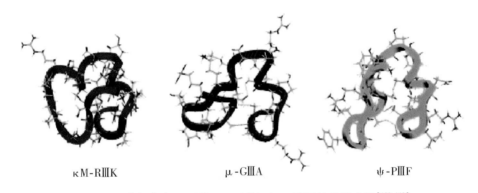

κM-RⅢK　　　　μ-GⅢA　　　　ψ-PⅢF

图 1.29　芋螺毒素 κM-RⅢK、μ-GⅢA 和 ψ-PⅢF 结构的比较[139,140]

表 1.8　M-超家族芋螺毒素的序列和活性

名称	种属	序列	活性	参考文献
μ-KⅢA	C. kinoshitai	CCNCSSKWCRDHSRCC#	电压门控钠离子通道	[141]
κ-RⅢK	C. radiatus	LOSCCSLNLRLCOVOACKRNOCCT#	电压门控钾离子通道 Kv1.2	[142]
ψ-PⅢE	C. purpurascens	HOOCCLYGKCRRYOGCSSASCCQR#	乙酰胆碱受体	[138]
mr3e	C. marmoreus	VCCPFGGCHELCYCCD#	对小鼠无活性（ic）	[143]
tx3a	C. textile	CCSWDVCDHPSCTCCG	激发小鼠行为（低剂量兴奋过度，高剂量惊厥、死亡）（ic）	[144]
LtⅢA	C. litteratus	DγCCγOQWCDGACDCCS	TTX 敏感钠离子通道	[145]
mr3a	C. marmoreus	GCCGSFACRFGCVOCCV	激发小鼠行为	[144]
mr3b	C. marmoreus	SKQCCHLAACRFGCTOCCW	激发小鼠行为	[144]
tx3b	C. textile	CCPPVACNMGCKPCC#	激发小鼠行为	[144]
tx3c	C. textile	CCRTCFGCTOCC#	激发小鼠行为	[144]
PnⅣB	C. pennaceus	CCKYGWTCWLGCSPCGC	TTX 敏感钠离子通道	[146]

续表1.8

名称	种属	序列	活性	参考文献
VxII	*C. vexillum*	WIDPSHYCCCGGGCTDDCVNC	小鼠竖尾和扭转跳跃	[147,148]
CPY-Pl1	*C. planorbis*	ARFLHPFQYYTLYRYLTRFLHRYPIYYIRY	电压门控钾离子通道 Kv1.6	[148]

注：γ：γ羧基谷氨酸；O：羟脯氨酸；#：C末端酰胺化；ic：颅内注射。

十四、N-超家族芋螺毒素活性研究

目前发现的 N-超家族芋螺毒素都是来自大理石芋螺毒腺转录组中的 3 种芋螺毒素：Mr093、Mr094 和 Mr095[118]。这 3 种芋螺毒素的半胱氨酸骨架都是 XV 型，而且序列中存在修饰氨基酸。在 Mr093 中，第 12 位和第 34 位 Pro 被羟脯氨酸（Hyp）所取代；在 Mr094 中，除了第 8、第 12 和第 17 位的 Pro 被 Hyp 取代，第 17 位 Glu 也被 γ羧基谷氨酸（Gla）所取代。

十五、O-超家族芋螺毒素活性研究

O-超家族是芋螺毒素中一个比较大的家族，O-超家族内毒素数目众多，二硫键模式多样，在所发现的 O-超家族芋螺毒素中，至少有 5 种半胱氨酸模式。目前，在 Conoserver 数据库登记的 O-超家族序列有 769 条，是目前芋螺毒素当中数目最多的一个家族。O-超家族可以再细分为 O1、O2 和 O3 三个亚家族，其中，O1-家族是研究最多的一个家族。大多数 O1-家族芋螺毒素采用VI/VII型半胱氨酸模式，含有 6 个 Cys，形成 3 对二硫键。二硫键连接方式 I～IV、II～V、III～VI[20,149,150]。虽然 O1-家族芋螺毒素半胱氨酸模式和二硫键连接方式大多相同，但是它们的成熟肽差异较大，而且成熟序列中存在修饰氨基酸。对 O1-家族芋螺毒素的靶点研究较多，目前，O1-家族芋螺毒素按照药理学活性分类，主要包括：δ（voltage-gated Na channels，VGSC agonist）、μ（VGSC antagonist，blocker）、κ（voltage-gated K channels blocker）、ω（voltage-gated Ca channels，blocker）四大类 O-芋螺毒素（表 1.9）。其中，μ-芋螺毒素 MrVIB 和 GeXIVA 表现出良好的镇痛活性，将来有望开发成为新型镇痛药物先导化合物[151]；而 κ-PVIIA 在心脏保护方面具有良好的应用前景[152]；最受关注的 O-超家族芋螺毒素是 ω-MVIIA，作为一种高效安全的镇痛药物，它已经被 FDA 批准进入临床，成为第一个进入临床使用的芋螺毒素镇痛药（ziconotide，齐考诺肽）[153]。

表 1.9　O1-超家族芋螺毒素的序列和活性

名称	种属	序列	活性	参考文献
ω-MVIIA	*C. magus*	CKGKGAKCSRLMYDCCTGSCRSGKC#	CaV2.1、CaV2.2	[154]
μ-GS	*C. geographus*	ACSGRGSRCOOQCCMGLRCGRGNPQKCIGAHγDV	VGSC inhibitor（site I）	[155]
δ-PVIA	*C. purpurascens*	EACYAOGTFCGIKOGLCCSEFCLPGVCFG#	Nv1.2、Nv1.4、Nv1.7	[156]
κ-PVIIA	*C. purpurascens*	CRIONQKCFQHLDDCCSRKCNRFNKCV#	Kv Shaker	[157]
μ-MrVIB	*C. marmoreus*	ACSKKWEYCIVPILGFVYCCPGLICGPFVCV	NaV1.8、Nav TTX-R	[158]
μ-GVIIJ	*C. geographus*	GWCDOGATCGKLRLYCCSGFCD§YTKTCKDKSSA	VGSC inhibitor（site 8）	[159]
ω-CVID	*C. catus*	CKSKGAKCSKLMYDCCSGSCSGTVGRC#	CaV2.1、CaV2.2	[160]

续表 1.9

名称	种属	序列	活性	参考文献
δ-GmVIA	C. gloriamaris	VKPCRKEGQLCDPIFQNCCRGWNCVLFCV	Nv1.2、Nv1.4	[161]
ω-GVIA	C. geographus	CKSOGSSCSOTSYNCCRSCNOYTKRCY#	CaV2.1、CaV2.2	[162]
GeXIVA	C. generalis	TCRSSGRYCRSPYDRRRRYCRRITDACV	nAChRs	[163]

注：O：羟脯氨酸；#：C 末端酰胺化。

大多数 O2-家族芋螺毒素半胱氨酸模式是 VI/VII 或 XV 型，内含 3 对或 4 对二硫键。例如，来自织锦芋螺的 TxVIIA 作用于软体动物的起搏通道（pacemaker channel），但是对大鼠没有活性[164]。另外 2 种 O2-家族芋螺毒素——PnVIIA 和 as7a 也是在软体动物上表现出了活性，但对小鼠没有活性[19,165]。按照信号序列，contryphans 这类芋螺毒素也被归到 O2-家族当中。这类毒素序列非常短，只有 7～12 个氨基酸，而且它们的序列当中含有很多修饰氨基酸。目前，关于 contryphans 这类芋螺毒素活性和靶点的研究还未全面展开，只有部分毒素的靶点得以阐明。如从地中海芋螺（C. ventricosus）中分离得到的 Contryphan-Vn 是电压门控和 Ca^{2+} 依赖的 K^+ 通道调节剂[166]，在大理石芋螺中发现的 Contryphan-M 是 Ca^{2+} 通道的阻断剂[167]。

大多数 O3-家族芋螺毒素半胱氨酸骨架结构与 O1 和 O2-家族芋螺毒素相同，也是 VI/VII 型，但是信号肽序列与 O1 和 O2 不同，因此，将其归为 O3-家族芋螺毒素。Graig 等从光环芋螺（C. radiatus）中得到了一种 O3-家族芋螺毒素：bromosleeper，并对其活性进行了研究[168]。bromosleeper 长度为 33 个氨基酸，在小鼠活性实验中，能导致小鼠困倦和睡眠。尽管对 bromosleeper 的作用靶点还不清楚，但是其诱发的动物行为与 conantokins 有些相似，而后者是 NMDA 受体的抑制剂；另外，在 bromosleeper 序列中，存在大量修饰氨基酸，包括 4 个 γ 羧基谷氨酸和 2 个羟脯氨酸。最近，通过对地纹芋螺毒腺转录组的研究，又发现了一种具有新型半胱氨酸骨架的 O3-家族成员：芋螺毒素 G27，G27 的骨架结构为 C-C-CCC-C-C-C[163]。

十六、P-超家族芋螺毒素活性研究

TxIXA 是从织锦芋螺中发现的 P-超家族芋螺毒素[169]。动物实验结果表明，TxIXA 通过颅内注射给小鼠，会导致小鼠产生痉挛；但在金鱼模型上未表现出任何活性。推测 TxIXA 可能作用于谷氨酸受体。TxIXA 序列中有 2 个修饰的 γ 羧基谷氨酸，其 C 末端酰胺化，半胱氨酸骨架模式为 IX 型。目前发现的 P-超家族的芋螺毒素还比较少，另外一个 P-超家族成员是 gm9a[170]。gm9a 的氨基酸序列和活性都与 TxIXA 相似，序列当中存在 ICK motif，二硫键连接方式 I～IV、II～V、III～VI。

十七、Q-超家族芋螺毒素活性研究

Q-超家族也是通过对芋螺毒腺转录组研究发现的一种新型超家族。在紫霞芋螺（C. flavidus）的毒腺中，克隆得到了几种 Q-超家族芋螺毒素。通过前体肽推测出 Q-超家族芋螺毒素的成熟肽序列中包含 2 种半胱氨酸模式：XVI（C-C-CC）和 VI/VII（C-C-CC-C-C）。利用 Q-超家族芋螺毒素信号肽保守序列设计引物，借助 RACE-PCR 技术，又在蜡黄芋螺（C. quercinus）和唐草芋螺两种芋螺中发现了其他 Q-超家族芋螺毒素。其中，qc16a 是从蜡黄芋螺中发现的一种 Q-超家族芋螺毒素，长度为 11 个氨基酸，半胱氨酸骨架结构为 XVI 型，二硫键连接方式 I～IV、II～

Ⅲ[171]。在溶液当中，qc16a 形成 β-转角的二级结构。在小鼠活性实验中，颅内注射 qc16a 会导致小鼠表现出沮丧状态，但是其作用靶点还未知。

十八、S-超家族芋螺毒素活性研究

第一个被发现的 S-超家族芋螺毒素是来自于地纹芋螺的芋螺毒素 GⅧA[26]。通过非洲爪蟾卵母细胞表达体系和电生理技术，发现 GⅧA 能特异阻断 5-羟色胺受体（5-HT$_3$）。进一步研究发现，它在 5-HT$_3$ 受体上与扎考比利（zacopride）是竞争性拮抗剂，它对 5-HT$_3$ 的 IC_{50} 为 53 nM。αS-RⅧA 是从光环芋螺中发现的另外一种 S-超家族芋螺毒素[172]。在小鼠实验中，颅内注射 αS-RⅧA 能导致小鼠出现痉挛状况。αS-RⅧA 的序列和半胱氨酸骨架与 GⅧA 类似，但是不作用于 5-HT$_3$ 受体，它作用的靶点是 nAChRs。最近，通过基因克隆的方法，在不同芋螺当中又发现了几种新的 S-超家族芋螺毒素：ca8a（唐草芋螺），ca8.2、ca8.3（加州芋螺），tx8.1（织锦芋螺）和 ac8.1（花玛瑙芋螺）。

十九、T-超家族芋螺毒素活性研究

T-超家族芋螺毒素是发现比较多的一类毒素，在芋螺毒液当中种类繁多，但是对于 T-超家族芋螺毒素靶点的研究并不深入。按照半胱氨酸骨架模式，可以将 T-超家族分为几个亚家族。Ⅴ型半胱氨酸骨架结构的 T-超家族芋螺毒素包含 2 对相邻的 Cys（CC-CC），中间有 4～6 个氨基酸隔开，二硫键连接方式 Ⅰ～Ⅲ、Ⅱ～Ⅳ。Ⅹ型半胱氨酸骨架结构的 T-超家族芋螺毒素为 Cys 分布（CC-C-C），二硫键连接方式 Ⅰ～Ⅳ、Ⅱ～Ⅲ[173]。其中，TxⅧA 是从织锦芋螺中发现的一种特殊的 T-超家族芋螺毒素[174]，其半胱氨酸骨架类似 Ⅴ 型，但是多一个 Cys（CC-CCC）。最早发现 Ⅹ型骨架结构的 T-超家族芋螺毒素是来自大理石芋螺的两种芋螺毒素：MrⅠA 和 MrⅠB[28]。MrⅠA 和 MrⅠB 作用靶点是去甲肾上腺素受体（NEM），在动物活性实验中，这 2 种毒素都表现出良好的镇痛活性。其中，根据 MrⅠA 合成的突变体（Xen2174）作为新型镇痛药物已经进入临床实验阶段[118]。表 1.10 对目前发现的一些 T-超家族芋螺毒素的序列及活性进行了总结。

表 1.10 T-超家族芋螺毒素的序列和活性

名称	种属	序列	活性	参考文献
TxVA	*C. textile*	γCCγDGWCCTAAO	小鼠机能亢进和肌肉痉挛（ic. 0.5 nM 剂量）	[173]
PVA	*C. purpurascens*	GCCPKQMRCCTL#	对小鼠无影响（ic.），抑制鱼鳃活动	[173]
AuVA	*C. aulicus*	FCCPFIRYCCW	对小鼠无影响（ic.），抑制鱼鳃活动	[173]
SrVA	*C. spurius*	IINWCCLIFYQCC	小鼠沮丧行为（ic）	[175]
LtVD	*C. litteratus*	DCCPAKLLCCNP	抑制 TTX-敏感钠离子通道	[61]
MrⅠA	*C. marmoreus*	NGVCCGYKLCHOC	去甲肾上腺素受体	[176]
MrⅠB	*C. marmoreus*	VGVCCGYKLCHOC	去甲肾上腺素受体	[28]
τ-CnVA	*C. consors*	ECCHRQLLCCLRFV#	生长抑素 sst3 受体抑制剂	[27]
LiC32	*C. lividus*	LWQNTWCCRDHLRCC#	生长抑素 3 受体抑制剂	[27]

注：ic：颅内注射；#：C 末端酰胺化。

二十、V-超家族芋螺毒素活性研究

vi15a 是从食虫类玉女芋螺毒液中分离得到的一种 V-超家族芋螺毒素，半胱氨酸骨架为 XV 型[177]。vi15a 的信号肽序列与以往发现的不同，属于新型 V-超家族芋螺毒素。利用 vi15a 的信号肽序列作为引物，在小牛芋螺（*C. vitulinus*）中又发现了一种新型 V-超家族芋螺毒素：vt15.1[177]。最近，对紫霞芋螺的研究表明，在该芋螺内，V-超家族芋螺毒素的数目和种类较多，除了 XV 型半胱氨酸模式，在有些 V-超家族芋螺毒素中还发现了 Ⅵ/Ⅶ 的半胱氨酸模式。

二十一、Y-超家族芋螺毒素活性研究

ca17a 是目前从唐草芋螺毒液中发现的唯一一种 Y-超家族芋螺毒素[178]。利用 RACE-PCR 技术，我们从唐草芋螺毒腺 cDNA 中克隆到了 ca17a 的前体基因序列，发现它与以往发现的芋螺毒素不同，属于一种新型超家族，半胱氨酸骨架结构为 XVII 型。对于该毒素的靶点和功能还未有研究。

全世界有超过 700 种芋螺且每种芋螺中包含 1000～2000 种芋螺毒素，不同种类之间只有大约 5% 的芋螺毒素重叠，然而，目前只有不到 0.1% 的芋螺毒素得到研究。随着芋螺毒素研究的广泛展开和深入，必将有越来越多的芋螺毒素被发现和认识，相应的分类系统也将进一步得到完善。

第四节　芋螺毒素基因资源研究

芋螺毒素主要作用于细胞膜上各种离子通道和神经递质及激肽的受体，具有高度的选择性和亲和力，可作为神经科学中离子通道和膜受体研究的配体工具；同时，还可以被直接开发成诊断试剂和治疗药物或作为新药先导化合物。目前，芋螺毒素已被公认为研究各种离子通道和神经递质受体的最佳分子探针。芋螺毒素由于其丰度高、分子量小、结构多样性、作用靶点广泛、特异性作用强等特点，逐渐成为国内外极受关注的新兴研究热点[179]。

芋螺毒素基因资源的获取方法和途径是深入研究各种受体、离子通道及其亚型，进而在克隆表达的靶受体上设计和筛选高效新药的前提。自1978年Cruz等从地纹芋螺（*C. geographus*）毒液中分离纯化出第一种芋螺毒素[180]，至今已有百余种芋螺毒素被分离鉴定。但是，芋螺的采集、毒素的提取和分离纯化等步骤费时、费力，产率较低，受资源的影响很大，且有些标本很难获取。芋螺毒素基因资源的研究近年来发展迅速，新基因及其编码产生的毒素肽的高效发现与利用发挥了重要作用，芋螺毒素基因资源将被誉为"海洋药物宝库"。随着分子生物学和现代生物技术的快速发展，利用基因工程法、转录组和基因组高通量测序方法等来大量发现和获取各式各样的芋螺毒素是今后研究的重要方向。以下将从基因组DNA、cDNA克隆及文库、毒液分离和转录组测序等获取芋螺基因资源的方法和已取得的新芋螺毒素基因进行概述[181]。

一、芋螺基因组 DNA 筛选方法

自从Mullis等在1983年发明PCR技术[182]，Hillyard等在1992年获得第一个芋螺毒素基因以来，利用芋螺毒素基因超家族中保守序列设计引物并通过PCR技术来发现新型芋螺毒素基因成为一种重要的筛选方法[183]。从芋螺毒管或其他组织中提取基因组DNA，根据芋螺毒素各超家族信号肽或内含子及3′端非翻译区序列，设计各超家族基因的特异PCR引物，通过PCR扩增和序列分析方法，使从基因组DNA中克隆新型毒素基因成为可能，这也是目前分离芋螺毒素基因的有效方法之一。

McIntosh等从地纹芋螺基因组DNA中用PCR法克隆到新型α-芋螺毒素GIC，并从其他芋螺基因组中发现了较多的α-芋螺毒素基因[53]。但获得的这些芋螺毒素绝大多数前体基因的功能尚未深入研究。海南大学罗素兰课题组已从菖蒲芋螺（*C. vexillum*）基因组中克隆到2个新芋螺毒素基因（GenBank登记号AY316159、AY316160）。部分芋螺毒素基因组基因编码产生的毒素肽及其特征见表1.11。

表 1.11　从基因组 DNA 中筛选到的芋螺毒素基因

基因号	名称	种类	超家族	S-S 模式	序列	参考文献
AF526267	GIC	*C. geographus*	A	CC-C-C	GCCSHPACAGNNQHIC	[53]
DQ8450	PeIA	*C. pergrandis*	A	CC-C-C	GCCSHPACSVNHPELC	[184]
AY580321	Lp1.1	*C. leopardus*	A	CC-C-C	GCCARAACAGIHQELC	[57]
DQ359140	Mrl.2	*C. marmoreus*	A	CC-C-C	GCCSNPPCYANNQAYCN	[57]
DQ311078	Pu1.2	*C. pulicarius*	A	CC-C-C	GGCCSYPPCIANNPLC	[57]

续表 1.11

基因号	名称	种类	超家族	S-S 模式	序列	参考文献
DQ311058	QcaL-1	*C. quercinus*	A	C-C-C	FCSDPPCRISNPESCGWEP	[57]
DQ311060	Qc1.1a	*C. quercinus*	A	CC-C-C	DECCPDPPCKASNPDLCDWRS	[57]
DQ311072	Ac1.1a	*C. achatinus*	A	CC-C-C	NGRCCHPACGKHFNC	[57]
DQ311075	Ac4.3b	*C. achatinus*	A	CC-C-C-C	QKELVPSKITTCCGYSPGTACPSCMCTNTCKKKNKKP	[57]
FJ834437	E1	*C. ebraeus*	O1	C-C-CC-C-C	ECTDSGGACNSHDQCCNEFCSTATRTCI	[185]

二、芋螺 cDNA 文库筛选方法

芋螺毒素与微生物的次生代谢产物和植物的生物碱一样，具有高度的遗传多样性特征。真核生物的基因组 DNA 十分庞大，为 mRNA 和蛋白质的 100 倍左右，因而，从 DNA 筛选目的基因片段较费时费力，而通过构建 cDNA 文库筛选则较简便快捷。

根据已知芋螺某超家族信号肽的保守序列，推断出其对应基因碱基序列，设计并合成出特定引物，从而通过 PCR 等实验技术从 cDNA 文库中筛选新毒素基因。新基因序列确定后，就可以根据基因序列推断相应的芋螺毒素氨基酸序列，通过人工合成或重组表达，便可获得相应的芋螺毒素用于进一步的生物活性测试。

构建芋螺毒素 cDNA 文库，从中筛选新型芋螺毒素基因，已成为研究新芋螺毒素及其分子特征的重要途径之一。如 MⅦC、MⅦD、SⅥA、SⅥB 和 SO3 是根据已知 ω-毒素肽氨基酸保守序列合成特定的探针，从中筛选出来的。迄今为止，国外已构建了地纹芋螺、幻芋螺（*C. magus*）、金翎芋螺（*C. pennaceus*）、织锦芋螺（*C. textile*）等几种芋螺的 cDNA 文库。海南大学罗素兰课题组也已构建了织锦芋螺、独特芋螺（*C. caracteristicus*）、桶形芋螺（*C. betulinus*）、勇士芋螺（*C. miles*）、疣缟芋螺（*C. lividus*）等几种芋螺毒管 cDNA 文库，并且已从其 cDNA 文库中筛选到上百种新芋螺毒素基因。Silvestro 等从纹身芋螺（*C. arenatus*）、金翎芋螺、红砖芋螺（*C. tessulatus*）、地中海芋螺（*C. ventricosus*）和织锦芋螺共 5 种芋螺中获得了 170 个芋螺毒素的 cDNA 序列，它们都在 GeneBank 中申请了序列号。我国科学家卢柏松等从中国海南线纹芋螺（*C. striatus*）和织锦芋螺中分别发现了 6 种新 O-超家族毒素的 cDNA 序列和 2 种 α-芋螺毒素[186]。部分芋螺毒素基因 cDNA 对应产生的毒素肽及其特征如表 1.12 所示。

在芋螺体内，除了毒腺以外的其他分泌器官（如唾液腺）也可能分泌毒素到毒管或毒囊中[187-189]。因此，这些腺体也可能贡献特异毒素到毒液中。虽然以往的研究没有涉及哪些基因产物由芋螺唾液腺产生，但有研究表明，在食虫性芝麻芋螺（*C. pulicarius*）的唾液腺 cDNA 文库中发现了 2 种特异的 α-芋螺毒素，而且这 2 种毒素不能在毒管 cDNA 文库中找到，因此，这 2 种毒素由唾液腺特异分泌[188]。由唾液腺产生的类似的生物活性物质可能具有增加毒素效力的作用[190,191]。由此推断，芋螺中除了毒腺以外，还存在其他分泌器官分泌生物活性物质，为芋螺毒素多样性做出贡献。

构建 cDNA 文库发现新芋螺毒素基因的方法在一定程度上解决了芋螺材料来源问题，并且可以加深人们对芋螺毒素多肽基因水平特征、多样性遗传机制及形成特定构象的折叠机制的了解和认识。

表 1.12 从 cDNA 文库中筛选到的芋螺毒素基因

基因号	名称	种类	超家族	S-S 模式	序列	参考文献
DQ345364	It1a	C. litteratus	A	CC-C-C	GCCARAACAGIHQELCGGGR	[192]
DQ345367	It14a	C. litteratus	L	C-C-C	MRPPLCKPSCTNC	[192]
ABC74995	Lt9a	C. litteratus	P	C-C-C-C-C	VSIWFCASRTCSAPADCNPCTCESGVCVDWL	[192]
DQ345376	Lt15a	C. litteratus	O2	C-C-CC-C-C-C	ECTTKHRRCEKDEECCPNLECKCLTSPDCQSGYKCKP	[192]
ABC74983	Lt0.2	C. litteratus	O1	—	GLTGEAGMLEGLSS	[192]
EF467316	Leo-O1	C. leopardus	O1	C-C-CC-C-C	DCVKAGTACGFPKPEPACCSSWCIFVCT	[190]
EF467314	Leo-T1	C. leopardus	T	CC-CC	CCPNLFYCCPD	[190]
AF214956	TxⅧA	C. textile	T	CC-CCC	TSDCCFYHNCCC	[191]
AF215080	VnMSGL-111	C. ventricosus	O3	C-C-CC-C-C	SITRTEACYEYCKEQNKTCCGISNGRPICVGGCI	[191]
AAG60514	PnMMSK-04	C. pennaceus	M	CC-C-C-C-C	CCKYGWTCWLGCSPCGC	[191]

三、cDNA 基因克隆方法

提取芋螺毒管或其他组织中的总 RNA，以其中的 mRNA 作为模板，采用 Oligo（dT）或随机引物，利用逆转录酶反转录成 cDNA，再以 cDNA 为模板，通过 RT-PCR、3′RACE 等方法筛选新型芋螺毒素基因（表 1.13）。RT-PCR 即逆转录 – 聚合酶链式反应，具有放大作用和很高的灵敏性，使一些极为微量的 RNA 样品分析成为可能，因此，可用于获取微量表达的芋螺毒素基因。RACE 是一种基于 PCR 从低丰度的转录本中快速扩增 cDNA 的 5′ 和 3′ 末端的有效方法，具有简单、快速、廉价等优点[193]。

表 1.13 cDNA 克隆方法筛选到的芋螺毒素基因

基因号	名称	种类	超家族	S-S 模式	序列	参考文献
DQ345365	It1b	C. litteratus	A	CC-C-C	GCCARAACAGIHQELCGGRR	[194]
DQ141133	LiC22P	C. lividus	A	CC-C-C	NECCDNPPCKSSNPDLCDWRS	[194]
DQ141135	TeA21P	C. textile	A	CC-C-C	PECCSDPRCNSSHPELCG	[194]
DQ141160	TeA61P	C. textile	O1	C-C-CC-C-C	CLDAGEVCDIFFPTCCGYCILLFCA	[195]
DQ141151	MgJ42P	C. magus	O1	C-C-CC-C-C	CNNRGGGCSQHPHCCSGTCNKTFGVCL	[196]
DQ141170	MiEr92	C. miles	O1	C-C-CC-C-C	DCKHQNDSCAEEGEECCSDLRCMTSGAGAICVT	[196]
DQ141179	ViKr35P	C. virgo	O1	C-C-CC-C-C	ECRRRGQGCTQSTPCCDGLRCDGQRQGGMCVDS	[196]
DQ141147	LiC42P	C. lividus	O1	C-C-CC-C-C	SCGHSGAGCYTRPCCPGLHCSGGHAGGLCV	[197]
DQ141177	Malr137P	C. marmoreus	O1	C-C-CC-C-C	DDECEPPGDFCGFFKIGPPCCSGWCFLWCA	[195]
DQ141159	Mal51P	C. marmoreus	O2	C-C-CC-C-C	QCEDVWMPCTSNWECCSLDCEMYCTQI	[195]
DQ141154	BeB54P	C. betulinus	O2	C-C-CC-C-C	KSTAESWWEGECKGWSVYCSWDWECCS-GECTRYYCELW	[197]
FJ240165	BuⅢA	C. bullatus	M	CC-C-C-CC	CCKGKRECGRWCRDHSRCC	[198]
EU048276	conomarphin	C. marmoreus	M	—	DWEYHAHPKPNSFWT	[199]
GQ180867	Eb11.3	C. eburneus	I2	C-C-CC-CC-C-C	FIPCTGSEGYCHSHMWCCNSFDVCCELPG-PATCTREEACETLRIA	[200]

　　利用 cDNA 基因克隆方法，Duda 等[185,201,202] 从 3 种芋螺（*C. abbreviatus*、*C. ebraeus* 和 *C. lividus*）中测出了 280 余条四环芋螺毒素前体蛋白基因序列。海南大学罗素兰课题组利用上述方法，从海南产大理石芋螺（*C. marmoreus*）、幻芋螺、信号芋螺（*C. litteratus*）、勇士芋螺、唐草芋螺、织锦芋螺、桶形芋螺、疣缟芋螺等 12 个种中分别发现了 35 种 O-超家族芋螺毒素基因[186] 和若干种 α-芋螺毒素基因的 cDNA，目前，正在进行毒素肽的合成及其具体功能的鉴定。

　　RT-PCR 虽然操作简单，但是首先必须已知待扩增序列或其同源序列以便设计引物，而且由于种种原因，所获得的往往是部分序列；而 RACE 可以弥补 RT-PCR 技术的不足，根据已获得的 cDNA 部分序列能够有效扩增其上下游序列，经过拼接可以获得 cDNA 全长基因序列[193]。

四、毒液分离鉴定方法

　　通过高效液相色谱（HPLC）等分离技术对芋螺粗毒进行分离纯化，然后对得到的单一多肽组分进行 Edman 降解法或质谱测序，由氨基酸序列推测其基因碱基序列，通过与已知序列基因进行比对，从而鉴定其是否为新的芋螺毒素基因（表 1.14）。

表 1.14　毒液分离鉴定方法筛选到的芋螺毒素基因

基因号	名称	种类	超家族	S-S 模式	序列	参考文献
AAF23167	BeTX	*C. betulinus*	I2	C-C-CC-CC-C-C	CRAEGTYCENDSQCCLNECCWGGCGHPCRHP	[177]
AJ560778	viTx	*C. virgo*	I2	C-C-CC-CC-C-C	SRCFPPGIYCTPYLPCCWGICCGTCRNVCHLRI	[128]
EU169206	Vt15.1	*C. virgo*	V	C-C-CC-C-C-C	DCTTCAGEECCGRCTCPWGDNCSCIEW	[178]
FJ531694	Ca11A	*C. caracteristicus*	I3	C-C-CC-CC-C	AWPCGGVRASCSRHDDCCGSLCCFGTST-GCRVAVRPCW	[57]
EU675847	ca16a	*C. caracteristicus*	Y	C-C-CC-C-CC-C	CGGTGDSCNEPAGELCCRRLKCVNSRC-CPTTDGC	[169]
EU516351	Ca8c	*C. caracteristicus*	S	C-C-C-C-C-C-C-C-C	GCSGTCRRHRDGKCRGTCECSGYSYCRCG-DAHHFYRGCTCTC	[129]
EU496106	Tx8.1	*C. textile*	S	C-C-C-C-C-C-C-C	CTISCGYEDNRCQGECHCPGKTNCYCTS-GHHNKGCGCAC	[129]
AF193510	tx9a	*C. textile*	P	C-C-C-C-C-C	GCNNSCQEHSDCESHCICTFRGCGAVN	[169]
DQ447644	fe14.1	*C. ferrugineus*	J	C-C-C	SPGSTICKMACRTGNGHKYPFCNCR	[129]
FJ896006	Cp20.3	*C. capitaneus*	D	C-CC-C-CC-C-C-C	EVQECQVDTPGSSWGKCCMTRMCGTM-CCSRSVCTCVYHWRRGHGCSCPG	[117]

　　最短的毒素肽是只有 8 个氨基酸的 V-超家族[126]，最长的是具有 86 个氨基酸的毒素 con-ikot-ikot[124]，这两种毒素都在蛋白水平上得到了分离。天然毒素分离方法与 cDNA 克隆法二者有相互补充的效果。有的毒素虽然通过 cDNA 克隆得到了 cDNA 序列，但因为毒素的含量很低，很难通过毒素分离方法分离得到；在毒液分离纯化中得到的毒素可能筛选不到其 cDNA 序列。从芋螺毒液中获取的毒素肽的显著特征是：成熟肽基因产物具有高频率的翻译后修饰。因此，毒液分离方法对获得翻译后修饰的毒素发现尤其重要。

五、转录组测序鉴定方法

转录组测序是指通过高通量的测序方法，结合生物信息技术，全面挖掘生物在某一发育阶段或功能状态下特定组织或细胞的 mRNA 信息，包括几乎所有的 mRNA 种类和表达量数据，可在动态范围内全面反映基因表达情况。2005 年以来，Roche 454、Illumina Hiseq 2000 等第二代测序仪日益得到广泛应用，实现了对几十万乃至数百万条 DNA 同时进行测序，能够对生物或组织的转录组进行全面深入的分析[203]。该技术用于芋螺毒液管转录组研究，可以发现大量新型芋螺毒素基因，能够分析不同毒素表达水平差异，同时也可获得与毒素合成相关蛋白酶的基因信息。

第一篇关于芋螺转录组研究的文章是由美国犹他大学芋螺毒素研究的先驱者 Olivera 领导的团队发表的。2011 年 1 月，他们报道了首个芋螺（红枣芋螺，C. bullatus）的毒液管转录组研究，第一次描述了使用转录组测序数据发现和鉴定芋螺毒素的生物信息学方法流程，发现了芋螺多肽在毒液管内的高水平表达，特别是 A-超家族毒素肽呈现出前所未有的结构多样性，同时，芋螺毒素肽的单核苷酸多态性水平也远高于转录组中存在的其他蛋白[204]。2012 年 1 月，Terrat 等报道了笋肩芋螺（C. consors）毒液腺转录组研究，发现了 53 个分属 11 个超家族的新型芋螺毒素，A、O 和 M-超家族多样化程度最高，其中，A-超家族毒素占该转录组总毒素的 70% 以上；另外，该研究还发现了一些少量的传统超家族和家族之外富含二硫键和不含二硫键的转录本，它们代表了新的芋螺毒素肽分支[205]。随后，Olivera 团队又分别报道了芝麻芋螺和地纹芋螺的毒液管转录组研究，其中，在芝麻芋螺中发现了 82 个分属 14 个超家族/类型的芋螺毒素肽[206]；而对研究较早的地球上最致命的螺——地纹芋螺毒液管进行四段式的转录组分析则显示，芋螺毒素在毒液管中的表达复杂而具层次性，迷失性（引起猎物迷失方向）毒素与麻痹性毒素分别在毒液管不同区域表达，而表达水平最高的一类毒素并非传统认为的麻痹性毒素（如 δ-芋螺毒素和 α-芋螺毒素），而是迷失性毒素（如 conantokin），后者可能在捕食机制中起着主要的作用[163]。

从 2013 年 2 月到 2016 年 1 月之间，澳大利亚昆士兰大学 Alewood 教授及其团队共完成了 6 种不同芋螺的转录组测序研究，发表相关文章 7 篇。①他们第一篇报道的转录组学测序研究是对食螺性大理石芋螺进行的[118]，从中发现了 105 条芋螺毒素序列，分属 13 个基因超家族，其中 5 个为新超家族，而超过 60% 的毒素属于 O1、T 和 M 三个超家族，表明这些毒素在芋螺的捕食和防御过程中至关重要；结合蛋白质谱测序分析发现，每个芋螺毒素 mRNA 序列平均可以产生 20 种芋螺小肽进入毒液中。②同年 10 月，该团队描述了利用新的分析工具"ConoSorter"重分析大理石芋螺转录组毒素的研究[207]，报道发现了 158 种新的芋螺毒素和 13 个新超家族，但只有 106 种经过蛋白质谱鉴定，说明该分析工具的有效性还有待进一步验证。③两个月后，Alewood 教授团队发表了食虫性勇士芋螺（C. miles）转录组研究[208]，"ConoSorter"分析找到 662 条认为的毒素编码序列，经过转录组和蛋白质谱双重鉴定的仅有 48 条，涉及 10 个超家族，其中 3 个为新超家族，以及 1 种新半胱氨酸骨架模式（C-C-C-CCC-C-C）；出人意料的，大部分认为的芋螺毒素基因序列低水平表达，包括许多单个氨基酸突变、读码框和终止密码子移码突变。④2015 年 7 月，报道了利用转录组、蛋白组联合"ConoSorter"分析食螺性萼托芋螺（C. episcopatus）单一个体的 3 个主要毒液相关器官——毒液管、齿舌囊和唾液腺的研究[209]，发现了 3305 条新的芋螺肽序列，涉及 16 个新超家族类型和 6 种新半胱氨酸骨架模式，纳入芋螺肽分类的还有一些具有超大分子量的蛋白质分子，如 507 个氨基酸的芳基硫酸酯酶-A 等。⑤同年 10 月，又描述了食鱼性猫芋螺（C. catus）的转录组研究[210]，经过"ConoSorter"工具搜索、"SignalP"和"ConoServer"工具过滤后，共鉴定到 557 条推定的芋螺肽序列，其中，只有 8% 拥有超过 10 条 cDNA 序列支持，而 70% 的仅有 1 条 cDNA 序列；鉴于这些单个序列的变异总是与少数几个主要序列的单个氨基酸的变化有关，会产生可能的错误序列，因此，研究中这些稀有变体被剔除，最终确定了 104 条前体序列。⑥同年 12 月，Jin 等应用"ConoSorter"工具、"ConoServer"工具鉴定及人工检查过滤后，在单个焦黄芋螺（C. planorbis）转录组数据中共鉴定到分属 25 个基因超家族的 182 条芋螺毒素前体肽序列，T-超家族毒素表达量最高，毒素种类也最多；质谱结合转录组鉴定发现分属 6 个超家族的 23 个防御性（食鱼性和食螺性芋螺）芋螺毒素，药理学研究发现，这些毒素对人类乙酰胆碱 a7 和 a3 受体有强的活性，对钠离子通道有微弱作用，而对钙离子通道基本无作用[211]。⑦类似的方法也用于旗帜芋螺（C. vexillum）的防御性芋螺毒素研究[212]，共鉴定到分属 20 个基因超家族的 220 个芋螺毒素，其中，新超家族 4 个；主要的防御性毒素 aD-芋螺毒素 88 个，约占总毒素的 40%，且对人类 a7 受体具有很高的作用效果。

　　2014 年 2 月，澳大利亚莫纳什大学 Robinson 等发表了利用文库均一化、454 测序、de novo 组装、BLASTX 和 pHMM 注释等手段研究维多利亚芋螺（C. victoriae）转录组的文章[119]，发现了分属 20 个基因超家族的 113 条芋螺毒素序列。文中提到与其他测序平台相比，454 测序技术具有更高的错误率，这些错误可能会产生插入或删除，进而导致测序序列的移码或者氨基酸变化，因此，未组装的 454 测序 reads 可信度不高；而组装过程可以提供更高的覆盖度，降低测序错误，产生更可信的序列，降低单纯因测序错误产生的小变异和特殊序列的可能性。

　　2015 年 2 月，菲律宾大学 Barghi 等联合美国犹他大学 Olivera 发表了使用 2 个高通量测序平台开展的爱猫芋螺（C. tribblei）毒液管转录组的研究[213]，共发现了全新芋螺毒素 136 个，其中，127 个分属 30 种已知毒素分类，9 个属于 6 个新超家族；同时，也鉴定到几个芋螺毒素翻译后修饰酶（如 PDI 和 PPI 酶）和捕食过程中促进高效投毒的一些蛋白。文章还分析了使用不同测序平台对毒素发掘的影响，发现 454 测序平台只能获得文中鉴定的一半的芋螺毒素和 30 种已知毒素分类中的 20 种，而 Illumina 平台能覆盖几乎全部已知的 30 种毒素类别，说明 Illumina 平台在小肽类毒素发掘方面具有优势；另一方面，绝大部分的 con-ikot-ikot 序列由 454 测序发现，表明长片段的芋螺肽更适合使用 454 平台发掘。同年 6 月，该团队又报道了对 2 种食虫性芋螺——爱猫芋螺与嫩那瓦芋螺（C. lenavati）的毒液管转录组的比较分析研究[214]，对 8 个爱猫芋螺均一化文库和 5 个嫩那瓦芋螺均一化文库分别进行文库混合、Illumina Hiseq 2000 测序。爱猫芋螺中鉴定到分属 39 种毒素分类的 100 个芋螺毒素，其中包括此前（2015 年 2 月）已报道的 55 个毒素，而嫩那瓦芋螺鉴定到分属 40 种毒素分类的 132 个全新的芋螺毒素；它们的高度多样性（甚至是单个样本内的高度多样性）都反映了这些芋螺的猎物种类之广泛；对比研究单个个体转录组显示，每个芋螺能产生一系列特异的高水平表达的毒素，表明每个芋螺个体均具有微调毒液组成的能力。

　　2016 年 3 月，美国加利福尼亚大学 Phuong 等报道了通过 12 种芋螺的毒液管转录组测序分析食性与毒素复杂性之间关系的研究[215]，这是单一研究中涉及芋螺种类最多，也是报道毒素最多的文章，12 种芋螺中，发现的毒素由 66 至 338 种不等，共发现了 1864 种特异的芋螺毒素（2223 条特异毒素前体序列），超过 90% 的毒素序列为首次发现；该研究同时发现了芋螺食谱宽度与它们分泌毒素复杂性之间的正相关性。

　　2016 年 4 月，我国著名的基因组研究中心深圳华大基因研究院 Peng 等[216]报道了我国首篇运用二代高通量测序技术完成的芋螺转录组学研究。该研究使用成熟的 Illumina Hiseq 2000 测序平台和组装分析技术，以中国南海优势芋螺种——桶形芋螺为研究对象，开展了 3 种不同个体大小的桶形芋螺毒液管毒素比对研究、中等个体毒液管和毒液泡毒素比对研究，辅以传统的 Sanger 测序验证毒素，共鉴定到 215 条毒素序列，其中 183 条为全新毒素，还发现了 9 个新基因超家族；不同大小个体间毒素比对分析表明，芋螺毒素表达具有明显的种内差异性；通过毒液管与毒液泡对比分析，第一次在转录组水平上证明了毒液泡中存在少数的毒素低水平表达；文中还描述了在样本处理过程中加入均一化步骤，能显著提高发现的毒素数量（≈25%）[216]。

　　从上述研究现状可以看到，对于芋螺转录组的研究仍主要集中在芋螺毒素种类和含量的验证方面，至今公开发表的芋螺转录组研究文章已有16篇[118,119,163,204-216]，美国国家生物技术信息中心（National Center of Biotechnology Information，NCBI）公布的芋螺转录组测序数据66个，共涉及29个芋螺种（部分包含多个个体和不同组织的转录组）；而对于毒素生物合成及调控机制，以及芋螺毒素以外的芋螺生物学特性研究尚未深入开展。随着组学（基因组学、蛋白质组学、转录组学、代谢组学）技术的发展，应用组学技术进行关联分析，已被应用于多种模式生物研究，并延伸至其他具有经济价值的物种，以及一些在生物进化进程中有重要意义的物种。芋螺毒素的药用价值近些年来引起国内外研究者的广泛关注，在毒素新种类高通量发掘的基础上，如何高效开展毒素功能预测与分类、促进新药研发流程也日益成为研究者关注的新课题。

第五节　芋螺毒素的分离鉴定与合成

　　芋螺毒素已跃居动物神经毒素研究的首位，成为药理学和神经科学的有力工具和新药开发的新来源，具有"海洋药物宝库"之美誉，是一种近乎无限的药物资源，备受世界医药领域的关注。在芋螺毒素作为药物应用开发产业化时，需要解决的最首要的问题就是如何大规模获取有活性的芋螺毒素。由于芋螺资源的缺乏以及社会对活性肽资源的不断需求，科研工作者开始寻求简单可行的方法来获得大量天然活性肽的相似物。目前，有三种主要的方法获取这些小分子活性肽：天然分离法、化学合成法和生物合成法。以下主要就获得芋螺毒素的途径及其研究进展分别进行概述。

一、天然分离法

　　芋螺毒素最直接的获取方法是从芋螺体内提取。由于芋螺资源有限，且每种芋螺所含芋螺毒素多样性十分复杂，因此，从芋螺体内提取、纯化获得的芋螺毒素仅用于芋螺毒素的前期分析鉴定，进一步获得大量芋螺毒素主要通过化学合成法和生物合成法进行。

　　从芋螺体内提取芋螺毒素，主要从毒管所含毒液中提取、纯化而来。首先，对芋螺进行解剖，分离其毒管，进行前处理；然后，利用不同色谱方法从中分离成分单一的芋螺毒素，进一步进行序列结构鉴定。以 α-芋螺毒素 RegⅡA 分离纯化方法为例（图 1.30），Franco 等从王冠芋螺（*C. regius*）中解剖出毒管，加入 0.1% TFA 4 ℃匀浆离心，然后，通过制备型和分析型 SE-HPLC（凝胶色谱）分离，再通过 RP-HPLC（反相高效液相色谱）进行分离，获得较高纯度的 α-芋螺毒素 RegⅡA；获得的 α-芋螺毒素 RegⅡ

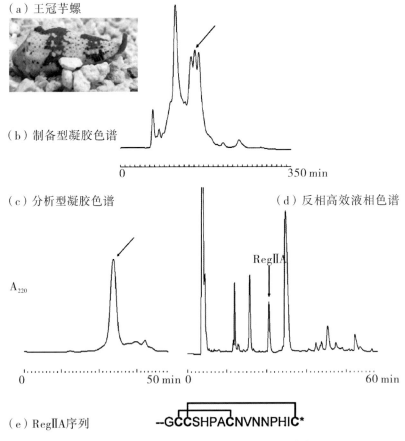

（a）王冠芋螺
（b）制备型凝胶色谱
（c）分析型凝胶色谱
（d）反相高效液相色谱
（e）RegⅡA序列

图 1.30　从王冠芋螺毒液中分离 RegⅡA[91]
　　（a）活体 *C. regius* 样本；（b）制备型凝胶色谱，*UV*（紫外吸收波长）＝220 nm；（c）分析型凝胶色谱；（d）反相高效液相色谱；（e）通过 Edman 降解法获得 RegⅡA 氨基酸序列。

A 还原打开二硫键，并对巯基进行烷基化保护，再通过 Edman 降解，获得氨基酸序列[91]。此方法是从芋螺体内获得天然毒素序列结构的重要方法，前期芋螺毒素大多通过这种方式分离鉴定获得。

随着分离和鉴定技术的不断发展，特别是色谱质谱技术的发展，已经实现从单个芋螺体内分析鉴定大量芋螺毒素。Ueberheide 等利用串联质谱技术，从织锦芋螺（*C. textile*）分离了多种芋螺毒素[217]，其技术路线如图 1.31 所示，从芋螺毒液分离出的成分进行还原烷基化等修饰，再进行不同碎裂方式（CID、ECD 等）的串联质谱分析，分离鉴定了 30 多条芋螺毒素序列。随着串联质谱技术和多肽从头测序算法的不断改进，结合转录组测序结果，越来越多的芋螺毒素通过这种方法被鉴定出来[12,118,209]。由于芋螺资源珍稀，从单个样本中获得多种芋螺毒素结构信息是未来研究的方向，随着蛋白质组、转录组和基因组技术的发展，会有越来越多的芋螺毒素被分离鉴定。

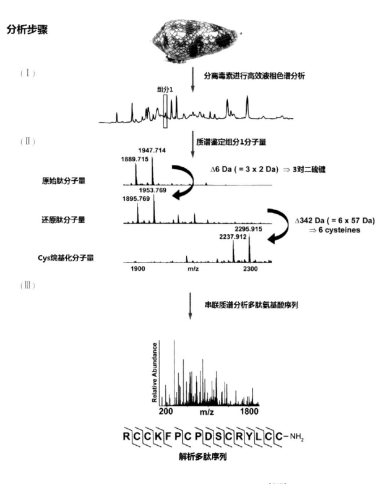

图 1.31　芋螺毒素从头测序策略[217]

二、化学合成法

芋螺毒素有着重要的研究和应用价值，但天然芋螺体内芋螺毒素含量非常稀少，无法满足日常研究需要。目前，研究用芋螺毒素主要靠化学合成方法获得，由于芋螺毒素的序列较短，易于化学合成，也能对芋螺毒素翻译后修饰进行合成，同时，还可以根据研究人员意愿对芋螺毒素进行进一步改造。芋螺毒素合成最重要的方法为固相合成法，20 世纪 80 年代中期，α-芋螺毒素 GI、MI[218,219] 和 ω-芋螺毒素 GVIA 首先采用多肽固相合成法合成出来[220]，迄今为止，已有数千种芋螺毒素及其类似物通过此种方法合成。

1. 多肽固相合成原理

1966 年，Merrifield 等首次创立了多肽固相合成法，其将多肽羧基端的氨基酸固定在不溶性树脂上，然后依次经过氨基酸末端活化、氨基酸偶联、延长肽链等步骤合成长链多肽。此法具有里程碑意义。多肽固相合成法克服了传统液相合成法中每一步产物都需纯化的限制，同时也为多肽的自动化合成奠定了基础[221,222]。

芋螺毒素的合成原理与其他多肽一致，主要可以分为 Boc 方法和 Fmoc 方法，这两种方法适用于大多数芋螺毒素肽合成，可以根据实验室条件及二硫键形成等因素进行选择。多肽合成的方向是从 C 端到 N 端。每一个氨基酸合成包括以下几个过程：首先是去保护，即利用一种试剂去除氨基的保护基团；其次是氨基酸活化，即下一个连接的氨基酸羧基被一种活化剂所活化；最后是偶联，活化的单体和游离的氨基反应，形成肽键。以上三步循环进行，直至所需的肽合成完毕，最后用切割液把合成肽从树脂上切割下来（图 1.32）[223]，合成的多肽利用色谱方法进行纯化后冻干备用。

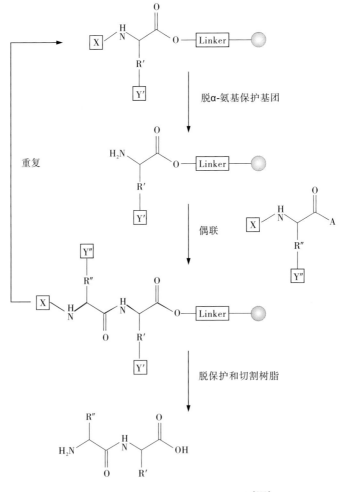

图 1.32　多肽固相合成法原理示意[223]

注：X：α-氨基保护基团；Y：侧链保护基团；A：羧基活化基团。

2. 芋螺毒素二硫键的形成

芋螺毒素利用自身所含的二硫键，维持 α 螺旋、β 折叠等二级结构，形成稳定的三维空间结构，其结构是芋螺毒素活性的基础，故合成芋螺毒素中的重要环节是合成多肽如何氧化折叠形成正确的二硫键连接方式。含有 4 个及以上半胱氨酸，二硫键的连接方式就会多样，形成同分异构体（isomer）。2 对二硫键即可形成 3 种同分异构体。二硫键数目越多，形成的异构体数量越多，可以通过一个公式计算同分异构体数目：$(2n)!/(2^n n!)$，其中，n 表示二硫键数目。通过计算可知，当芋螺毒素含有 3 对二硫键时，形成 15 种异构体；当含有 4 对二硫键时，异构体数目达到惊人的 105 种；但一般其中仅有一种天然连接方式具有生物活性。从中我们可以看出，正确氧化折叠对芋螺毒素的合成至关重要。

芋螺毒素体外合成二硫键有多种策略，主要根据半胱氨酸保护基团的选择来确定。主要分为自由氧化法和分步合成法。自由氧化法策略如图 1.33 所示，采用 Boc 固相合成法合成 α-芋螺毒素 ［Ala10 Leu］-PnIA，其中，半胱氨酸保护基团为 MeBzl，利用 HF/scavengers 切割后，形成自由巯基，再通过空气氧化法形成二硫键（图 1.33）[224]。

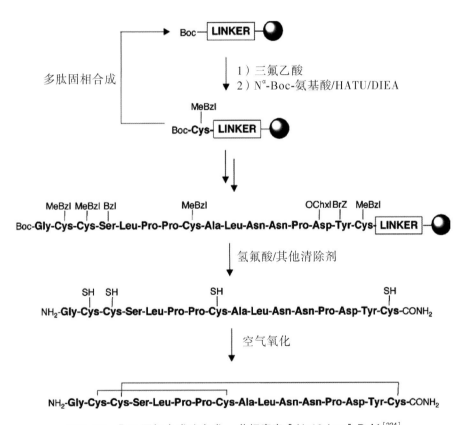

图 1.33　Boc 固相合成法合成 α-芋螺毒素 ［Ala10 Leu］-PnIA[224]

自由氧化法（即一步氧化法）是最简单，也是最常用的氧化折叠方式，其主要优点表现为两点：一是固相合成时半胱氨酸保护基团仅需要一种，二是氧化过程仅需要纯化一次。但一步氧化法的问题是折叠最终产率与折叠肽的序列、异构体热力学稳定性等相关，因此，不同多肽折叠呈现多样性，且折叠可能形成不同异构体，无法判断其二硫键连接方式，须进一步采用分步还原串联质谱法、核磁共振法（NMR）或直接进行活性测试等鉴定。线性肽自由氧化法总结如表 1.15 所示，折叠缓冲液主要包括 0.1 M 碱性缓冲盐，有的方法中还加入一定比例的还原型、氧化型谷胱甘肽，已有多种芋螺毒素采用表 1.15 中的条件成功氧化折叠获得其天然肽形式。

表 1.15 芋螺毒素常用氧化折叠缓冲液[1]

缓冲液	配　方
1	0.1 M NH$_4$HCO$_3$，pH 8
2	0.1 M NH$_4$COOH，pH 8
3	0.33 M NH$_4$COOH / 0.5 M GnHCl，pH 8
4	2 M（NH$_4$）SO$_4$/ 0.1 M NH$_4$COOH / 2 M GnHCl，pH 8
5	6 M GnHCl，100 mM Tris，pH 8

一步氧化法已得到广泛应用，但芋螺毒素含有多对半胱氨酸，可通过选择半胱氨酸的保护基团，定点形成二硫键。每一对半胱氨酸可以采用不同的基团保护，合适的脱保护试剂脱去保护基团，定点形成二硫键。如图 1.34 所示[1]，半胱氨酸分别采用不同侧链保护基团，分步脱去氧化，定点形成二硫键，此法首先在合成 α-芋螺毒素 GI 时采用[225]。其采用 Boc 法合成树脂肽，半胱氨酸侧链分别用 MeBzl 和 Acm 保护。首先，用 HF 脱去 MeBzl 保护基团，铁氰化钾氧化，1 M 醋酸铵、8 M 尿素在 pH 6.9 条件下形成第一对二硫键；然后，利用碘溶液脱去 Acm 保护基团直接

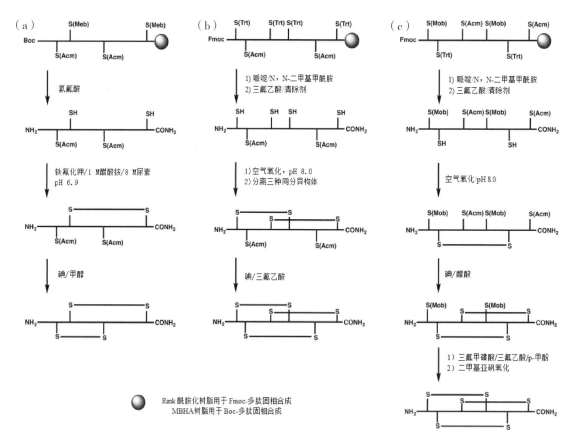

图 1.34 芋螺毒素化学合成途径示例[1]

（a）通过 Boc 化学法，利用酸敏感 Meb 和 Acm 保护基团定点区域选择合成 α-芋螺毒素 GI；（b）通过 Fmoc 化学法，利用酸敏感 Trt 和 Acm 保护基团自由氧化和定点区域选择合成 ω-芋螺毒素 MVIID；（c）通过 Fmoc 化学法，利用酸敏感 Trt、Acm 和 Mob 保护基团定点选择合成 ω-芋螺毒素 MVIIA。

形成第二对二硫键。定点脱保护还可以和自由氧化结合起来，合成含多对二硫键的芋螺毒素，如图 1.34 所示。首先采用自由氧化法形成 2 对二硫键，然后脱去 Acm 保护基团形成第三对二硫键，此法已经成功应用于 ω-芋螺毒素 MⅦD 的合成[226]。随着半胱氨酸保护基团的不断开发，可以根据不同的切割方法，设计不同保护基团。常用半胱氨酸保护基团如表 1.16 所示，图 1.34 中分别选取了 Mob、Trt 和 Acm 作为半胱氨酸保护基团，合成了含 3 对二硫键的 ω-芋螺毒素 MⅦA。Cuthbertson 等采用 4 对不同半胱氨酸保护基团成功合成了 α-芋螺毒素 SI 二聚体[226,227]。

表 1.16 常用于多肽固相合成中的半胱氨酸保护基团[228]

保护基团	结 构	稳定性（合成策略）	切割条件
9 H-Xanthen-9-yl (S-Xan)		碱性环境（Fmoc）	<1% 三氟乙酸/清除剂、碘、铊（Ⅲ）
2,4,6-Trimethoxybenzyl (S-Tmob)		碱性环境（Fmoc）	7% 三氟乙酸/清除剂
4-Methoxybenzyl (S-MeOBzl)		三氟乙酸、碱性环境（Boc/Fmoc）	氢氟酸、三氟甲磺酸
4-Methybenzyl (S-MeBzl)		三氟乙酸、碱性环境（Boc/Fmoc）	5%二甲基亚砜/三氟乙酸、HF，60 ℃
Tert-Butylmer-capto (S-tBu)		碱性环境（Fmoc）	5%二甲基亚砜/三氟乙酸，25 ℃
4-Methoxybenzyl (S-Mob)		三氟乙酸、碱性环境（Boc/Fmoc）	氢氟酸、三氟甲磺酸
Triphenylmethyl (S-Trt)		碱性环境（Fmoc）	<1% 三氟乙酸、碘、铊（Ⅲ）
9-Fluorenylmethyl (S-Fm)		氢氟酸、三氟乙酸（Boc）	碱性环境
3-Nitro-2-pyridylsulfenyl (S-Npys)		氢氟酸、三氟乙酸（Boc）	还原剂、硫醇
Acetomidomethyl (S-Acm)		三氟乙酸、氢氟酸、碱性环境（Boc/Fmoc）	汞（Ⅱ）、银（Ⅱ）、铊（Ⅱ）、碘
Tert-Butylsufenyl (S-StBu)		氢氟酸（部分）、三氟乙酸（Boc/Fmoc）	还原剂、硫醇
S-Phenylacetam-idomethyl (Phacm)		氢氟酸、碱性环境（Fmoc）	汞（Ⅱ）、铊（Ⅲ）、碘、青霉素酰胺水解酶

另外，Cuthbertson 等还建立了一种新的二硫键形成方法：一罐法（one-pot method）[226]，其采用相同的切割液，根据温度不同切割不同的保护基团，同时形成二硫键。Nielsen 等进一步利用两步法和一罐法合成了 α-芋螺毒素 ImI，且比较了二者合成效率，结果表明，一罐法合成效率更高[227]。

随着多肽合成技术的进步，芋螺毒素合成方法也不断改进，其中，在芋螺毒素合成过程中，可以在树脂存在的情况下形成二硫键，由于芋螺毒素连接在树脂上，避免了在氧化过程中分子间半胱氨酸巯基氧化，客观上起到稀释毒素肽的作用。α-芋螺毒素 SI 等都利用此法成功合成[229]。同时，微波技术也被广泛应用到多肽合成领域。Galanis 等利用微波合成技术成功合成 α-芋螺毒素 MⅡ；同时，与经典的固相合成法相比，微波合成的产率更高，从 77%～89% 提高到 75%～93%，微波反应大大提高了芋螺毒素合成速率[230]。

3. 芋螺毒素的化学改造

为了获得更具应用价值的芋螺毒素，对芋螺毒素结构改造修饰的研究一直方兴未艾。有关芋螺毒素改造的目的主要包括：提高芋螺毒素本身活性，提高毒素结构的稳定性，改变或提高与不同受体作用的选择性，抵抗蛋白酶切活性，或是为了研究毒素分子与受体相互作用机理等（图 1.35）。通过不同的化学合成方式，可以根据研究者的目的对特定芋螺毒素进行改造。

芋螺毒素改造最为广泛的方法是毒素肽一级结构改造，改造方式主要包括以下几个方面：首先，为氨基酸替换，如一些易被氧化的氨基酸（Met、Trp、Tyr）被替换，或一些关键氨基酸被替换，可提高合成效率，改变芋螺毒素高级结构，提高其活性；其次，删除一些对结构和功能影响不大的氨基酸，可以降低合成成本；最后，包括一些氨基酸修饰，如糖基化、氨基化等，这些改变对芋螺毒素活性改造方面发挥着重要作用。还有许多研究人员对芋螺毒素进行环化[231,232]，改造其二硫键，如利用硒代半胱氨酸替代半胱氨酸，碳碳键替代二硫键等[233-235]，都取得了较好的改造效果。

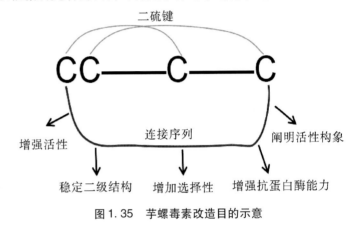

图 1.35   芋螺毒素改造目的示意

三、生物合成法

当前，国内外科研工作者对芋螺毒素的研究从天然分离法和化学合成法逐渐转向生物合成法，目前，在芋螺毒素基因的进化及其在芋螺毒管内的合成过程等方面已取得了突飞猛进的进展。探索芋螺毒素的体外表达首先要考虑外源蛋白本身的组成，并以这些特点来选择合适的表达体系。表达体系的选择取决于多种因素，如外源蛋白的特点、对宿主细胞是否存在毒性、是否需要翻译后修饰如糖基化、是否需规模化生产、纯化方法的选择、生产外源蛋白的成本，甚至科研工作者的喜好和经验积累等。不同外源蛋白的表达会遇到不同的问题，基本上无通用的外源蛋白表达系统可用。结合芋螺毒素具有分子量小、二硫键丰富、疏水氨基酸多、存在翻译后酰胺化修饰、难纯化等特点来选择不同的表达体系，需要科研工作者不断探索各种表达体系进行芋螺毒素的规模化生产，为开发药物奠定坚实基础。

生物合成法能够低成本地生产大量的活性多肽，尤其是对富含二硫键的多肽有时显得更有优势。目前，富含二硫键的小分子肽的多种重组表达系统已经建立，包括大肠杆菌、酵母细胞、昆虫细胞和哺乳动物细胞等表达体系[236]。现已有 Zhan 等利用 pET32a（＋）载体在大肠杆菌中以硫氧还蛋白融合表达了 ω-芋螺毒素 MVⅡA[237]；Kumar 等利用细胞色素 b5 融合表达了来自项练芋螺

（*C. monile*）中具有 13 个氨基酸且不含二硫键的芋螺毒素[238]；Pi 等将 pET22b(＋)载体改造成 pTRX，在大肠杆菌中表达了含 3 对二硫键的芋螺毒素 It7a[239]；高炳森等利用 pET22b(＋)表达载体在大肠杆菌中成功地表达了重组芋螺毒素 rMrVIB-His 和 His-Xa-MrVIB[240,241]；朱晓鹏等利用 pET31b(＋)表达载体对芋螺毒素基因 MrIA 进行串联表达[242]；Bruce 等利用酵母信号肽成功地将芋螺毒素 TxVIA 在毕赤酵母表达系统中实现分泌表达[243]。部分重组芋螺毒素已经成功表达的报道如表 1.17 所示。

表 1.17　部分芋螺毒素在各种表达系统中的表达方法

芋螺毒素	来源	融合标签	重组多肽	宿主细胞	产率/(mg·L⁻¹)	参考文献
MVIIA	*C. magus*	Trx	Trx-His-tag-MVIIA	*E. coli*	40	[237]
Mol659	*C. monile*	Cytochrome b5	Mol659	*E. coli*	6～8	[238]
lt7a	*C. litteratus*	Trx	lt7a	*E. coli*	6	[239]
GeXIVAWT	*C. generalis*	PelB	PelB-GeXIVAWT-His-tag	*E. coli*	61.6	[240]
MrVIB	*C. marmoreus*	PelB	MrVIB-His-tag	*E. coli*	5.9	[241]
MrIA	*C. marmoreus*	KSI	MrIA	*E. coli*	——	[242]
TxVIA	*C. textile*	Alpha factor	Pro-TxVIA	Yeast	10	[243]
MVIIA	*C. magus*	GST	GS-MVIIA	*E. coli*	——	[244]
lt6c	*C. litteratus*	Trx	lt6c	*E. coli*	12	[245]
PrIIIE	*C. parius*	SUMO	PrIIIE	*E. coli*	1.5	[246]
Vn2	*C. ventricosus*	GST	GST-His-tag-Xa-Vn2	*E. coli*	——	[247]

随着分子生物学技术和基因工程方法的迅猛发展，芋螺毒素体外表达的报道逐渐增多，但是，要想规模化生产具有天然结构和活性的芋螺毒素，还需要科研工作者不断努力。其主要原因可能是在常用的表达系统中，N 端信号肽和 C 端酰胺化往往无法切除和修饰，不能分泌到细胞外形成天然构象[248]；另外，多数芋螺毒素的二硫键含量丰富，碱性和疏水氨基酸较多，容易形成不可溶和无活性的包涵体[249]。我们相信，在不久的将来，重组芋螺毒素将以其质优、价廉的优势，替代产率低且成本昂贵的化学合成芋螺毒素。以下概述了利用 4 种表达系统尝试体外表达芋螺毒素基因的研究工作，希望早日实现生物合成重组芋螺毒素的愿望。

1. 原核表达系统

近几十年来，大肠杆菌表达体系被认为是最有效的表达外源蛋白的原核表达系统。大肠杆菌具有操作简单、表达周期短、高效表达、低成本、易纯化等诸多优点，是目前已成功表达外源基因最多和应用最广泛的表达系统[250]。芋螺毒素基因在大肠杆菌中的表达主要有包涵体表达、融合表达和分泌表达三种方式，下面就重组芋螺毒素研究工作进行概述。

（1）包涵体表达

包涵体是指细菌表达的蛋白在细胞内凝集，形成的无活性的固体颗粒。包涵体的形成是外源蛋白高效表达时的普遍现象，在大肠杆菌的胞内、周质和酵母等其他系统中表达均有报道[249]。芋螺毒素基因在大肠杆菌中表达时很容易形成不可溶的包涵体，其原因可能是高密度的二硫键和较多的疏水氨基酸使得其表达更加倾向于聚集、分子量小且二硫键密度大等特点；表达量过高或合成速度太快，以至于没有足够的时间进行折叠，二硫键不能正确配对；等等[251]。大肠杆菌表达的最大问题是不溶性包涵体的形成，虽然这可能为后续的分离纯化带来方便。包涵体的缺点是通常要采用强变性剂才能被溶解，溶解后还需复性过程才能获得正确折叠的重组蛋白；复性时体积很大，不易处理，而且复性效率很低。目前，对包涵体的形成和复性过程中发生聚集的机制尚不清楚。

　　Gao 等通过在线软件（http：//www. jcat. de/）对芋螺毒素 GeXIVAWT 的基因进行密码子优化，人工合成后构建表达载体 pET22b(+)-GeXIVAWT[240]。pET22b(+)载体是 Novagen 公司开发的用于分泌表达的原核表达载体，其 N 端带有一个 pelB 信号肽序列，用以引导目标蛋白穿过细胞内膜，分泌到周质空间中；其 C 端带有连续的 6 个组氨酸标签，能够和 Ni²⁺-NTA 亲和层析柱结合，从而便于重组芋螺毒素的分离和纯化（图 1.36）。

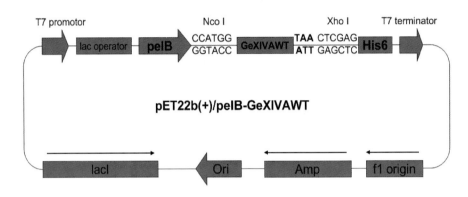

图 1.36　芋螺毒素基因 GeXIVAWT 表达载体的构建[240]

　　优化密码子的目的是避免由于芋螺毒素与大肠杆菌在密码子偏爱性方面的不同而使重组芋螺毒素的表达量很低的可能性。实验结果表明，优化密码子导致芋螺毒素基因 GeXIVAWT 在大肠杆菌内表达过快以至于没有足够的时间进行分泌、信号肽的剪切和二硫键无法正确配对等问题，从而使得重组芋螺毒素的信号肽未切除且以包涵体的形式在大肠杆菌中获得了高效表达［图 1.37（a）］。采用变性剂尿素溶解包涵体后，利用亲和层析法纯化，从而获得了纯度大于 95% 的重组芋螺毒素，产率高达 63 mg/L ［图 1.37（b），表 1.18］。

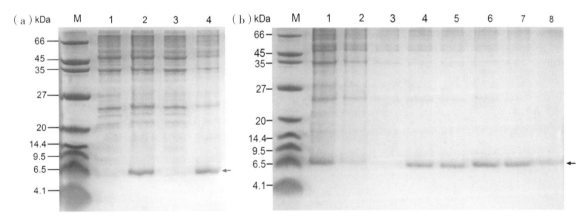

图 1.37　重组芋螺毒素 rCTX-GeXIVAWT 的表达分析与亲和纯化[240]

（a）重组芋螺毒素 rCTX-GeXIVAWT 的表达。lane M：标准蛋白；lane 1：诱导前菌体总蛋白；lane 2：诱导后菌体总蛋白；lane 3：诱导菌体的上清；lane 4：诱导菌体的包涵体。（b）重组芋螺毒素 rCTX-GeXIVAWT 的亲和纯化。lane M：标准蛋白；lane 1：诱导菌体的包涵体穿透峰；lane 2、lane 3：10 mM 咪唑的洗脱峰；lane 4 至 lane 8：250 mM 咪唑的洗脱峰。

表 1.18 重组芋螺毒素 rCTX-GeXVAWT 纯化得率[240]

步骤	总蛋白[a]/mg	回收率/%	纯度[b]/%
包涵体[c]	198	100	26
亲和层析	32.4	63	95

注：a：蛋白浓度使用 Bradford 方法测定；b：重组芋螺毒素的纯度通过电泳图光密度扫描估算；c：包涵体来自 500 mL 菌液中约 2.8 g 湿重菌体。

再采用稀释复性的方法将无活性的包涵体转变成具有活性的重组芋螺毒素，且优化了复性缓冲液的组成，从而获得了最大活性肽回收率。最佳复性条件为：20 mM Tris-HCl（pH 8.5）和 1 mM GSH/0.5 mM GSSG（GSH：谷胱甘肽，GSSG：氧化型谷胱甘肽），复性回收率为 74.5% [图 1.38（a）]。复性后的重组芋螺毒素采用反相高效液相色谱（RP-HPLC）进一步纯化后经质谱（MALDI-TOF MS）鉴定，实测复性后，rCTX-GeXVAWT 分子量为 7049.8 Da [图 1.38（c）]，理论计算分子量为 7053.4 Da，两者相差 4.4 Da，刚好证明形成了 2 对二硫键脱去了 4 个氢原子 [图 1.38（b）]。

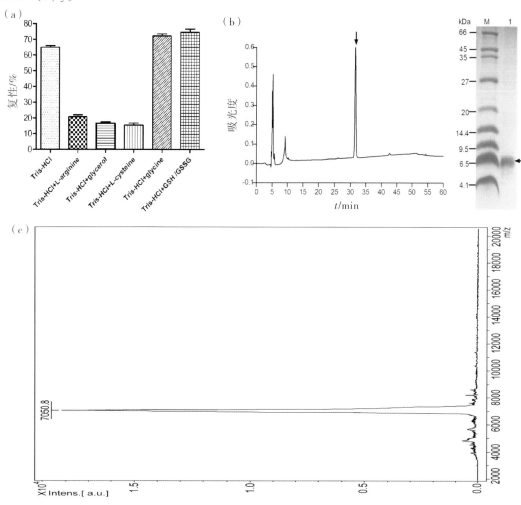

图 1.38 重组芋螺毒素的复性、RP-HPLC、电泳和质谱鉴定[240]

（a）重组芋螺毒素 rCTX-GeXVAWT 的氧化折叠条件优化。（b）重组芋螺毒素 rCTX-GeXVAWT 的 RP-HPLC 分析。lane M：标准蛋白；lane 1：RP-HPLC 纯化后的重组芋螺毒素 rCTX-GeXVAWT。（c）MALDI-TOF MS 分析氧化折叠后的重组芋螺毒素 rCTX-GeXVAWT。

利用 MTT 法测试复性前后的重组芋螺毒素活性，实验表明，复性前重组芋螺毒素几乎没有活性，复性后的 rCTX-GeⅩⅣAWT 具有抑制昆虫细胞 Sf-9 的生长，且存在剂量效应（图 1.39）。Sf-9 来自草地贪叶蛾（*Spodoptera frugiperda*）卵巢细胞系 Sf-21 的克隆株，草地贪叶蛾属于鳞翅目昆虫，对农业的危害性特别大。芋螺、蜘蛛、螨、蝎子等无脊椎动物毒腺中的多肽类神经毒素能够特异性地结合昆虫的神经细胞膜上钠离子通道，从而可以特异性地麻痹和毒杀昆虫[252]；但对哺乳动物和甲壳动物根本无毒性，即使有毒性也是极其微弱的，因此，可以作为最有潜力的昆虫病毒增效基因，已有作为生物杀虫剂的成功报道[252,253]。

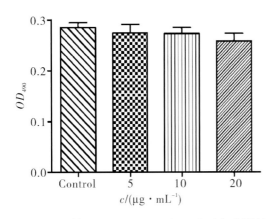 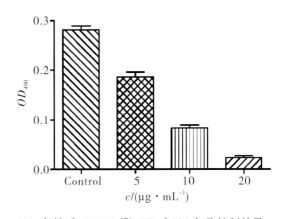

（a）包涵体 rCTX-GeⅩⅣAWT 对 Sf-9 细胞抑制效果　　（b）复性后 rCTX-GeⅩⅣAWT 对 Sf-9 细胞抑制效果

图 1.39　重组芋螺毒素 rCTX-GeⅩⅣAWT 复性前后抑制昆虫细胞的活性对比[240]

注：虽然该方法表达的重组芋螺毒素形成了包涵体，却能获得高效表达，不失为一种用于表达天然资源缺乏的芋螺毒素等多肽类物质以进行化学结构和功能研究的可行方法。

（2）融合可溶性表达

为避免外源基因在大肠杆菌中表达形成包涵体，采用融合表达往往可以获得外源基因的高效表达，具有较好的可溶性，减少蛋白酶的降解，并提供特异和简单的纯化方法。通过人工设计的蛋白酶切割位点或化学试剂断裂位点，可以在体外去除融合蛋白。目前，较为广泛采用的融合表达系统，如谷胱甘肽转移酶（GST）、麦芽糖结合蛋白（MBP）、硫氧化还原蛋白（Trx）和金黄色葡萄球菌蛋白 A（SAPA）等融合标签，通常都能产生高效表达的可溶性融合蛋白[254]。融合表达技术能够低成本地生产大量的活性多肽，尤其是对分子量小、易形成包涵体且含二硫键的多肽的外源表达显得更有优势。现已有文献报道将芋螺毒素基因在大肠杆菌中通过不同的融合方式进行表达的研究，如使用融合标签 Trx、GST 和 Cytochrome b5 等获得了很好的表达（表 1.17）。其中，融合标签 Trx 能够将融合蛋白错误折叠的二硫键进行还原，起到促进和帮助融合蛋白的二硫键的正确折叠；另外，融合标签 Trx 与外源多肽融合后可以明显增加难溶性多肽的可溶性，避免形成不溶性包涵体[255]。

高炳森等构建了芋螺毒素的融合表达载体 pET32a（＋）／Trx-His-MrⅦB 来表达融合芋螺毒素（图 1.40）[254]。该载体 N 端融合了 Trx-tag、His-tag 和 EK 识别位点序列，其中，Trx-tag 可增强融合蛋白的可溶性，His-tag 利于 Ni-NTA 亲和柱进行分离纯化，EK 识别位点便于切除 Trx-tag 和 His-tag 两种标签蛋白，获得芋螺毒素 MrⅦB。

实验结果表明，融合芋螺毒素 Trx-His-MrⅦB 以可溶性形式获得了高效表达，未出现优化密码子的芋螺毒素基因 MrⅦB 在 pET22b（＋）载体中表达形成包涵体现象。重组大肠杆菌细胞裂解后电泳显示，融合芋螺毒素主要存在于超声破碎上清中且约占总可溶性蛋白的 36%（图 1.41），再经一步亲和层析可获得纯度大于 90% 的融合芋螺毒素 Trx-His-MrⅦB 达 73.6 mg/L（表 1.19）。

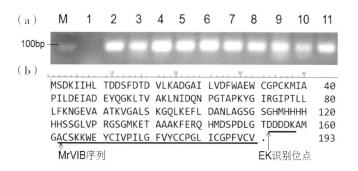

图1.40 表达载体的 PCR 扩增和测序鉴定[254]

（a）pET32a/Trx-EK-MrⅥB 的 PCR 扩增。lane M：DL2000；lane 1：阴性对照；lane 2 至 lane 11：pET32a/Trx-EK-MrⅥB 的 PCR 扩增产物；（b）pET32a/Trx-EK-MrⅥB 开放阅读框的氨基酸序列。

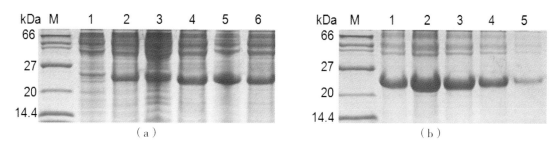

图1.41 融合蛋白 Trx-EK-MrⅥB 的表达和纯化分析[254]

（a）融合蛋白 Trx-EK-MrⅥB 表达情况。lane M：标准蛋白；lane 1：诱导前 BL21（DE3）plysS 菌体总蛋白；lane 2 至 lane 6：诱导后 BL21（DE3）plysS 菌体总蛋白。（b）融合蛋白 Trx-EK-MrⅥB 纯化分析。lane M：标准蛋白；lane 1 至 lane 5：250 mM 咪唑洗脱峰。

表1.19 融合蛋白 Trx-EK-MrⅥB 纯化得率[254]

步骤	总蛋白[a]/mg	回收率/%	纯度[b]/%
可溶性蛋白[c]	195	100	36
亲和层析	36.8	52.4	90

注：a：蛋白浓度使用 Bradford 方法测定；b：融合蛋白的纯度通过电泳图光密度扫描估算；c：可溶性蛋白来自 500 mL 菌液中约 3.2 g 湿重菌体。

该方法获得了一种融合了 Trx-tag、His-tag 和 EK 识别位点的高效可溶性、便于纯化和切割的融合表达芋螺毒素技术，能够通过简单可行的融合表达方式来快速生产芋螺毒素，为有效生产天然生物活性小分子肽奠定了物质基础，同时能够解决天然分离和化学合成芋螺毒素存在的问题。

（3）分泌表达

鉴于外源基因在大肠杆菌胞内表达时易于形成包涵体，融合表达需要进行体外切割等缺点，一些学者试图采用分泌途径表达外源蛋白。外源蛋白的分泌表达比胞内表达具有许多优点，目的蛋白分泌到细胞周质腔内能有效促进二硫键的形成及空间结构的折叠，从而获得与天然结构相似而功能相同的重组蛋白[256]。虽然周质分泌具有上述优势，但周质分泌最突出的问题是表达量低，可能是由于周质空间容量有限以及重组蛋白的不完全跨膜转运；而表达量稍高时会发生聚集甚至形成包涵体[257]。外源蛋白的 N 端氨基酸组成、启动子和信号肽的选择、宿主菌的种类以及培养过程中各种影响因子的控制都会对重组蛋白质的分泌产生很大影响[249]。目前，已有文献报道成功实现大肠杆菌分泌表达体系的构建，如 Pi 等通过改造 pET22b（+）载体成功实现了芋螺毒素 It7a 在大肠杆菌中分泌表达，但表达量仅有 6 mg/L[239]。科研工作者关于大肠杆菌分泌表达的研究取得了一定的进展；同时，也暴露出很多问题，如采用低表达条件对于信号肽和目标蛋白的切割来说较为有利，但表达量太低不具备应用价值[249]。

高炳淼等在前期优化密码子会形成包涵体无法分泌表达的研究的基础上，利用未经密码子优化的人工合成芋螺毒素基因 MrⅥB 构建分泌表达载体 pET22b(＋)-pelB-MrⅥB 来表达芋螺毒素（图 1.42），其中，N 端融合了 pelB leader 信号肽序列，C 端含有 6×His-tag[236,240]。N 端的信号肽序列可将重组芋螺毒素 MrⅥB 引导至细胞周质空间，然后信号肽被切除，细胞周质中提供一种氧化环境有利于芋螺毒素的二硫键的形成。融合蛋白 C 端的 6×His-tag 便于利用亲和层析将目的蛋白从细胞裂解上清中纯化；但在一定程度上，C 端的 6×His-tag 将影响重组芋螺毒素 MrⅥB 的生物活性，因此，有必要利用化学或者酶法对其进行切割。当融合蛋白被酶切割时，常常导致很低的产率和非特异性切割[258]。这个组氨酸标签只有很小的影响，形成正确的 3 对二硫键才是重组芋螺毒素发挥功能的重要步骤，如带有标签的重组 ω-芋螺毒素 MⅦA 具有很强的镇痛活性[244]。在这个实验中，目的是初步探索研究芋螺毒素的生产方法和其生物活性，所以，并不考虑切除组氨酸标签。

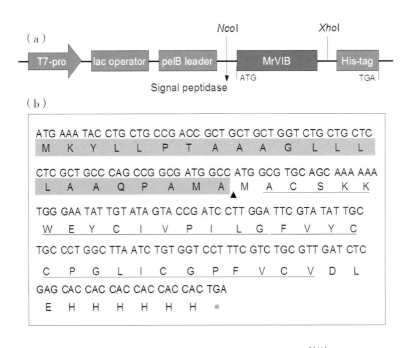

图 1.42　重组芋螺毒素载体的构建及其表达[241]

（a）重组载体的构建。T7-pro：T7 启动子；lac operator：lac 操纵子；pelB leader：pelB 信号肽；His-tag：组氨酸标签。（b）重组载体的表达。阴影部分为 pelB 信号肽，画线部分为 μO-芋螺毒素 MrⅥB 氨基酸序列；▲：信号肽的切割位点；＊：终止密码子。

在 Gao 等的实验中，Tricine-SDS-PAGE 电泳检测结果显示，携带重组质粒的表达菌株在分子量为 4.1 k～6.5 kDa 之间的位置上均产生一条特异蛋白条带，而对照未诱导菌株均无此相应蛋白条带 [图 1.43（a）]，说明重组芋螺毒素 rMrⅥB-His 获得了表达[241]。裂解试验表明，在 37 ℃条件下，重组蛋白主要以包涵体的形式存在，而在 21 ℃低温的条件下，表达的重组蛋白主要在细胞裂解上清中。从重组蛋白的分子量可以看出，在 21 ℃低温的条件下，pelB 信号肽被恰当地切割，获得了有效的分泌表达。通过 Ni-NTA 层析柱进行亲和层析，收集各组分进行电泳分析，得到纯度高于 70% 的重组芋螺毒素 rMrⅥB-His [图 1.43（b）]。

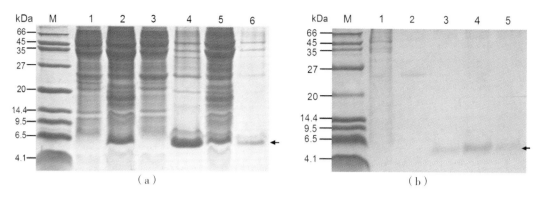

图 1.43　重组芋螺毒素 rMrVIB-His 的表达与亲和纯化[241]

（a）重组芋螺毒素 rMrVIB-His 表达。lane M：标准蛋白；lane 1：诱导前菌体总蛋白；lane 2：诱导后菌体总蛋白；lane 3：37 ℃培养条件下诱导菌体的上清；lane 4：37 ℃培养条件下诱导菌体的包涵体；lane 5：21 ℃培养条件下诱导菌体的上清；lane 6：21 ℃培养条件下诱导菌体的包涵体。（b）重组芋螺毒素 rMrVIB-His 的亲和纯化。lane M：标准蛋白；lane 1：诱导菌体上清的穿透峰；lane 2：10 mM 咪唑洗脱峰；lane 3 至 lane 5：250 mM 咪唑洗脱峰。

将亲和层析后的重组芋螺毒素 rMrVIB-His 进行 RP-HPLC 纯化后，经 LC/MS-IT-TOF 质谱分析，结果实测分子量为 4717.03 Da，与理论分子量 4723.62 Da 相差 6.59 Da，由于 rMrVIB-His 形成 3 个二硫键，使得理论分子量与实测分子量刚好吻合。由此可以确定，rMrVIB-His 成功地分泌至细胞周质形成正确的二硫键，且信号肽被正确地切除（图 1.44）。同时，为了使得 rMrVIB-His

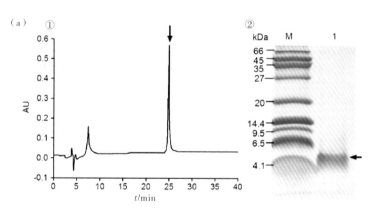

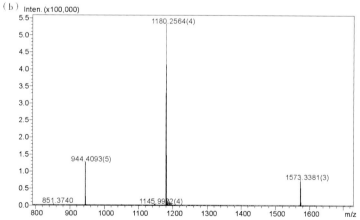

图 1.44　重组芋螺毒素 rMrVIB-His 反向高效液相纯化和鉴定[241]

（a）①RP-HPLC 分析重组芋螺毒素 rMrVIB-His；② Tricine-SDS-PAGE 分析重组芋螺毒素 rMrVIB-His；
（b）LC/MS-IT-TOF 质谱分析重组芋螺毒素 rMrVIB-His。

的分泌表达达到最大表达量，不同的温度等条件被优化。结果表明，低温（21 ℃）条件能够促进 rMrVIB-His 的分泌表达。通过一系列的条件优化，最佳表达条件是：诱导剂 IPTG 终浓度为 0.1 mM，温度为 21 ℃，诱导 12 h 可获得最大表达量。

芋螺毒素 MrVIB 是来自于大理石芋螺（*C. marmoreus*）中的 μO-芋螺毒素，能阻断电压门控钠离子通道 Nav1.8，该通道是人类治疗疼痛的药理学靶标[158,259]。因此，Gao 等建立了 3 种动物模型来研究重组芋螺毒素 rMrVIB-His 的镇痛活性（图 1.45）[241]。其中，热板实验结果表明，重组芋螺毒素 rMrVIB-His 比非选择性镇痛药具有很强的缓解小鼠疼痛的药理学作用。另外，在福尔马林和 CCI 两种模型中的结果显示，重组芋螺毒素 rMrVIB-His 分别能够缓解致敏性伤害疼痛和慢性疼痛行为。重组芋螺毒素 rMrVIB-His 的镇痛活性与由化学合成并经体外氧化折叠的 MrVIB 镇痛活性相似[151,260]。

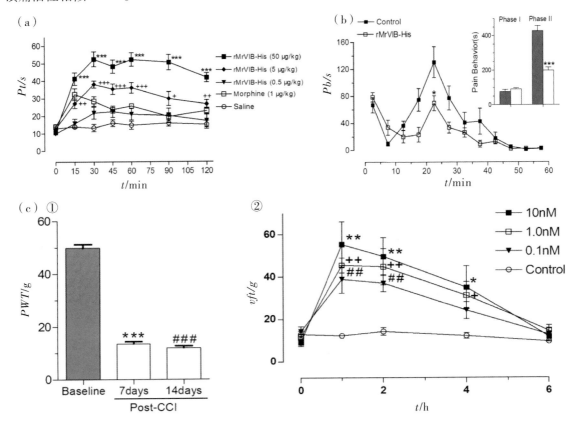

图 1.45　重组芋螺毒素 rMrVIB-His 的活性实验[241]

（a）重组芋螺毒素 rMrVIB-His 的热板实验，给药组与盐水组对比具有显著性差异。*Pt*：痛阈值；＋：$P < 0.05$；＋＋：$P < 0.01$；＊＊＊，＋＋＋：$P < 0.001$。（b）重组芋螺毒素 rMrVIB-His 的福尔马林模型。*Pb*：痛行为；＊：$P < 0.05$；＊＊＊：$P < 0.001$。（c）重组芋螺毒素 rMrVIB-His 的 CCI 模型。① CCI 手术前后痛觉值 *PWT* 具有显著差异。*PWT*：撤爪阈值，即痛觉值；＊＊＊，###：$P < 0.001$。② 鞘内注射不同浓度重组芋螺毒素和生理盐水后痛觉值 *PWT* 具有显著性差异。*vft*：von Frey 阈值；＊，＋：$P < 0.05$；＊＊，＋＋，##：$P < 0.01$。

因此，高炳森用 pelB leader 作为信号肽、His-tag 作为纯化标签的简单可行的方法来快速生产芋螺毒素，为有效生产小分子肽类镇痛药奠定了基础，能够解决化学合成难度大与成本昂贵等问题[236]。

2. 酵母表达系统

毕赤酵母表达系统由于其诸多优势已跃居成为当前应用最多的表达外源基因的有效表达系统

之一。该系统不仅具有原核表达系统的特点，而且更有真核表达系统的优势：易于培养和操作、高效表达、具有翻译后加工与修饰的功能、能将重组蛋白分泌至细胞外，便于产物的分离纯化[261]。随着分子生物学和基因工程技术的不断进步，以及人们对重组药用蛋白的需求，毕赤酵母表达系统受到各国科研工作者的极大青睐，迄今已用该系统成功表达了 500 余种来源于原核生物、真核生物以及人的一些具有药用价值的蛋白，如人血清白蛋白、肿瘤坏死因子、人乙肝表面抗原等[262]。外源基因在该表达系统中进行表达具有对翻译后的重组蛋白进行加工与修饰的功能，如分子内或分子间二硫键的形成、蛋白末端的糖基化和酰胺化、分泌后信号肽序列的剪切等[263]。不同的外源基因在该表达系统中是否能够获得高效表达还受到很多因素的影响，包括表达载体类型、启动子的选择、是否选择信号肽、外源基因密码子、整合后的基因拷贝数、宿主菌的表型、培养条件、蛋白酶的降解等影响因素[264-266]。

高炳淼对芋螺毒素基因 MrVIB 进行人工全合成，其基因密码子按照酵母偏爱密码子进行优化，引物两端分别引入 *EcoR* I 和 *Xho* I 的酶切位点序列，退火后即与经 *EcoR* I 和 *Xho* I 双酶切的 pPICZαA 连接，构建了 4 个分泌型酵母表达载体；利用 *Sac* I 酶切重组表达载体得到线性的质粒，将其电转化进入毕赤酵母细胞内与酵母基因进行同源重组，再利用抗生素 Zeocin™ 筛选阳性克隆菌株；通过 PCR 方法检测后进行甲醇诱导表达可获得重组芋螺毒素[236]。具体技术步骤如图 1.46 所示。

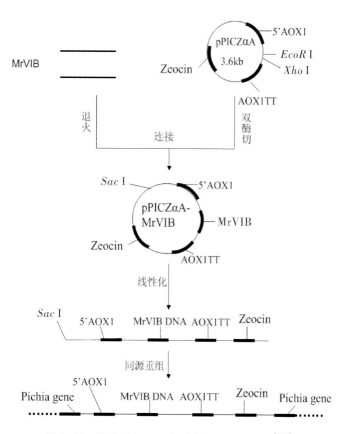

图 1.46　毕赤酵母重组表达载体的构建示意[236]

芋螺毒素 MrVIB 已经成功地在大肠杆菌中获得表达，由于芋螺毒素富含二硫键，易形成包涵体，体外折叠效率低，难以获得与天然芋螺毒素相似的空间结构。芋螺属于真核生物，其所产生的芋螺毒素则是真核蛋白，其在翻译后都需要进行一些必要的加工和修饰，如信号肽的去除、二硫键的形成、蛋白末端的酰胺化或糖基化等过程，才能形成正确的结构和功能[267]。大肠杆菌是原核生物，相对于真核生物就缺少部分翻译后的加工与修饰机制；用于表达结构复杂的外源真核蛋白则难以获得正确的结构和药理学活性。此外，具有丰富二硫键的芋螺毒素的药理学活性的关键所在是二硫键的正确形成并折叠成具有一定空间结构的蛋白，而芋螺毒素基因在大肠杆菌中表达的重组芋螺毒素一般情况下无法形成特定的空间结构，绝大部分是聚集形成包涵体[268]。虽然大肠杆菌中形成的包涵体易于分离纯化，但包涵体无生物活性是最大的缺点，也是至关重要的问题，要解决这样的问题就必须进行体外氧化折叠等费时费力的复性过程[269,270]。由此可见，像芋螺毒素这样富含二硫键的毒素蛋白在缺乏翻译后加工与修饰机制的大肠杆菌中进行表达生产重组芋螺毒素并不是最理想的选择。

外源基因表达水平受到诸多因素的影响，如启动子类型、信号肽选择、外源基因的性质和发酵条件等，其中，外源基因密码子的选择可以说是决定外源蛋白表达量的重要参数之一。由于不同生物对密码子的利用度存在明显差异，即存在密码子偏爱性，外源蛋白在不同表达系统中进行表达的时候，外源基因的密码子与重组蛋白表达量存在相关性[271]，因此，为了提高重组芋螺毒素在毕赤酵母中的表达效率，高炳森等采用软件按照毕赤酵母偏爱密码子对基因 MrVIB 进行优化，并选用了带有信号肽的 pPICZαA 表达载体及 GS115 菌株来表达重组芋螺毒素 MrVIB。通过这些改造措施，成功构建并获得了含芋螺毒素基因 MrVIB 的酵母分泌表达菌株。结果表明，与没有进行密码子优化芋螺毒素基因 MrVIB 相比较，优化的表达菌分泌表达的重组蛋白明显获得提高。

影响外源蛋白表达和分离纯化的另外一个重要因素是培养基的选择，如 BMGY/BMMY 和 MGY/MM 两组培养基在用来诱导外源蛋白表达时各有其优点。当 BMGY/BMMY 用于诱导分泌蛋白表达时，由于这组培养基含有磷酸盐缓冲液，pH 会稳定在一定的范围内。含酵母粉和蛋白胨的培养基 BMGY/BMMY 具有稳定细胞分泌的外源重组蛋白的优点，其中的小分子氨基酸物质能够避免或减少分泌蛋白被蛋白酶降解的可能。不含酵母粉和蛋白胨的培养基 MGY/MM 则有所不同，其不含磷酸盐缓冲，仅含有酵母必需的 YNB 氮源和碳源及少量无机盐，当进行诱导表达外源蛋白的时候，pH 会随着酵母菌的生长而降到较低水平，可抑制胞外蛋白酶水解外源蛋白。本部分研究是在利用 BMGY/BMMY 诱导表达过程中遇到浓缩倍数增加时无法除去杂质，影响电泳上样量，无法获得清晰的目的条带的情况下，改用 MGY/MM 进行诱导表达的时候获得了成功，能够很好地获得浓缩增加上样量，并且目的蛋白条带清晰，杂蛋白带较少。由此可知，芋螺毒素适合在无磷酸盐缓冲液的 MGY/MM 中进行诱导表达。因为当毕赤酵母在无磷酸盐缓冲培养基如 MM 培养基中表达时，pH 通常会降至 3 左右，这样的低 pH 会使得许多蛋白酶失活，避免了外源重组蛋白的降解[272-274]。

该方法通过载体构建、电转化、筛选鉴定、优化表达等系列操作，使基因 MrVIB 在毕赤酵母表达系统中获得了分泌表达，为芋螺毒素的深入研究和工业化生产应用奠定了重要基础，同时也为其他毒素的相关研究提供了一定的参照。

3. 杆状病毒表达系统

杆状病毒昆虫细胞表达系统具有高效表达、基因克隆容量大、重组病毒易于筛选、安全性高、有完备的翻译后加工修饰系统等特点[275]，现已成为基因工程四大表达系统之一。据文献不完全统计，已有千余种外源基因在杆状病毒昆虫细胞表达系统中得到成功的表达，其中，有超过 95% 的外源重组蛋白能够被正确地翻译后加工修饰，具有与天然蛋白相同的生物活性[276]。

在传统的杆状病毒昆虫细胞表达系统中，构建重组杆状病毒均是通过同源重组的方法获得的，必须用杆状病毒基因组 DNA 和含外源基因的质粒 DNA 共转染昆虫细胞。这导致产生重组与未产生重组的病毒混杂在一起，筛选难度极大，且分离出成功重组表达载体的概率极低（0.1%～1.0%）[275-277]。Luckow 等成功开发了一种快速、高效产生重组 AcMNPV 病毒的技术，利用转座酶能将外源基因转座到病毒基因组的特异性位点，从而获得重组病毒基因组，取杆状病毒（baculovirus）和质粒（plasmid）的英文字头字尾命名为 Bacmid，即杆状病毒质粒之意[278]。在 Bacmid 中，外源基因被核多角体启动子控制，并包含了多种抗性基因及 LacZ 缺失标记，极大地方便了重组病毒的筛选及鉴定。利用 Bacmid 这种方法构建病毒载体，重组率能达到 100%，且操作简单方便，只需一周时间即可完成重组病毒载体的构建[278]。由于从细菌（bacterium）到杆状病毒（baculovirus）的全部操作都在细菌中进行，革命性地改变了重组杆状病毒的构建方法，故取名为 Bac-to-Bac 表达系统[275]。杆状病毒昆虫细胞表达系统广泛应用于药物研发、疫苗生产、重组病毒杀虫剂等众多领域中[279]。其中，应用于生物分子的研究中，具有代表性的是重组蛋白的表达，这是目前杆状病毒表达系统应用最多的领域。

高炳森将人工合成的芋螺毒素基因 MrⅥB 连接到 pFastBacHTB 质粒上，构建 pFastBac-MrⅥB 载体，然后将 pFastBac-MrⅥB 载体转化为 DH10 Bac 感受态大肠杆菌，通过辅助质粒 Hlper 的帮助将基因 MrⅥB 整合到 Bacmid 穿梭载体中，获得质粒 Bacmid-MrⅥB；通过脂质体介导方法把质粒 Bacmid-MrⅥB 转染 Sf-9 细胞，使其表达重组杆状病毒质粒 DNA，经 Tricine-SDS-PAGE 检测表达产物[236]。外源基因在杆状病毒昆虫细胞表达系统中的具体表达过程如图 1.47 所示。

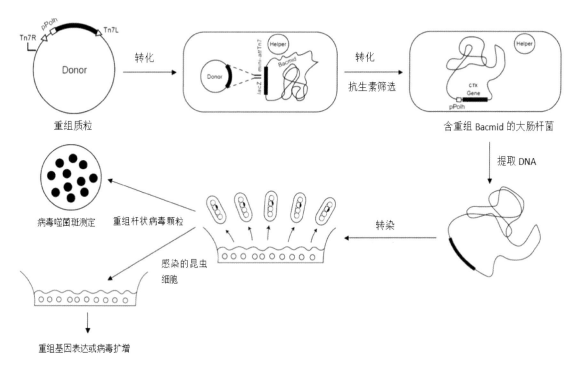

图 1.47　芋螺毒素基因在昆虫细胞中的表达过程[236]

随着分子生物学和基因工程技术的迅速发展和人们对药用多肽和蛋白需求的不断攀升，目前，正在探索通过基因重组技术大量的表达和生产具有与天然肽相同的重组肽和蛋白。自 1983 年 Smith[280] 第一次用杆状病毒昆虫细胞表达系统来人工合成干扰素以后，杆状病毒昆虫细胞表达系统在许多重组蛋白的表达中得到广泛应用。选择使用杆状病毒昆虫细胞表达系统来表达芋螺毒素的原因有以下两个：首先，芋螺毒素作为一种小分子多肽，含多对二硫键，其药理学活性主要取决于该表达系统是否能够使分子内的半胱氨酸形成正确的二硫键，而杆状病毒昆虫细胞表达体系就具有这样的功能[281]。其次，与大肠杆菌表达系统相比，杆状病毒昆虫细胞表达系统能够使外源蛋白分子内的半胱氨酸形成正确的二硫键，折叠形成空间构象，切除信号肽及各种翻译后修饰功能等，使得表达的重组蛋白不仅在结构上与天然蛋白相似，而且具有天然蛋白的药理学活性和功能[282]；与哺乳动物细胞 CHO 表达系统相比，杆状病毒昆虫细胞表达系统的优点就是能使外源基因获得高效表达，表达的外源重组蛋白的最大量可以占到昆虫细胞总蛋白的 50% 左右[275]。

高炳森成功地构建了重组质粒 Bacmid-MrⅦB，并利用脂质体转染昆虫细胞 Sf-9 以获得重组杆状病毒 Bacmid-MrⅦB[236]。将感染了杆状病毒的昆虫细胞 Sf-9 培养 24 h，在培养基上清中未检测到重组芋螺毒素，直到感染 72 h 后细胞开始慢慢裂解时，表达产物才能在培养基中通过电泳检测到，继续培养至 96 h 时为外源基因获得表达最大量的最佳时间，若再延长细胞培养时间，重组蛋白则开始逐渐下降。由此说明，感染后的昆虫细胞培养时间不宜超过 96 h，培养过久则昆虫细胞裂解后释放细胞内杂蛋白从而使重组蛋白受到污染，不利于后续蛋白的分离纯化，且细胞内的蛋白酶会降解外源重组蛋白，重组芋螺毒素本身也会毒害细胞从而降低细胞的活性[283]。与毕赤酵母表达系统和大肠杆菌表达系统相比，杆状病毒昆虫细胞表达系统广泛应用于药物研发、疫苗生产、重组病毒杀虫剂等众多领域中[252]。由于 Sf-9 来自草地贪叶蛾（*Spodoptera frugiperda*）卵巢细胞系 Sf-21 的克隆株，而草地贪叶蛾属于鳞翅目昆虫，对农业的危害性特别大，因此，通过改造重组病毒，将其作为一类重要的具有开发潜力的生物杀虫剂，将是未来最容易产业化的一条成功之路[253]。Tomalski 等将一种螨虫毒液的神经毒素基因重组到 AcMNPV 上，重组病毒感染昆虫后表达的毒素使宿主瘫痪，且寿命减半[284]。芋螺、蜘蛛、螨、蝎子等无脊椎动物毒腺中的多肽类神经毒素能够特异性地结合昆虫神经细胞膜上的钠离子通道，从而可以特异性地麻痹和毒杀昆虫，如分别来源于地纹芋螺（*C. geographus*）和紫金芋螺（*C. purpurascens*）毒管中的芋螺毒素 ω-GⅥA 和 κ-PⅧA 都具有抗虫活性[285,286]；但对哺乳动物和甲壳动物根本无毒性，即使有毒性也是极其微弱的，因此，可以作为最有潜力的昆虫病毒增效基因，已有作为生物杀虫剂成功的报道。

4．哺乳动物表达系统

哺乳动物细胞是表达具有天然活性蛋白的最佳宿主，也是表达抗体和分子量大、结构复杂的蛋白类基因工程药物等目前应用最多的表达体系之一[287]。哺乳动物细胞表达系统能正确有效地识别外源蛋白的合成、加工、分泌、折叠、二硫键形成、糖基化、蛋白水解、磷酸化等[288]，因而，产生的重组蛋白在结构和功能方面更接近于天然的蛋白分子。在各种哺乳动物细胞表达系统中，中国仓鼠卵巢（CHO）细胞是最成熟、当今工业化生产应用最多的细胞系，成为生产蛋白类药物的首选宿主细胞，已经用于数百种药用蛋白的生产[289]。其优势在于该细胞具有遗传稳定性高，准确的转录后修饰功能，重组外源蛋白能够被分泌到培养基中便于分离纯化，既可以贴壁生长，又可以悬浮生长，能在不含血清的培养基中达到高密度培养，易于进行大规模表达外源蛋白[290]。利用 CHO 细胞表达系统来生产外源药用蛋白已广泛应用于生物制品行业，如重组人的干扰素、动物病毒疫苗、血液免疫调节剂和细胞生长因子等药用价值蛋白的大量制备[290-292]。

高炳森将人工全合成的芋螺毒素 MrⅦB 基因引物分别退火后连接到经双酶切后的 pcDNA4/Max-HisA 和 pcDNA3.1/V5-HisA 上，构建 pcDNA4-MrⅦB 和 pcDNA3.1-MrⅦB 重组质粒[236]。将这两个重组载体转染 CHO 细胞，经过抗生素 G418 筛选得到成功转染的两株哺乳动物细胞 CHO，它们具有遗传稳定性，能够稳定表达重组芋螺毒素，为探索和建立高活性、低成本、高安全性的大规模生产重组芋螺毒素的外源表达系统奠定了基础。外源基因在 CHO 细胞中的具体表达过程如图 1.48 所示。

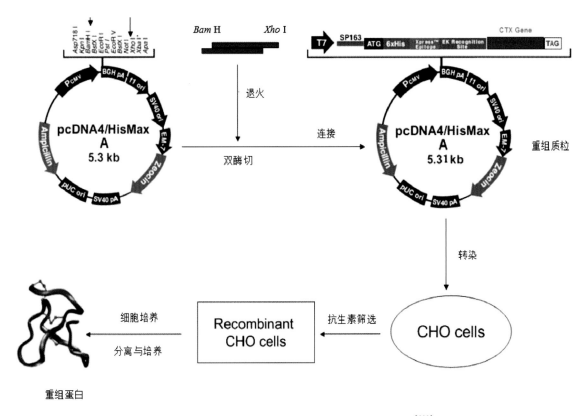

图 1.48　芋螺毒素基因在 CHO 细胞中的表达过程[236]

　　目前，外源蛋白的表达系统主要包括原核和真核两大表达体系，可分为大肠杆菌表达系统、毕赤酵母表达系统、杆状病毒昆虫细胞表达系统和哺乳动物细胞表达系统等四大常用表达系统。其中，哺乳动物细胞是表达具有天然活性蛋白的最佳宿主，也是表达抗体和分子量大、结构复杂的蛋白类基因工程药物等目前应用最多的表达体系之一[290]。与其他表达系统相比，其优势在于能够指导外源重组蛋白的正确折叠、形成二硫键、蛋白水解、磷酸化等多种翻译后加工功能，因而表达产物在分子结构与功能方面更接近于天然的蛋白质分子[291]；另外，CHO 细胞能够分泌表达外源蛋白，而很少分泌自身的内源蛋白质，利于外源蛋白的分离纯化。该表达系统成为生物制药最理想的表达系统[292]。然而，利用 CHO 表达系统来表达芋螺毒素也存在不少的问题：①由于芋螺毒素是小分子量多肽，且对细胞毒性大，在细胞内表达更易被蛋白酶降解，导致外源蛋白无法被检测到或表达的产率极低；②有些芋螺毒素本身并不存在糖基化修饰，也有在细胞内糖基化产物存在不稳定等问题；③重组细胞上游与下游工作脱节，构建表达载体时主要考虑能否获得高效表达，而对表达产物的下游纯化方面则考虑较少；④培养细胞的成本非常昂贵，大规模生产难度大且自动化水平低。

第六节　芋螺毒素的结构生物学研究

一、芋螺毒素的结构特点

芋螺毒素种类繁多，结构新颖，变化复杂，目前主要通过其高度保守的信号肽序列，结合其药理学活性和半胱氨酸模式进行分类。α-芋螺毒素是数量较多、研究与开发较好的芋螺毒素，其第一个结构特点是半胱氨酸模式为 C_1C_2-C_3-C_4，其中，二硫键连接方式为 C_1-C_3 与 C_2-C_4，二硫键间形成 2 个 loop 环。根据 C_1-C_3 及 C_2-C_4 半胱氨酸间氨基酸数量不同，又可把 α-芋螺毒素分为 3/5，4/3，4/4，4/6 和 4/7 等多个亚家族。但也有例外，比如线纹芋螺（C. striatus）毒素 SⅡ，其序列为 GCCCNPACGPNYGCGTSCS-OH，它的 N 端和 C 端各多一个 Cys，也把它归于 α-芋螺毒素；另外一种半胱氨酸模式为 C-C-C-C 的信号芋螺（C. litteratus）毒素 lt14a，其序列为 MCPPLCKPSCTNCG，也归类于 α-芋螺毒素。α-芋螺毒素分类见表 1.20[293]。

表 1.20　α-芋螺毒素的分类[293]

类别	名称	种类来源	序列	作用靶点
3/5 α-Conotoxin cc—3—c—5—c	GI	*C. geographus*	ECCNPACGRHYSC*	肌肉型 nAChRs
	GIA	*C. geographus*	ECCNPACGRHYSCGK*	肌肉型 nAChRs
	GII	*C. geographus*	ECCHPACGKHFSC*	肌肉型 nAChRs
	MI	*C. magus*	GRCCHPACGKNYSC*	肌肉型 nAChRs
	SI	*C. striatus*	ICCNPACGPKYSC*	肌肉型 nAChRs
	SIA	*C. striatus*	YCCHPACGKNFDC*	肌肉型 nAChRs
	CnIA	*C. consors*	GRCCHPACGKYYSC*	肌肉型 nAChRs
	CnIB	*C. consors*	CCHPACGKNYSC*	肌肉型 nAChRs
	Ac1.1a	*C. achatinus*	NGRCCHPACGKHFQC*	肌肉型 nAChRs
	Ac1.1b	*C. achatinus*	NGRCCHPACGKHFSC*	肌肉型 nAChRs
4/3 α-Conotoxins cc—4—c—3—c	ImI	*C. imperialis*	GCCSDPRCAWRC*	α7, α3β2
	ImII	*C. imperialis*	ACCSDRRCRWRC*	α7
	RgIA	*C. regius*	GCCSDPRCRYRCR	α9α10
4/4 α-Conotoxins cc—4—c—4—c	BuIA	*C. bullatus*	GCCSTPPCAVLYC*	α3(α6)β2, α3(α6)β4
	PIB	*C. purpurascens*	ZSOGCCWNPACVKNRC*	肌肉型 nAChRs
4/6 α-Conotoxins cc—4—c—6—c	AuIB	*C. aulicus*	GCCSYPPCFATNPDC*	α3β4
4/7 α-Conotoxins cc—4—c—7—c	AuIA	*C. aulicus*	GCCSYPPCFATNSDYC*	α3β4
	AuIC	*C. aulicus*	GCUSYPPCFATNGYC*	α3β4
	PnIA	*C. pennaceus*	GCCSLPPCAANNPDYˢC*	α3β2
	PnIB	*C. pennaceus*	GCCSLPPCALSNPDYˢC*	α7
	EpI	*C. episcopatus*	GCCSDPRCNMNNPDYˢC*	α3β2/α3β4, α7
	AnIA	*C. anemone*	CCSHPACAANNQDYˢC*	
	AnIB	*C. anemone*	GGCCSHPACAANNQDYˢC*	α3β2, α7
	AnIC	*C. anemone*	GGCCSHPACFASNPDYˢC*	
	Vc1.1	*C. victoriae*	GCCSDPRCNYDHPEIC*	α9α10
	MII	*C. magus*	GCCSNPVCHLEHSNLC*	-α3β2, -α6
	GIC	*C. geographus*	GCCSHPACAGNNQHIC*	α3β2
	GID	*C. geographus*	IRDCCSNPACRVNNOHVC	α4β2
	PIA	*C. purpurascens*	RDPCCSNPACTVHNPQIC*	α6α3β2(β3, β4)
	ArIA	*C. arenatus*	IRDECCSNPACRVNNOHVCRRR	α7, α3β2
	ArIB	*C. arenatus*	DECCSNPACRVNNPHVCRRR	α7, α6α3β2β3, α3β2
	EI	*C. ermineus*	RDOCCYHPTCNMSNPQIC*	肌肉型 nAChRs, α3β4
	PeIA	*C. pergrandis*	GCCSHPACSVNHPELC*	α9α10, α3β2
	OmIA	*C. omaria*	GCCSHPACNVNNPHICG*	α7, α3β2
	TxIA	*C. textile*	GCCSRPPCIANNPDLC*	α3β2
	Lp1.1	*C. leopardus*	GCCARAACAGIHQELC*	α3β2
	SrIA	*C. spurius*	RTCCSROTCRMγYPγLCG*	α3β2, α6α3β2
	SrIB	*C. spurius*	RTCCSROTCRMEYPγLCG*	
特例	SII	*C. striatus*	GCCCNPACGPNYGCGTSCS-OH	α4β2, 肌肉型 nAChRs
	lt14a	*C.litteratus*	MCPPLCKPSCTNCG	α4β2, 肌肉型 nAChRs

注：*：C末端酰胺化；Ⓒ：二硫键连接的半胱氨酸；O：轻脯氨酸；γ：羧基谷氨酸；Y：硫化酪氨酸。

　　α-芋螺毒素的第二个结构特点如图 1.49 所示。天然生物活性的 α-芋螺毒素的结构特征是形成球状（globular）结构，它的半胱氨酸连接方式是 C_1-C_3 与 C_2-C_4，而人工合成的 α-芋螺毒素有连接方式为 C_1-C_4 与 C_2-C_3 的条状（ribbon）结构和连接方式为 C_1-C_2 与 C_3-C_4 的珠状（beads）结构，它们的活性大多不如球状结构。GI、GⅡ、BuIA、ImI、RgIA 等 α-芋螺毒素都是这样。但也有例外，如 AuIB 的条状结构的异构体作用于神经 α3β4 nAChRs 比球状结构作用强 10 倍[293]。

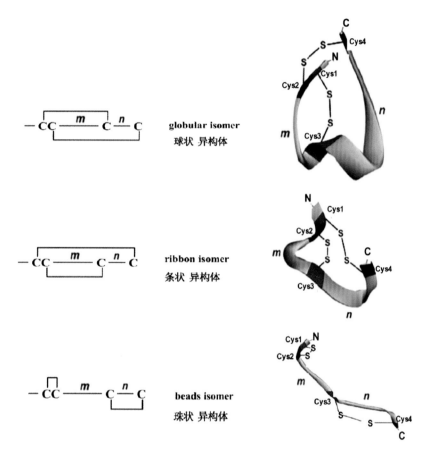

图 1.49　α-芋螺毒素的结构[10,293]

　　有些芋螺毒素存在翻译后修饰，如 α4/7-芋螺毒素 C 末端酰胺修饰，有些 α-芋螺毒素存在羟脯氨酸修饰、羧基谷氨酸修饰和硫化酪氨酸修饰等，这些修饰对 α-芋螺毒素的功能产生一定的影响，如 MⅡ芋螺毒素的 N 端脂肪酸修饰后可以使它易于穿过血脑屏障[231,294,295]。

　　作用于 nAChRs 的 α-芋螺毒素在临床上有较好的镇痛效果，因此，有望开发为镇痛药。但很多芋螺毒素的毒理和药理还不太清楚，还有待于研究。表 1.21 是目前较具有开发前景的 α-芋螺毒素，它们主要在治疗神经痛方面有一定的疗效[10]。

表 1.21　治疗神经痛方面有疗效的 α-芋螺毒素[10]

α-芋螺毒素	功效	作用靶点
Vc1.1	在机械刺痛神经病模型中，肌肉注射给药后有好转，能提高机体动作能力和恢复神经的功能	α9α10 ≫ α6α3β2β3 > α6α3β4 > α3β4 ～ α3β2
CyclizedVc1.1	在机械刺痛神经病模型中，口服给药后有好转	作用于 α9α10，但较弱

续表 1.21

α-芋螺毒素	功效	作用靶点
Vc1a	在异常性疼痛神经病理性痛模型中，肌肉注射给药后，虽然没有好转但有修复神经的功能	$\alpha 9\beta 10 \gg \alpha 3\beta 4 \sim \alpha 3\beta 2$
RgIA	在机械刺痛神经病模型中，肌肉注射给药后有好转	$\alpha 9\beta 10 \gg \alpha 7 \gg \alpha 3\beta 4 \sim \alpha 3\beta 2$
AuIB	在机械刺痛神经病模型中，肌肉注射给药后有好转	$\alpha 3\beta 4 > \alpha 3\beta 2 > \alpha 9\beta 10$
MII	在机械刺痛神经病模型中，肌肉注射给药后有好转	$\alpha 3\beta 2 > \alpha 3\beta 4 > \alpha 9\beta 10$
Lt14a	在急性热模型（烤盘试验）中，腹腔注射后具有镇痛作用	未知

二、芋螺毒素作用的靶点

芋螺毒素作用的靶点主要是离子通道，其中，研究较多的是烟碱型乙酰胆碱受体（the nicotinic acetylcholine receprors，nAChRs）。烟碱型乙酰胆碱受体是配体门控的离子通道，主要分布于神经节细胞膜和骨骼肌细胞膜上。按其分布可分为两种类型，即神经型 nAChRs 和肌肉型 nAChRs，每一种 nAChRs 又由不同的亚基组成五聚体。神经型 nAChRs 由 α 亚基（α2 ～ α10）和 β 亚基（β2 ～ β4）组成，可以组成同源五聚体 nAChRs（如 α7 ～ α10）或异源五聚体 nAChRs（如 α3β2）。肌肉型 nAChRs 由 5 个亚基构成，含有 2 个 α2 亚基、1 个 β1 亚基、1 个 γ（或 ε）亚基和 1 个 δ 亚基。五聚体 nAChRs 的 5 个亚基对称排列，中轴线是离子通道［图 1.50（a）］[3,296,297]。

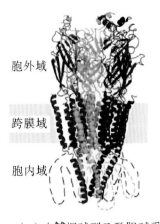

胞外域

跨膜域

胞内域

（a）电鳐烟碱型乙酰胆碱受体　　　　（b）乙酰胆碱结合蛋白

图 1.50　Torpedo nAChR 结构与 Ac-AChBP 结构比较[3,82,297-300]

最近研究发现，nAChRs 也在免疫细胞中存在，并在调节炎症过程中发挥重要的作用。nAChRs 与许多疾病的发病机理相关。如肌肉型 nAChRs 某些亚基突变或它的自身抗体突变会引起重症肌无力；神经元亚基的 nAChRs 突变，比如，α4 的突变与一些癫痫相关，α7 在脑的某些区域减少与精神分裂症有关；阿尔茨海默症的认知能力的丧失与胆碱能传输，特别是 α7 受体的胆碱能传输受损相联系；神经型 nAChRs 涉及尼古丁上瘾，而一些 nAChRs 能促进肺癌细胞生长。这就说明 nAChRs 在重症肌无力、神经痛、阿尔茨海默症、痴呆、学习记忆障碍、尼古丁上瘾和小细胞肺癌等多种疾病的治疗研究中发挥重要作用[293]。

激动剂尼古丁、乙酰胆碱等结合 nAChRs 诱导其构象改变而使跨膜通道打开，竞争性拮抗剂，如多肽类化合物可以与激动剂竞争结合位点而改变 nAChRs 的活性，从而在治疗与其相关的疾病中起作用。α-眼镜蛇神经毒素、狂犬病毒和神经肽 P 物质、阿尔茨海默症形成的 β-淀粉样肽等都可以与 nAChRs 结合，但最引人注目的是 α-芋螺毒素，α-芋螺毒素在治疗与 nAChRs 相关的疾病中具有很好的开发前景[293]。

三、芋螺毒素与 nAChRs 相互作用的结构生物学研究

1. 乙酰胆碱结合蛋白的特点

人们通过电生理、同位素标记等试验已证明芋螺毒素与 nAChRs 相互作用，但至今尚未能解析 nAChRs 的晶体结构，因此，还不清楚芋螺毒素与 nAChRs 相互作用的具体结构。乙酰胆碱结合蛋白（AChBPs）与 nAChRs 的膜外配体结合结构域具有同源性，AChBPs 与 nAChRs 的药理特性和离子通道激活机制相同，AChBPs 是可溶蛋白，可以得到晶体，因此，常作为研究 nAChRs 的结构模板[3,298,299]。

至今，已发现了 3 种 AChBPs，它们分别是 Lymnaea stagnalis、Aplysia californica、Bulinus truncatus，简称为 Ls-AChBP、Ac-AChBP、Bt-AChBP，它们的晶体结构基本相同。已知与 nAChRs 结合的激动剂和竞争性拮抗剂，如乙酰胆碱、尼古丁、D-筒箭毒碱、α-银环蛇毒素、α-芋螺毒素等都与 AChBPs 结合[294]，而且，AChBPs 与 nAChRs 具有同源性，都形成稳定的五聚体。图 1.50 是 Torpedo nAChR 结构与 Ac-AChBP 结构的比较，从图中可看出，它们的胞外结构相似，而胞外结构是配体结合的位点，所以，它们配体结合的位点相像[3,297-300]。

α-芋螺毒素与 AChBPs 共结晶结构可以揭示 α-芋螺毒素与 nAChRs 相互作用的机理，近年来，多个 α-芋螺毒素 AChBPs 及与其结合的复合物的晶体结构已被解析，对这些晶体结构的分析不仅有助于我们理解 nAChRs 的结构和功能，而且为开发 α-芋螺毒素新药提供了理论基础[3,297-300]。

作为结构模板，AChBPs 可以帮助我们了解 α-芋螺毒素与 nAChRs 相互作用的机理。比如，AChBPs 与拮抗剂 α-芋螺毒素结合时，其 C loop 向外移动；当 α-芋螺毒素结合 nAChRs 时，其 C loop 也向外移动，这是 nAChRs 离子通道关闭（静息）的表现。激动剂与 nAChRs 结合后诱导其构象改变而使跨膜通道打开，α-芋螺毒素与激动剂竞争结合 nAChRs，从而调控 nAChRs 的生理功能，在治疗与 nAChRs 相关的疾病方面起重要作用。不同 α-芋螺毒素选择结合不同的 nAChRs，它们相互作用的机理可以通过 AChBPs 与 α-芋螺毒素共结晶结构来推测与解析[82]。

2. α-芋螺毒素与 AChBPs 共结晶的研究

至今为止，已报道的 α-芋螺毒素与 AChBPs 共结晶有 5 个，它们分别是 α4/7-芋螺毒素 PnIA 突变体（PDB：2BR8）[82]、α4/7-芋螺毒素 TxIA 突变体（PDB：2UZ6）[34]、α4/7-芋螺毒素 GIC（PDB：5CO5）[109]、α3/4-芋螺毒素 ImI（PDB：2C97，2BYP）[301,302]、α4/4-芋螺毒素 BuIA（PDB：4EZ1）与 Ac-AChBP 共结晶[303]。α-芋螺毒素与 AChBP 共结晶结构如图 1.51 所示。α-芋螺毒素与 AChBP 共结晶结构具有相似性，但也不完全相同。虽然它们的结合位点相同，但它们的序列不同，因此，与受体相互作用的氨基酸残基不同，取向也有所不同，如 TxIA 与 PnIA 突变体的共结晶比较，取向有 20° 的偏转。三维结构显示，α-芋螺毒素的一个保守的脯氨酸和几个疏水残基与 AChBP 的芳香残基相互作用，不同 α-芋螺毒素选择不同的 nAChRs 亚型，表现在不同氨基酸之间的静电相互作用和形成氢键，如在 TxIA 与 AChBP 共结晶结构中，TxIA 的 Arg5 与

AChBP 的 Asp195 形成氢键，这种现象在 α-芋螺毒素与 nAChR 亚基相互作用中也存在。因此，α-芋螺毒素与 AChBPs 共结晶结构可为我们揭示重要的氨基酸，以及开发出药效较好的 α-芋螺毒素[34,82,109,301-303]。

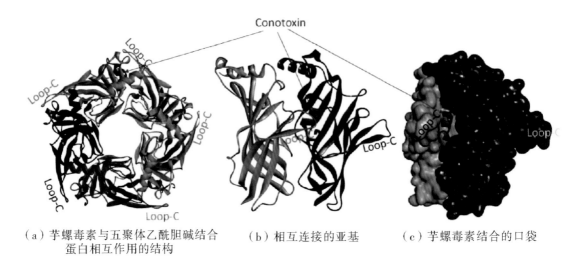

（a）芋螺毒素与五聚体乙酰胆碱结合　　（b）相互连接的亚基　　（c）芋螺毒素结合的口袋
蛋白相互作用的结构

图 1.51　α-芋螺毒素与 AChBPs 共结晶结构[303]

（1）α-芋螺毒素与 AChBPs 共结晶结构为我们揭示相互作用的重要氨基酸

最开始以结构与功能关系研究的 α-芋螺毒素是 PnIA 和 PnIB，这 2 种芋螺毒素在第 10 和第 11 位置只有 2 个氨基酸的差别，但选择性不同，PnIA 选择性结合 α3β2，而 PnIB 选择性结合 α7[82]。α-芋螺毒素 PnIA（A10L，D14K）与 Ac-AChBP 共结晶结构（PDB：2BR8）揭示了 α-芋螺毒素 10 号位的 Leu 残基在亚基选择性中起重要作用［图 1.52（a）］[303]。

ImI 是另外一个以结构与功能关系研究的 α-芋螺毒素，改变其 Asp5、Pro6、Arg7、Trp10 可改变其与 α7 结合的活性[301-303]。通过对 α-芋螺毒素 ImI 与 AChBP 共结晶［图 1.52（b）］的研究，确定了 ImI 与 α7 之间相互作用的主要残基是 ImI 中的 Trp10[302,303]。

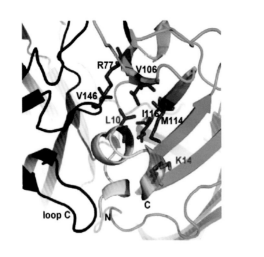
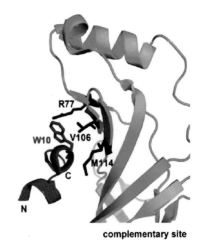

（a）α-芋螺毒素 PnIA（A10L，D14K）与 Ac-AChBP 结合的位点　　（b）α-芋螺毒素 ImI 与 Ac-AChBP 结合的位点

图 1.52　α-芋螺毒素 PnIA（A10L，D14K）、ImI 与 AChBPs 结合的位点[302,303]

（2）α-芋螺毒素与 AChBP 共结晶的研究有利于我们发现亲和力更强的 α-芋螺毒素突变体

α-芋螺毒素与 AChBP 共结晶结构不仅有利于我们了解 α-芋螺毒素与 nAChRs 相互作用的机理及相互作用的重要氨基酸，而且使我们知道 α-芋螺毒素选择不同 nAChRs 亚型的原因，帮助我们开发出具有更好疗效的芋螺毒素[303-307]。

在分析 α-芋螺毒素 TxⅠA 与 AChBPs 的晶体结构时，Dutertre 等[34]发现，TxⅠA 中的 Leu10、Arg5 残基与 AChBPs 的亲和力较大，主要是 TxⅠA 中的 Leu10 残基与 AChBPs 残基有疏水作用，TxⅠA 中的 Arg5 残基与 AChBPs 中的 Asp195 残基形成盐桥（图 1.53）[34,303]。Dutertre 等突变另外一种芋螺毒素 PnⅠA，即把它的 Leu5 残基突变为 Arg5 残基，突变体对 AChBPs 和 α3β2 nAChRs 的亲和力有很大的提高，大大提高了它对 α3β2 nAChRs 的选择性[34,303]。

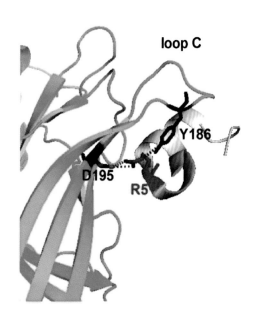

图 1.53　TxⅠA 与 AChBPs 共结晶结构[34,303]

α-芋螺毒素与 nAChRs 相互作用的情况有些类似于 PnⅠA（A10L，D14K）与 Ls-AChBP 的相互作用，即 α-芋螺毒素的 C 端增加正电荷有利于它与受体结合。例如，α-芋螺毒素 SⅠA（D12K）对 Torpedo nAChRs 的亲和力增大，以结构为基础的计算机模拟发现，这主要是 SⅠA（D12K）的 Lys12 和 Torpedo nAChRs 的 γ-亚基上的 Glu57 形成盐桥。因此，设计 α-芋螺毒素的 12 号位引入正电荷有利于增强其与 Torpedo nAChR 的亲和力，比如 GⅠ和 SⅠA 的（D14K）突变体与 Torpedo nAChR 亲和力有较大的增强[308,309]。

在已有的 α-芋螺毒素与 AChBP 共结晶的基础上，通过计算机模拟，可以揭示更多的不能得到共结晶结构的 α-芋螺毒素的结构与功能的关系，并发现和改造出一些更有效的 α-芋螺毒素突变体。比如，α-芋螺毒素 AuⅠB、Vc1.1 等药效更好的突变体的发现和改造就是在这个基础上研究出来的[94,107,310-312]。总之，α-芋螺毒素与 AChBP 共结晶，为我们开发药效更好的 α-芋螺毒素提供了基础。

四、展望

芋螺毒素分子量较小，易于合成，具有稳定二硫键结构，而且其药效作用靶点较明确，副作用较小，体内半衰期较长，是较好的药物先导。芋螺毒素品种多，数量庞大，而蛋白组学、转录组学和高通量高含量的技术为我们提供了快速发现和利用芋螺毒素的方法。如何从数量庞大的芋螺毒素中发现药效较好的毒素是当前研究的热点。α-芋螺毒素是研究较多的芋螺毒素，其与AChBPs 共结晶结构不仅帮助我们剖析 nAChRs 的生理和病理功能，而且有利于我们设计出较好的 α-芋螺毒素，并把它们开发成治疗疼痛、成瘾、帕金森综合征、阿尔茨海默症和癫痫等与nAChRs 相关的疾病的药物[311－314]。

第七节 芋螺毒素的生物信息学研究

一、芋螺毒素的数据库

芋螺（cone snail）是海洋腹足纲软体动物，是天然芋螺毒素的主要来源。全世界有约 700 种，遍布世界各暖海区；我国有芋螺 80 多种。芋螺生物样本数据库是研究和开发芋螺毒素的一个重要基础。美国西雅图华盛顿大学 Alan J. Kohn 教授的网页详细介绍了芋螺的各个种类和名称[315]。澳大利亚墨尔本大学 L. Bruce 教授多年来一直收集芋螺及其毒液的信息，他的网页是芋螺毒素研究领域的新闻和观点的主要资源[316]。美国犹他州立大学 Olivera 教授收集了大量芋螺的图片和资料，开展芋螺水生物的科研和教育[317]。芋螺毒素可以从天然芋螺或者人工养殖的芋螺中直接提取，或者采用基因克隆方式获得芋螺毒素序列；另外，采用人工多肽固相合成法也可以获得更多量的芋螺毒素。

芋螺毒素为由 10～40 个氨基酸组成的卷曲的神经性毒肽。每种芋螺可以含有 50～200 个多肽前体。在分子结构水平上，目前已经积累了大量芋螺毒素（conotoxin）的数据和信息。到目前为止，美国国家生物技术信息中心（NCBI）收集了大约 2000 个芋螺毒素基因[318]。国际权威的蛋白联合数据库 Uniprot 收集了超过 8000 条芋螺毒素的蛋白序列[319]，其中的 1/8 被认真研究过。在芋螺毒素一级序列结构基础上，部分芋螺毒素的三维空间结构已经被测定。到目前为止，有 179 个芋螺毒素的三维结构数据被收集到全球蛋白质数据库（Protein Data Bank，PDB）[320]。

2007 年，澳大利亚昆士兰大学 David Craik 教授的研究组建立了专门研究芋螺毒素的数据库 ConoServer[14,320,321]，收集了大量的芋螺毒素数据，对大量芋螺毒素的序列和结构进行统计分析。该数据库将芋螺毒素按照三种不同的方式分类：基因超家族分类、二硫键骨架分类和药理学家族分类[320,321]。基因超家族分类是按照芋螺毒素蛋白前体的内质网信号序列分类，然后采用拉丁字母和阿拉伯数字表示各个子类；二硫键骨架分类是按照芋螺毒素成熟肽区的半胱氨酸和二硫键分布模式分类，该分类采用罗马字母来表示；药理学家族分类是按照药理学靶标的特异性分类，采用希腊字母表示。

表 1.22 展示了芋螺毒素各种分类之间的关联性。表中右侧列以芋螺毒素基因超家族为主线，同时列出基因超家族各子类的蛋白前体和核酸数目；然后，分别列出相对应的二硫键分布模式子类和药理学家族的子类。由于芋螺毒素分类的三大类判据是独立不相关的，因此，它们子类的分布关系表现得交错重叠。图 1.54 通过网络关系图进一步展示芋螺毒素在三大类之间的对应关联。这些交错重叠的关联清晰地说明，尽管结构决定功能，但是不能简单地根据芋螺毒素的结构分类就直接推断其生物功能；反之，一个特定的功能也不只与单一的结构有关。因此，在研究芋螺毒素的结构和功能相关性方面尚有大量研究工作，需要进一步探讨。

表 1.22　芋螺毒素基因超家族、二硫键分布模式分类及药理学家族分类统计

超家族	蛋白前体/个	核酸序列/条	半胱氨酸骨架	药理学家族
A	288	337	I，II，IV，VI/VII，XIV，XXII	α，κ，ρ
B1	18	5	—	—
B2	21	1	VIII	—
B3	1	1	XXIV	—
C	4	8	—	—
D	45	16	XX	α
E	1	—	XXII	—
F	3	1	—	—
G	1	1	XIII	—
H	10	3	VI/VII	—
I1	26	20	VI/VII，XI	ι
I2	64	45	VI/VII，XII，XIV	κ
I3	9	9	VI/VII，XI	—
J	30	26	XIV	κ
K	4	1	XXIII	—
L	15	9	XIV，XXIV	α
M	446	422	I，II，III，IV，VI/VII，IX，XIV，XVI	α，ι，κ，μ
N	3	—	XV	—
O1	599	677	I，VI/VII，IX，XII，XIV，XVI	δ，γ，κ，μ，ω
O2	138	125	VI/VII，XIV，XV	γ
O3	43	36	VI/VII	—
P	12	9	IX，XIV	—
Q	22	21	VI/VII，XVI	—
S	21	13	XII	α，σ
T	239	225	I，V，X，XVI	χ，ε，μ
V	2	2	XV	—
Y	1	1	XVII	—

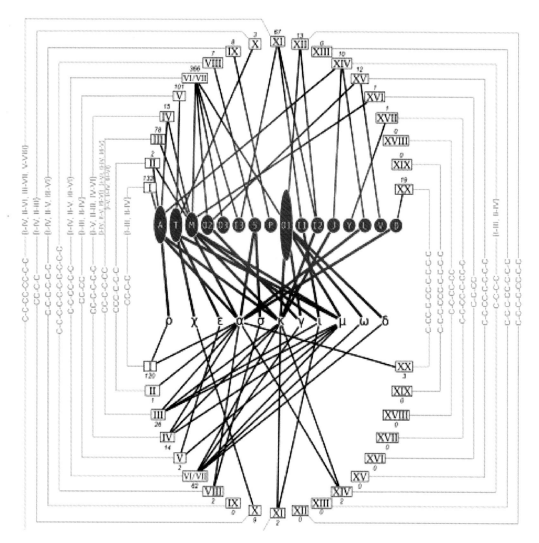

图 1.54　芋螺毒素半胱氨酸框架、基因超家族和药理学家族之间的相关性[13]

注：图为数据库 ConoServer 中发现的芋螺毒素半胱氨酸框架、基因超家族和药理学家庭之间的联系。基因超家族 A 到 Y 用红色显示，其椭圆形长度与 ConoServer 中发现的蛋白前体数量成正比；药理学家族用蓝色希腊字母表示；半胱氨酸骨架用黑色方框的罗马数字表示。图片左右两侧的橙色表示半胱氨酸骨架模式和连接方式，通过细线与对应的骨架连接；图片上半部分显示的是 ConoServer 中芋螺肽基因超家族和半胱氨酸骨架间的关系（每个骨架名称上方显示该骨架与相应基因超家族中成熟肽的数目）；图的下半部分显示的是毒素药理学家族和半胱氨酸骨架间的关系（每个骨架名称下方显示特定骨架与鉴定的药理学家族中成熟肽的数目）。

二、芋螺毒素的结构信息

1. 氨基酸序列特征

每个芋螺毒素的氨基酸序列由单一的 mRNA 编码决定，通过翻译转录获得 70 ～ 120 个氨基酸（Aa）的蛋白原前体。蛋白原前体包括一个大约 20 个 Aa 的 N 端信号肽、一个中间前体段和一个 10 ～ 30 个 Aa 的成熟毒素段。成熟毒素段是高突变的，芋螺毒素的多样性主要源于成熟毒素段的高突变作用，在一定进化时段内，芋螺毒素突变产生毒素多肽序列，同时保留高度保守的二硫键排布方式。

（1）芋螺毒素基因超家族的信号序列特征

芋螺毒素基因超家族的信号序列具有一定的保守特征。芋螺毒素基因超家族的信号序列都含有 3 个结构域：带正电荷的氨基末端结构域（n 区）、中心疏水结构域（h 区）和羧基末端亲水结构域（c 区）。然而，超家族的每一子类具有独特信号肽段序列，不同芋螺毒素基因超家族子类的信号序列共享很少的序列同源性。芋螺毒素基因超家族的 N 端信号肽的 3 个结构区域以及它们序列特征如表 1.23 所示。成熟毒素段的高度翻译后的修饰则是芋螺毒素多样性的另一个重要特征。多种翻译后修饰过程进一步生成更多新序列的芋螺毒素分子。常见的有谷氨酸 γ-羧基化、脯氨酸羟基化、C 末端酰胺化；此外，还有一些罕见的修饰，如丝氨酸和苏氨酸的糖基化、溴代色氨酸、D 型氨基酸、酪氨酸磺基化等。

表 1.23　芋螺毒素基因超家族信号肽段的特征

基因超家族	相同的信号序列	信号序列数目/条
A	MGMRMMFT-VFLLVVLATTVV-SFTSG	116
D	MPKLXXX-LLVLLIFPLS-YFXAAGG	20
I1	MKLCXT-FLLVLXILXS-VTGG	5
I2	MMFRXTS-VXCFLLVIXX-LNL	38
I3	MKLVLA-IVXILMLLS-LSTGA	7
J	MPSVRS-VTCCCLLWMMFSV-QLVTPGSP	6
L	MKLSVM-FIVFLMLTMP-MTCA	2
M	MMSKLG-VXLXIXLXLFPL-XXLQLDA	69
O1	MMKLTC-VXIVAVLFLTA-XXLXTA	381
O2	MEKLTI-LLLVAAVLM-STQALXQX	45
O3	MSGLGI-MVLTLLLLVFM-XTSHQ	21
P	MHXXLXXSA-VLILXLLXAXX-NFXVVQS	6
S	MMLKMG-AMFVLLLLFXL-XSSQQ	5
T	MRCLPV-FXILLLLIXSA-PSVDA	130
V	MMP-VILXLLLSLAI-RXXDG	2
Y	MQKAT-VLLLALLLLLP-LSTA	1

注："X" 对应于修饰氨基酸的位置。用于衍生共有序列的前体序列的数目显示在第三列[13]。

（2）芋螺毒素肽成熟毒素段特征

芋螺毒素表现出的分子多样性是由于成熟毒素肽区的超突变和修饰。每一个氨基酸残基的突变修饰就有可能形成一种新的芋螺毒素。然而，芋螺毒素的成熟毒素肽保留具有特征作用的二硫键模式基本结构框架。芋螺毒素可以根据半胱氨酸分布和二硫键的模式进行分类，这些半胱氨酸之间形成的二硫键使芋螺毒素肽形成具有保守特征的折叠构象。不同分类的芋螺毒素肽含有不同数目的半胱氨酸。数目相同的半胱氨酸可以有不同的分布，即半胱氨酸之间可以有不同数目的其他氨基酸残基，形成不同的半胱氨酸分布式样。更进一步，在同样半胱氨酸分布式样条件下，还可以形成不同的二硫键连接模式。例如，在图 1.55 中，A-和 T-超家族具有相似的半胱氨酸分布式样，但二硫键模式不同；M-、O-和 P-超家族具有相同的二硫键连接模式，但是它们的半胱氨酸分布式样不同，即半胱氨酸残基之间的间隔数目不一样。

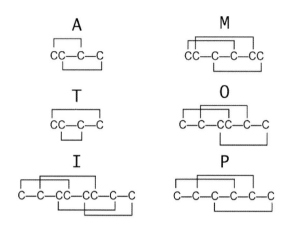

图 1.55　芋螺毒素主要超家族的半胱氨酸骨架实例[320]

　　虽然芋螺毒素的成熟毒素肽段的半胱氨酸和二硫键分布式样变化多端，但芋螺毒素的成熟毒
素肽段的序列特征可以按照肽段的半胱氨酸和二硫键分布式样进行归纳总结，芋螺毒素的二硫键
分类方法就是对成熟毒素肽段的序列特征的归纳和总结。表 1.24 展示了芋螺毒素的成熟毒素肽
段的半胱氨酸和二硫键分布式样。

表 1.24　ConoServer 数据库中半胱氨酸分布和二硫键框架模式

骨架类型	模式	数目/个	连接方式
XXIV	C-CC-C	4	—
XXII	C-C-C-C-C-C-C	8	—
XXVI	C-C-C-C-CC-CC	8	—
XXVII	C-CC-C-C-C	6	—
XXV	C-C-C-C-CC	6	—
XXII	C-C-C-CC-C	6	—
I	CC-C-C	4	Ⅰ～Ⅲ，Ⅱ～Ⅳ
II	CCC-C-C-C	6	—
III	CC-C-C-CC	6	—
IV	CC-C-C-C-C	6	Ⅰ～Ⅴ，Ⅱ～Ⅲ，Ⅳ～Ⅵ
V	CC-CC	4	Ⅰ～Ⅲ，Ⅱ～Ⅳ
Ⅵ/Ⅶ	C-C-CC-C-C	6	Ⅰ～Ⅳ，Ⅱ～Ⅴ，Ⅲ～Ⅵ
Ⅷ	C-C-C-C-C-C-C-C-C-C	10	—
Ⅸ	C-C-C-C-C-C	6	Ⅰ～Ⅳ，Ⅱ～Ⅴ，Ⅲ～Ⅵ
X	CC-C. [PO] C	4	Ⅰ～Ⅳ，Ⅱ～Ⅲ
XI	C-C-CC-CC-C-C	8	Ⅰ～Ⅳ，Ⅱ～Ⅵ，Ⅲ～Ⅶ，Ⅴ～Ⅷ
XII	C-C-C-C-CC-C-C	8	—
XIII	C-C-C-CC-C-C	8	—
XIV	C-C-C-C	4	Ⅰ～Ⅲ，Ⅱ～Ⅳ
XV	C-C-CC-C-C-C	8	—
XVI	C-C-CC	4	—
XVII	C-C-CC-C-CC-C	8	—
XVIII	C-C-CC-CC	6	—
XIX	C-C-C-CCC-C-C-C	10	—
XX	C-CC-C-CC-C-C-C	10	—
XXI	CC-C-C-C-CC-C-C	10	—

2. 已知结构的构象特征

目前，179 个芋螺毒素具有已知三维结构，这些结构数据可以在蛋白数据库 PDB 中查询得到。由于芋螺毒素是 10～40 个氨基酸的小肽，绝大部分芋螺毒素的三维结构是通过核磁共振光谱法确定。芋螺毒素的构象折叠特征和二硫键密切相关。图 1.56 展示了二硫键模式第 III 类的 7 个芋螺毒素的构象，这些芋螺毒素都含有 3 对二硫键。尽管芋螺毒素是一种小肽，但是它们能折叠成精细的结构。

同一个芋螺毒素具有相同的氨基酸序列，在不同条件和环境下可以形成同分异构体。在同样条件下，形成同分异构体通常是围绕某一个热力学稳定态的动力学变化，构象差异微小。核磁共振光谱可以测定芋螺毒素的同分异构体构象间的微小变化。另外，这些同分异构体构象的集合才反映该芋螺毒素的自然状态。通常这些同分异构体构象非常相似，区别它们之间构象的微小差异确

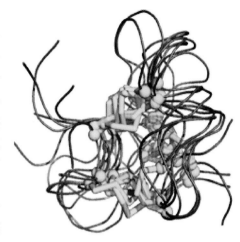

图 1.56　含有 3 对二硫键的二硫键模式类别 III 的 7 个蛋白结构构象

PDB ID = 1tcg, 1gib, 2efz, 1r9i, 1jlo, 1jlp, 1q2j[320]。

实不容易。表 1.25 展示了芋螺毒素的 10 种同分异构体结构（PDB ID = 1AS5）和对应的蛋白结构指纹[320]。尽管芋螺毒素的 10 种同分异构体结构的构象十分相似，蛋白结构指纹可以精细地表征每一个芋螺毒素的构象特征和微细构象的不同，这些构象的集合是真正代表该芋螺毒素某一个热力学稳定态的空间构象。

表 1.25　芋螺毒素（PDB ID = 1AS5）的 10 个同分异构体结构构象和蛋白结构指纹

1AS5（1～10）三维构象	蛋白结构指纹	
	十位	00000000011111111112222
	个位	12345678901234567890234
	序列	HxxCCLYGKCRRYxGCSSASCCQR
	1	.. CYAAPYPSBBWCYJVAJBVA..
	2	.. CYAAPYPRDUP $ YAAJBVAA..
	3	.. CYJWYAPRBVPZDJVJBVAA..
	4	.. CYAAPYPSBVPCYJVAJBVJ..
	5	.. CYAAPYPRBEWZDJVJBVAA..
	6	.. CYAAPSWSBBWZDJVAJBVJ..
	7	.. CYAAPYPSBEWYAJVAJBVA..
	8	.. CYAAPYPSBUAQYJVAJVAA..
	9	.. CYJWYAPRBBWCYJVAJBVA..
	10	.. CYAAPYPSBVPYAJVAJVAA..

在不同条件和环境下，同一个芋螺毒素空间构象会有很大差异；不同种类的芋螺毒素，它们的空间构象差异往往更大。芋螺毒素的差异可以通过空间构象迭代进行展示，但迭代后的构象差异仍然很难进行分析和描述；然而，运用蛋白结构指纹，可以将芋螺毒素的构象通过共线比对清晰地揭示其相似性和差异。表 1.26 展示了芋螺毒素 Y-PIIIE（PDB ID = 1AS5-1）与芋螺毒素 delta-Am2766（PDB ID = 1YZ2-1）的空间结构和蛋白结构指纹比对。虽然三维空间构象迭代展示了它们之间的构象不同，但是蛋白结构指纹的共线比对清晰地标注了它们构象的相似和不同。尽管芋螺毒素的折叠构象可以通过特定的二硫键来分类，但是二硫键模式还不足以完全描述芋螺毒素空间构象。蛋白结构指纹的应用可以在更深层次上表征各类芋螺毒素的构象特征。

表1.26　芋螺毒素 Y-PⅢE 与芋螺毒素 delta-Am2766 构象和蛋白结构指纹比对

三维构象	参数和蛋白结构指纹	
	PDB ID	1AS5-1
	基因超家庭	M
	氨基酸数	24
	二硫键连接方式	4 ～ 16 5 ～ 21 10 ～ 22
	PDB ID	1YZ2-1
	基因超家庭	O1
	氨基酸数	26
	二硫键连接方式	1 ～ 16 8 ～ 20 15 ～ 24 20 ～ 24
	1AS5-1	
	十位 个位 序列 PFSC 码	0000000001 – 111111111222 – 22 1234567890 – 123456789012 – 34 HxxCCLYGKC-RRYxGCSSASCC-QR .. CYAAPYPS-BBWCYJVAJBVA – ..
	PFSC 码 序列 个位 十位	.. CYAPSEWYDJBVJVAPSBWZPS.. CKQAGESCDIFSQNCCVGTCAFICIE 1234567890123456789012 3456 0000000001111111111 2222 2222
	1YZ2-1	

3. 未知结构的构象预测

Uniprot 数据库中包含 8000 多条不同种类芋螺毒素蛋白多肽的序列，但是其中仅仅大约 90 条芋螺毒素蛋白多肽具有三维结构数据，98% 以上的芋螺毒素蛋白结构是未知的，因此，绝大多数芋螺毒素蛋白多肽缺乏空间结构数据。开展蛋白质结构预测对推动芋螺毒素研究具有重要的现实意义。

蛋白质结构预测的方法过程是，从蛋白质的氨基酸线性序列出发建立蛋白质结构的原子三维坐标。目前，蛋白质结构预测主要有两大类方法。一类是从头算方法（Ab initio），通过分子动力学计算获得折叠后蛋白质能量最低的构象[322-325]。但是在实际中，这种方法的完善还有待进一步讨论。一是计算模型中力场参数的准确性问题，二是如何获得蛋白质可能的数目庞大的空间构象问题。对于芋螺毒素仅仅含有 10～40 个氨基酸残基的蛋白多肽，需要计算的构象数目在 10^{10}～10^{25} 之间。针对如此大量的构象数目，需要大量的计算机资源和时间。另一类蛋白质结构预测的方法是统计方法，如同源建模方法[326,327]。同源建模方法的原理是假设具有相似序列的蛋白质倾向于折叠成相似的空间结构。一对蛋白质，如果它们的序列具有 25%～30% 的等同部分或者更多，则可以假设这两个蛋白质折叠成相似的空间结构。这样，如果一个未知结构的蛋白质与一个已知结构的蛋白质具有足够的序列相似性，那么可以根据相似性原理给未知结构的蛋白质构造一个近似的三维模型。如果通过一个未知序列搜索等同程度大于 25% 的序列，那么将会得到大量相关的蛋白质，然后进行剪裁拼接。寻找同源蛋白质是一项困难的任务。当今数据库和计算机技术的发展为同源建模方法应用提供了条件。然而，同源建模方法提供的结果在可靠性和构象的全面性方面有很大的局限性。

蛋白结构指纹方法开辟了蛋白构象预测的新途径。由于蛋白结构指纹具有代表了蛋白的空间构象的对应关系，可以避开目前各种蛋白预测方法对蛋白质原子三维坐标的计算和追寻。运用蛋白结构指纹方法，在 5 个氨基酸排列的基础上，全面建立 20 个氨基酸和 27 个蛋白折叠码的映射关系。然后，通过蛋白数据库结构数据和模拟计算方法，建立 5 个氨基酸构象数据库。可以依据蛋白氨基酸序列直接预测得到以蛋白结构指纹表达的蛋白构象。蛋白结构指纹方法不仅可以提供预测的蛋白构象，更重要的是还能按照蛋白序列从 N 端到 C 端提供所有可能的构象变化。

表 1.27 展示了对芋螺毒素 delta-conotoxin Am2766 的预测结果。运用蛋白结构指纹方法，直接依据该芋螺毒素的氨基酸序列，得到该芋螺毒素的折叠构象变化和预测的可能构象。表 1.27 的左侧列出了局域构象的各种可能变化。通过这些可能的构象折叠变化，芋螺毒素 delta-conotoxin Am2766 就可以形成超过 1400 万个（14929920）的可能构象。表 1.27 右侧列出了 10 个最可能的构象。芋螺毒素 delta-conotoxin Am2766 在蛋白数据库中有一个已知结构（PDB ID = 1YZ2），该已知结构构象的蛋白结构指纹也列在表 1.27 中。表 1.27 中的结果显示，蛋白结构指纹预测的构象和已知的结构构象基本一致，而且局域构象的各种可能变化可以涵盖所有可能的构象。因此，预测蛋白结构指纹方法为建立完整的芋螺毒素的构象数据库奠定了基础。

表 1.27　芋螺毒素 delta-conotoxin Am2766 的折叠构象变化和预测的可能构象

折叠构象变化		预测的可能构象	
十位	0000000001111111111222222	十位	0000000001111111111222222
个位	1234567890123467890123456	个位	1234567890123467890123456
序列	CKQAGESCDIFSQNCCVGTCAFICIE	序列	CKQAGESCDIFSQNCCVGTCAFICIE
1YZ-2 PFSC	. . CYAPSEWYDJBVJVAPSBWZPS . .	1YZ-2 PFSC	. . CYAPSEWYDJBVJVAPSBWZPS . .
1	. . CAPPSEWYDPBVJVAPSBEZPS . .	1	. . CAPPSEWYDPBVJVAPSBEZPS . .
2	. . YAJLAJR BSYEWB R . .	2	. . CYAPSJLYAJRVJBSPYEWBPR . .
3	. . CJBWW WY RWRD . .	3	. . CCJPSEWYBWVVJWYPRWRDPS . .
4	. . Z P Z V . .	4	. . CZPPSEWYPPBVJVAPZBVZPS . .
5	. . B . .	5	. . CBPPSEWYDPBVJVAPSBEZPS . .
6	. . P . .	6	. . CPPPSEWYDPBVJVAPSBEZPS . .
7	. . D . .	7	. . CDPPSEWYDPBVJVAPSBEZPS . .
8	. . F . .	8	. . CFPPSEWYDPBVJVAPSBEZPS . .
9	. . Q . .	9	. . CQPPSEWYDPBVJVAPSBEZPS . .
10	. . W . .	10	. . CWPPSEWYDPBVJVAPSBEZPS . .

三、芋螺毒素的靶标蛋白

芋螺生物体内的芋螺毒素是指由许多毒素肽组成的混合毒素，各种芋螺毒素多肽是不同离子通道及神经受体高专一性的活性多肽化合物，它们能特异性地作用于乙酰胆碱受体及其他神经递质。芋螺毒素对研究神经生物学，以及开发治疗范围包括慢性疼痛、癫痫、心血管疾病、精神障碍、运动障碍、痉挛、癌症以及中风等疾病的药物具有重要意义。通过研究芋螺毒素的蛋白靶标，芋螺毒素和不同蛋白的相互作用，可以理解芋螺毒素和相关蛋白的作用机理，有助于研究芋螺毒素多肽药物机理，还可为利用芋螺毒素发展新药提供先导信息。

通常芋螺毒素的靶标蛋白研究，可以通过生物检测实验来实现。由于生物检测实验的过程复杂，周期时间长，耗费资源，因此，生物检测实验确定蛋白靶标十分重要。计算分子生物学和蛋白生物信息学可以为芋螺毒素的药物蛋白靶标研究提供有用的信息数据。新开发的蛋白结构指纹技术可以将芋螺毒素和蛋白作用的位点指纹化，然后对大量的蛋白数据进行高通量检索，发现芋螺毒素的可能潜在作用靶标蛋白，为芋螺毒素的生物检测提供先导信息，对开发和研究芋螺毒素具有重要的意义。表 1.28 是对 α-芋螺毒素与来自 Aplysia Californica 的乙酰胆碱蛋白（AChBP）结合的复合物结构（PDB ID = 5JME）的分析。α-芋螺毒素和 AChBP 结合可以通过传统的分子模型图像来表征。蛋白结构指纹更清晰地描述了围绕 α-芋螺毒素的 AChBP 片段。运用这些已知结构的靶标蛋白指纹信息可以开展蛋白数据高通量检索，就有可能发现 α-芋螺毒素的新作用靶标蛋白，为 α-芋螺毒素的开发应用提供指导意见。

表 1.28　α-芋螺毒素 PelA 与乙酰胆碱蛋白（AChBP）结合复合物的晶体结构（PDB ID = 5JME）

三维空间结构	I		II	
蛋白名称	链：位置	序列	蛋白结构指纹	
α-芋螺毒素	F：1 – 16	PFSC 码	GCCSHPACSVNHPELC . . AAJVDAAAAJVA. .	
乙酰胆碱蛋白（AChBP）	A：55 – 59	PFSC 码	YEQQR RBBEE	
	A：106 – 120	PFSC 码	IAVVTHDGSVMFIPA BEEEWYQSBEEEEBE	
	A：164 – 168	PFSC 码	DLSSY SVAJW	
	B：143 – 153	PFSC 码	KFGSWVYSGFE EUPSVAJWZAD	
	B：186 – 196	PFSC 码	QHYSCCPEPYI EEBVAJVJEEE	

注：Ⅰ：α-芋螺毒素与乙酰胆碱蛋白复合物；Ⅱ：围绕 α-芋螺毒素的乙酰胆碱蛋白片段，黄色片段是 α-芋螺毒素多肽；F：指该芋螺毒素片段；A 和 B 分别指乙酰胆碱蛋白不同片段。表的下部分采用蛋白结构指纹分别描述了 α-芋螺毒素和作为作用位点的乙酰胆碱蛋白片段。

本章参考文献

［1］ Akondi K B, Muttenthaler M, Dutertre S, et al. Discovery, synthesis, and structure-activity relationships of conotoxins ［J］. Chemical Reviews, 2014, 114 (11): 5815 – 5847.

［2］ Robinson S D, Norton R S. Conotoxin gene superfamilies ［J］. Marine Drugs, 2014, 12 (12): 6058 – 6101.

［3］ Scott, Jeanette. Kwajalein underwater ［EB/OL］. 2017 – 04 – 20. http://www. underwaterkwaj. com.

［4］ Azam L, McIntosh J M. Alpha-conotoxins as pharmacological probes of nicotinic acetylcholine receptors ［J］. Acta Pharmacologica Sinica, 2009, 30 (6): 771 – 783.

［5］ Prashanth J R, Brust A, Jin A H, et al. Cone snail venomics: from novel biology to novel therapeutics ［J］. Future Med Chem, 2014, 6 (15): 1659 – 1675.

［6］ Unknown author. Protein Data Bank ［EB/OL］. 2017 – 04 – 20. http://www. rcsb. org/pdb/home/home. do.

［7］ Sharman J L, Benson H E, Pawson A J, et al. IUPHAR-DB: updated database content and new features ［J］. Nucleic Acids Research, 2013, 41 (Database issue): D1083 – 1088.

［8］ Gray W R, Olivera B M, Cruz L J, et al. Peptide toxins from venomous Conus snails ［J］. Annual Review of Biochemistry, 1988, 57: 665 – 700.

［9］ Olivera B M, Walker C, Cartier G E, et al. Speciation of cone snails and interspecific hyperdivergence of their venom peptides. Potential evolutionary significance of introns ［J］. Annals of the New York Academy of Sciences, 1999, 870: 223 – 237.

［10］ Lewis R J, Dutertre S, Vetter I, et al. Conus venom peptide pharmacology ［J］. Pharmacological Reviews, 2012, 64 (2): 259 – 298.

［11］ Woodward S R, Cruz L J, Olivera B M, et al. Constant and hypervariable regions in conotoxin propeptides ［J］. The EMBO Journal, 1990, 9 (4): 1015 – 1020.

［12］ Safavi-Hemami H, Hu H, Gorasia D G, et al. Combined proteomic and transcriptomic interrogation of the venom gland of *Conus geographus* uncovers novel components and functional compartmentalization ［J］. Molecular & Cellular Proteomics, 2014, 13 (4): 938 – 953.

［13］ Kaas Q. ConoServer ［EB/OL］. 2017 – 04 – 20. http: //www. conoserver. org/.

［14］ Kaas Q, Westermann J C, Craik D J, et al. Conopeptide characterization and classifications: an analysis using ConoServer ［J］. Toxicon, 2010, 55 (8): 1491 – 1509.

［15］ Hopkins C, Grilley M, Miller C, et al. A new family of Conus peptides targeted to the nicotinic acetylcholine receptor ［J］. The Journal of Biological Chemistry, 1995, 270 (38): 22361 – 22367.

［16］ Blount K, Johnson A, Prior C, et al. Alpha-Conotoxin GI produces tetanic fade at the rat neuromuscular junction ［J］. Toxicon, 1992, 30 (8): 835 – 842.

［17］ Luo S, Zhangsun D, Zhu X, et al. Characterization of a novel alpha-conotoxin TxID from *Conus textile* that potently blocks rat alpha3beta4 nicotinic acetylcholine receptors ［J］. Journal of Medicinal Chemistry, 2013, 56 (23): 9655 – 9663.

［18］ Luo S, Zhangsun D, Wu Y, et al. Characterization of a novel alpha-conotoxin from *Conus textile* that selectively targets alpha6/alpha3beta2beta3 nicotinic acetylcholine receptors ［J］. The Journal of Biological Chemistry, 2013, 288 （2）: 894 – 902.

［19］ Fainzilber M, Nakamura T, Lodder J C, et al. Gamma-conotoxin-PnⅦA, a gamma carboxygluta-mate containing peptide agonist of neuronal pacemaker cation currents ［J］. Biochemistry, 1998, 37 （6）: 1470 – 1477.

［20］ Kohno T, Sasaki T, Kobayashi K, et al. Three-dimensional solution structure of the sodium chan-nel agonist/antagonist delta-conotoxin TxⅥA ［J］. The Journal of Biological Chemistry, 2002, 277 （39）: 36387 – 36391.

［21］ Rigby A C, Lucas-Meunier E, Kalume D E, et al. A conotoxin from *Conus textile* with unusual posttranslational modifications reduces presynaptic Ca^{2+} influx ［J］. Proc Natl Acad Sci USA, 1999, 96 （10）: 5758 – 5763.

［22］ Fiedler B, Zhang M M, Buczek O, et al. Specificity, affinity and efficacy of iota-conotoxin RⅪA, an agonist of voltage-gated sodium channels Na（Ⅴ）1. 2, 1. 6 and 1. 7 ［J］. Biochemical Phar-macology, 2008, 75 （12）: 2334 – 2344.

［23］ Boccaccio A, Conti F, Olivera B M, et al. Binding of kappa-conotoxin PⅧA to shaker K^+ chan-nels reveals different K^+ and Rb^+ occupancies within the ion channel pore ［J］. The Journal of General Physiology, 2004, 124 （1）: 71 – 81.

［24］ Sato K, Yamaguchi Y, Ishida Y, et al. Roles of basic amino acid residues in the activity of mu-conotoxin GⅢA and GⅢB, peptide blockers of muscle sodium channels ［J］. Chemical Biology & Drug Design, 2015, 85 （4）: 488 – 493.

［25］ Sharpe I A, Thomas L, Loughnan M, et al. Allosteric alpha 1-adrenoreceptor antagonism by the conopeptide rho-TIA ［J］. The Journal of Biological Chemistry, 2003, 278 （36）: 34451 – 34457.

［26］ England L J, Imperial J, Jacobsen R, et al. Inactivation of a serotonin-gated ion channel by a pol-ypeptide toxin from marine snails ［J］. Science, 1998, 281 （5376）: 575 – 578.

［27］ Petrel C, Hocking H G, Reynaud M, et al. Identification, structural and pharmacological charac-terization of tau-CnVA, a conopeptide that selectively interacts with somatostatin sst（3）receptor ［J］. Biochemical Pharmacology, 2013, 85 （11）: 1663 – 1671.

［28］ Sharpe I A, Gehrmann J, Loughnan M L, et al. Two new classes of conopeptides inhibit the alpha 1-adrenoceptor and noradrenaline transporter ［J］. Nature Neuroscience, 2001, 4 （9）: 902 – 907.

［29］ Dooley D J, Lupp A, Hertting G, et al. Omega-conotoxin GⅥA and pharmacological modulation of hippocampal noradrenaline release ［J］. European Journal of Pharmacology, 1988, 148 （2）: 261 – 267.

［30］ Hendrickson L M, Guildford M J, Tapper A R, et al. Neuronal nicotinic acetylcholine receptors: common molecular substrates of nicotine and alcohol dependence ［J］. Front Psychiatry, 2013, 4: 29.

［31］ Unknown author. Neurotransmission and chemistry ［EB/OL］. 2017 – 04 – 20. http://www. rci. rutgers. edu/ ~ uzwiak/AnatPhys/APFallLect18. html.

［32］ Gurkoff G, Shahlaie K, Lyeth B, et al. Voltage-gated calcium channel antagonists and traumatic brain injury ［J］. Pharmaceuticals （Basel）, 2013, 6 （7）: 788 – 812. doi: 10. 3390/ ph6070788.

［33］ McIntosh J M, Santos A D, Olivera B M, et al. Conus peptides targeted to specific nicotinic ace-
tylcholine receptor subtypes ［J］. Annual Review of Biochemistry, 1999, 68: 59 – 88.

［34］ Dutertre S, Ulens C, Büttner R, et al. AChBP-targeted alpha-conotoxin correlates distinct binding
orientations with nAChR subtype selectivity ［J］. The EMBO Journal, 2007, 26 （16）: 3858 –
3867.

［35］ Santos A D, McIntosh J M, Hillyard D R, et al. The A-superfamily of conotoxins: structural and
functional divergence ［J］. The Journal of Biological Chemistry, 2004, 279 （17）: 17596 –
17606.

［36］ Lebbe E K, McIntosh J M, Hillyard D R, et al. Ala-7, His-10 and Arg-12 are crucial amino
acids for activity of a synthetically engineered mu-conotoxin ［J］. Peptides, 2014, 53: 300 –
306.

［37］ Muttenthaler M, Akondi K B, Alewood P F, et al. Structure-activity studies on alpha-conotoxins
［J］. Current Pharmaceutical Design, 2011, 17 （38）: 4226 – 4241.

［38］ Le Gall F, Favreau P, Benoit E, et al. A new conotoxin isolated from *Conus consors* venom acting
selectively on axons and motor nerve terminals through a Na$^+$-dependent mechanism ［J］. The
European Journal of Neuroscience, 1999, 11 （9）: 3134 – 3142.

［39］ Han K H, Hwang K J, Kim S M, et al. NMR structure determination of a novel conotoxin, ［Pro
7, 13］ alpha A-conotoxin PIVA ［J］. Biochemistry, 1997, 36 （7）: 1669 – 1677.

［40］ Zhang B, Huang F, Du W, et al. Solution structure of a novel alpha-conotoxin with a distinctive
loop spacing pattern ［J］. Amino Acids, 2012, 43 （1）: 389 – 396.

［41］ Clark R J, Fischer H, Nevin S T, et al. The synthesis, structural characterization, and receptor
specificity of the alpha-conotoxin Vc1. 1 ［J］. The Journal of Biological Chemistry, 2006, 281
（32）: 23254 – 23263.

［42］ Castro J, Harrington A M, Garcia-Caraballo S, et al. Alpha-conotoxin Vc1. 1 inhibits human dor-
sal root ganglion neuroexcitability and mouse colonic nociception via GABAB receptors ［J］. Gut,
2016. pii: gutjnl – 2015 – 310971. doi: 10. 1136/gutjnl – 2015 – 310971.

［43］ Teichert R W, Rivier J, Dykert J, et al. Alpha A-conotoxin OIVA defines a new alpha A-conotox-
in subfamily of nicotinic acetylcholine receptor inhibitors ［J］. Toxicon, 2004, 44 （2）: 207 –
214.

［44］ Chi S W, Park K H, Suk J E, et al. Solution conformation of alpha A-conotoxin EIVA, a potent
neuromuscular nicotinic acetylcholine receptor antagonist from *Conus ermineus* ［J］. The Journal of
Biological Chemistry, 2003, 278 （43）: 42208 – 42213.

［45］ Ramilo C A, Zafaralla G C, Nadasdi L, et al. Novel alpha- and omega-conotoxins from *Conus stri-
atus* venom ［J］. Biochemistry, 1992, 31 （41）: 9919 – 9926.

［46］ Groebe D R, Gray W R, Abramson S N, et al. Determinants involved in the affinity of alpha-
conotoxins GI and SI for the muscle subtype of nicotinic acetylcholine receptors ［J］. Biochemis-
try, 1997, 36 （21）: 6469 – 6474.

［47］ Jacobsen R B, DelaCruz R G, Grose J H, et al. Critical residues influence the affinity and selec-
tivity of alpha-conotoxin MI for nicotinic acetylcholine receptors ［J］. Biochemistry, 1999, 38
（40）: 13310 – 13315.

［48］ Myers R A, Zafaralla G C, Gray W R, et al. Alpha-conotoxins, small peptide probes of nicotinic
acetylcholine receptors ［J］. Biochemistry, 1991, 30 （38）: 9370 – 9377.

［49］ Johnson D S, Martinez J, Elgoyhen A B, et al. Alpha-Conotoxin ImⅠ exhibits subtype-specific nicotinic acetylcholine receptor blockade: preferential inhibition of homomeric alpha7 and alpha9 receptors ［J］. Molecular Pharmacology, 1995, 48 (2): 194 – 199.

［50］ Ellison M, Gao F, Wang H L, et al. Alpha-conotoxins ImⅠ and ImⅡ target distinct regions of the human alpha7 nicotinic acetylcholine receptor and distinguish human nicotinic receptor subtypes ［J］. Biochemistry, 2004, 43 (51): 16019 – 16026.

［51］ Ellison M, Feng Z P, Park A J, et al. Alpha-RgⅠA, a novel conotoxin that blocks the alpha9alpha10 nAChR: structure and identification of key receptor-binding residues ［J］. Journal of Molecular Biology, 2008, 377 (4): 1216 – 1227.

［52］ Azam L, Dowell C, Watkins M, et al. Alpha-conotoxin BuⅠA, a novel peptide from *Conus bullatus*, distinguishes among neuronal nicotinic acetylcholine receptors ［J］. The Journal of Biological Chemistry, 2005, 280 (1): 80 – 87.

［53］ McIntosh J M, Dowell C, Watkins M, et al. Alpha-conotoxin GⅠC from *Conus geographus*, a novel peptide antagonist of nicotinic acetylcholine receptors ［J］. The Journal of Biological Chemistry, 2002, 277 (37): 33610 – 33615.

［54］ Gray W R, Luque A, Olivera B M, et al. Peptide toxins from *Conus geographus* venom ［J］. The Journal of Biological Chemistry, 1981, 256 (10): 4734 – 4740.

［55］ McIntosh M, Cruz L J, Hunkapiller M W, et al. Isolation and structure of a peptide toxin from the marine snail *Conus magus* ［J］. Archives of Biochemistry and Biophysics, 1982, 218 (1): 329 – 334.

［56］ Favreau P, Krimm I, Le Gall F, et al. Biochemical characterization and nuclear magnetic resonance structure of novel alpha-conotoxins isolated from the venom of *Conus consors* ［J］. Biochemistry, 1999, 38 (19): 6317 – 6326.

［57］ Yuan D D, Han Y H, Wang C G, et al. From the identification of gene organization of alpha conotoxins to the cloning of novel toxins ［J］. Toxicon, 2007, 49 (8): 1135 – 1149.

［58］ Kreienkamp H J, Sine S M, Maeda R K, et al. Glycosylation sites selectively interfere with alpha-toxin binding to the nicotinic acetylcholine receptor ［J］. The Journal of Biological Chemistry, 1994, 269 (11): 8108 – 8114.

［59］ Groebe D R, Dumm J M, Levitan E S, et al. Alpha-Conotoxins selectively inhibit one of the two acetylcholine binding sites of nicotinic receptors ［J］. Molecular Pharmacology, 1995, 48 (1): 105 – 111.

［60］ Luo S, McIntosh J M. Iodo-alpha-conotoxin MⅠ selectively binds the alpha/delta subunit interface of muscle nicotinic acetylcholine receptors ［J］. Biochemistry, 2004, 43 (21): 6656 – 6662.

［61］ Liu J, Wu Q, Pi C, et al. Isolation and characterization of a T-superfamily conotoxin from *Conus litteratus* with targeting tetrodotoxin-sensitive sodium channels ［J］. Peptides, 2007, 28 (12): 2313 – 2319.

［62］ Hann R M, Pagán O R, Eterovi V A, et al. The alpha-conotoxins GⅠ and MⅠ distinguish between the nicotinic acetylcholine receptor agonist sites while SⅠ does not ［J］. Biochemistry, 1994, 33 (47): 14058 – 14063.

［63］ Zafaralla G C, Ramilo C, Gray W R, et al. Phylogenetic specificity of cholinergic ligands: alpha-conotoxin SⅠ［J］. Biochemistry, 1988, 27 (18): 7102 – 7105.

［64］ Hann R M, Pagán O R, Gregory L M, et al. The 9-arginine residue of alpha-conotoxin GⅠ is responsible for its selective high affinity for the alpha gamma agonist site on the electric organ acetyl-choline receptor [J]. Biochemistry, 1997, 36 (29): 9051 – 9056.

[65] Benie A J, Whitford D, Hargittai B, et al. Solution structure of alpha-conotoxin SⅠ [J]. FEBS Letters, 2000, 476 (3): 287 – 295.

[66] Martinez J S, Olivera B M, Gray W R, et al. Alpha-Conotoxin EⅠ, a new nicotinic acetylcholine receptor antagonist with novel selectivity [J]. Biochemistry, 1995, 34 (44): 14519 – 14526.

[67] Park K H, Suk J E, Jacobsen R, et al. Solution conformation of alpha-conotoxin EⅠ, a neuromuscular toxin specific for the alpha 1/delta subunit interface of torpedo nicotinic acetylcholine receptor [J]. The Journal of Biological Chemistry, 2001, 276 (52): 49028 – 49033.

[68] Lopez-Vera E, Aguilar M B, Schiavon E, et al. Novel alpha-conotoxins from *Conus spurius* and the alpha-conotoxin EⅠ share high-affinity potentiation and low-affinity inhibition of nicotinic acetylcholine receptors [J]. The FEBS Journal, 2007, 274 (15): 3972 – 3985.

[69] Lopez-Vera E, Jacobsen R B, Ellison M, et al. A novel alpha conotoxin (alpha-PⅠB) isolated from *C. purpurascens* is selective for skeletal muscle nicotinic acetylcholine receptors [J]. Toxicon, 2007, 49 (8): 1193 – 1199.

[70] Liu L, Chew G, Hawrot E, et al. Two potent alpha3/5 conotoxins from piscivorous *Conus achatinus* [J]. Acta Biochimica et Biophysica Sinica, 2007, 39 (6): 438 – 444.

[71] Hurst R, Rollema H, Bertrand D, et al. Nicotinic acetylcholine receptors: from basic science to therapeutics [J]. Pharmacology & Therapeutics, 2013, 137 (1): 22 – 54.

[72] Srinivasan R, Henderson B J, Lester H A, et al. Pharmacological chaperoning of nAChRs: a therapeutic target for Parkinson's disease [J]. Pharmacological Research, 2014, 83: 20 – 29.

[73] Collins A C, Salminen O, Marks M J, et al. The road to discovery of neuronal nicotinic cholinergic receptor subtypes [J]. Handbook of Experimental Pharmacology, 2009, 192: 85 – 112.

[74] Dineley K T, Pandya A A, Yakel J L, et al. Nicotinic ACh receptors as therapeutic targets in CNS disorders [J]. Trends in Pharmacological Sciences, 2015, 36 (2): 96 – 108.

[75] Cartier G E, Yoshikami D, Gray W R, et al. A new alpha-conotoxin which targets alpha3beta2 nicotinic acetylcholine receptors [J]. The Journal of Biological Chemistry, 1996, 271 (13): 7522 – 7528.

[76] Harvey S C, McIntosh J M, Cartier G E, et al. Determinants of specificity for alpha-conotoxin MⅡ on alpha3beta2 neuronal nicotinic receptors [J]. Molecular Pharmacology, 1997, 51 (2): 336 – 342.

[77] Dutertre S, Nicke A, Lewis R J. Beta2 subunit contribution to 4/7 alpha-conotoxin binding to the nicotinic acetylcholine receptor [J]. The Journal of Biological Chemistry, 2005, 280 (34): 30460 – 30468.

[78] Fainzilber M, Hasson A, Oren R, et al. New mollusc-specific alpha-conotoxins block Aplysia neuronal acetylcholine receptors [J]. Biochemistry, 1994, 33 (32): 9523 – 9529.

[79] Jin A H, Daly N L, Nevin S T, et al. Molecular engineering of conotoxins: the importance of loop size to alpha-conotoxin structure and function [J]. Journal of Medicinal Chemistry, 2008, 51 (18): 5575 – 5584.

[80] Hogg R C, Hopping G, Alewood P F, et al. Alpha-conotoxins PnⅠA and [A10L] PnⅠA stabilize different states of the alpha7-L247T nicotinic acetylcholine receptor [J]. The Journal of Biological Chemistry, 2003, 278 (29): 26908 – 26914.

［81］ Dutertre S, Nicke A, Tyndall J D, et al. Determination of alpha-conotoxin binding modes on neuronal nicotinic acetylcholine receptors ［J］. Journal of Molecular Recognition, 2004, 17 （4）: 339 – 347.

［82］ Celie P H, Kasheverov I E, Mordvintsev D Y, et al. Crystal structure of nicotinic acetylcholine receptor homolog AChBP in complex with an alpha-conotoxin PnIA variant ［J］. Nature Structural & Molecular Biology, 2005, 12 （7）: 582 – 588.

［83］ Luo S, Akondi K B, Zhangsun D, et al. Atypical alpha-conotoxin LtIA from *Conus litteratus* targets a novel microsite of the alpha3beta2 nicotinic receptor ［J］. The Journal of Biological Chemistry, 2010, 285 （16）: 12355 – 12366.

［84］ Talley T T, Olivera B M, Han K H, et al. Alpha-conotoxin OmIA is a potent ligand for the acetylcholine-binding protein as well as alpha3beta2 and alpha7 nicotinic acetylcholine receptors ［J］. The Journal of Biological Chemistry, 2006, 281 （34）: 24678 – 24686.

［85］ Nicke A, Loughnan M L, Millard E L, et al. Isolation, structure, and activity of GID, a novel alpha 4/7-conotoxin with an extended N-terminal sequence ［J］. The Journal of Biological Chemistry, 2003, 278 （5）: 3137 – 3144.

［86］ Loughnan M, Bond T, Atkins A, et al. Alpha-conotoxin EpI, a novel sulfated peptide from *Conus episcopatus* that selectively targets neuronal nicotinic acetylcholine receptors ［J］. The Journal of Biological Chemistry, 1998, 273 （25）: 15667 – 15674.

［87］ Loughnan M L, Nicke A, Jones A, et al. Chemical and functional identification and characterization of novel sulfated alpha-conotoxins from the cone snail *Conus anemone* ［J］. Journal of Medicinal Chemistry, 2004, 47 （5）: 1234 – 1241.

［88］ Luo S, Kulak J M, Cartier G E, et al. Alpha-conotoxin AuIB selectively blocks alpha3beta4 nicotinic acetylcholine receptors and nicotine-evoked norepinephrine release ［J］. The Journal of Neuroscience, 1998, 18 （21）: 8571 – 8579.

［89］ Peng C, Han Y, Sanders T, et al. Alpha4/7-conotoxin Lp1.1 is a novel antagonist of neuronal nicotinic acetylcholine receptors ［J］. Peptides, 2008, 29 （10）: 1700 – 1707.

［90］ Whiteaker P, Christensen S, Yoshikami D, et al. Discovery, synthesis, and structure activity of a highly selective alpha7 nicotinic acetylcholine receptor antagonist ［J］. Biochemistry, 2007, 46 （22）: 6628 – 6638.

［91］ Franco A, Kompella S N, Akondi K B, et al. RegIIA: an alpha4/7-conotoxin from the venom of *Conus regius* that potently blocks alpha3beta4 nAChRs ［J］. Biochemical Pharmacology, 2012, 83 （3）: 419 – 426.

［92］ Dutton J L, Bansal P S, Hogg R C, et al. A new level of conotoxin diversity, a non-native disulfide bond connectivity in alpha-conotoxin AuIB reduces structural definition but increases biological activity ［J］. The Journal of Biological Chemistry, 2002, 277 （50）: 48849 – 48857.

［93］ Grishin A A, Wang C I, Muttenthaler M, et al. Alpha-conotoxin AuIB isomers exhibit distinct inhibitory mechanisms and differential sensitivity to stoichiometry of alpha3beta4 nicotinic acetylcholine receptors ［J］. The Journal of Biological Chemistry, 2010, 285 （29）: 22254 – 22263.

［94］ Grishin A A, Cuny H, Hung A, et al. Identifying key amino acid residues that affect alpha-conotoxin AuIB inhibition of alpha3beta4 nicotinic acetylcholine receptors ［J］. The Journal of Biological Chemistry, 2013, 288 （48）: 34428 – 34442.

［95］ Millard E L, Nevin S T, Loughnan M L, et al. Inhibition of neuronal nicotinic acetylcholine receptor subtypes by alpha-Conotoxin GID and analogues ［J］. The Journal of Biological Chemistry, 2009, 284 （8）: 4944 – 4951.

［96］ Banerjee J, Yongye A B, Chang Y P, et al. Design and synthesis of alpha-conotoxin GID analogues as selective alpha4beta2 nicotinic acetylcholine receptor antagonists ［J］. Biopolymers, 2014, 102 （1）: 78 – 87.

［97］ Azam L, Yoshikami D, McIntosh J M, et al. Amino acid residues that confer high selectivity of the alpha6 nicotinic acetylcholine receptor subunit to alpha-conotoxin MⅡ［S4A, E11A, L15A］ ［J］. The Journal of Biological Chemistry, 2008, 283 （17）: 11625 – 11632.

［98］ Hogg R C, Miranda L P, Craik D J, et al. Single amino acid substitutions in alpha-conotoxin PnIA shift selectivity for subtypes of the mammalian neuronal nicotinic acetylcholine receptor ［J］. The Journal of Biological Chemistry, 1999, 274 （51）: 36559 – 36564.

［99］ Luo S, Nguyen T A, Cartier G E, et al. Single-residue alteration in alpha-conotoxin PnIA switches its nAChR subtype selectivity ［J］. Biochemistry, 1999, 38 （44）: 14542 – 14548.

［100］ Everhart D, Reiller E, Mirzoian A, et al. Identification of residues that confer alpha-conotoxin-PnIA sensitivity on the alpha3 subunit of neuronal nicotinic acetylcholine receptors ［J］. J Pharmacol Exp Ther, 2003, 306 （2）: 664 – 670.

［101］ Whiteaker P, Marks M J, Christensen S, et al. Synthesis and characterization of ^{125}I-alpha-conotoxin ArIB ［V11L, V16A］, a selective alpha7 nicotinic acetylcholine receptor antagonist ［J］. J Pharmacol Exp Ther, 2008, 325 （3）: 910 – 919.

［102］ Elgoyhen A B, Vetter D E, Katz E, et al. Alpha10: a determinant of nicotinic cholinergic receptor function in mammalian vestibular and cochlear mechanosensory hair cells ［J］. Proc Natl Acad Sci USA, 2001, 98 （6）: 3501 – 3506.

［103］ Koval L, Lykhmus O, Zhmak M, et al. Differential involvement of alpha4beta2, alpha7 and alpha9alpha10 nicotinic acetylcholine receptors in B lymphocyte activation in vitro ［J］. The International Journal of Biochemistry & Cell Biology, 2011, 43 （4）: 516 – 524.

［104］ Ellison M, Haberlandt C, Gomez-Casati M E, et al. Alpha-RgIA: a novel conotoxin that specifically and potently blocks the alpha9alpha10 nAChR ［J］. Biochemistry, 2006, 45 （5）: 1511 – 1517.

［105］ Vincler M, Wittenauer S, Parker R, et al. Molecular mechanism for analgesia involving specific antagonism of alpha9alpha10 nicotinic acetylcholine receptors ［J］. Proc Natl Acad Sci USA, 2006, 103 （47）: 17880 – 17884.

［106］ Satkunanathan N, Livett B, Gayler K, et al. Alpha-conotoxin Vc1. 1 alleviates neuropathic pain and accelerates functional recovery of injured neurones ［J］. Brain Research, 2005, 1059 （2）: 149 – 158.

［107］ Halai R, Clark R J, Nevin S T, et al. Scanning mutagenesis of alpha-conotoxin Vc1. 1 reveals residues crucial for activity at the alpha9alpha10 nicotinic acetylcholine receptor ［J］. The Journal of Biological Chemistry, 2009, 284 （30）: 20275 – 20284.

［108］ Azam L, McIntosh J M. Molecular basis for the differential sensitivity of rat and human alpha9alpha10 nAChRs to alpha-conotoxin RgIA ［J］. Journal of Neurochemistry, 2012, 122 （6）: 1137 – 1144.

［109］ Lin B, Xu M, Zhu X, et al. From crystal structure of alpha-conotoxin GIC in complex with Ac-AChBP to molecular determinants of its high selectivity for alpha3beta2 nAChR ［J］. Sci Rep

UK, 2016, 6: 22349.

[110] Olivera B M, McIntosh J M, Clark C, et al. A sleep-inducing peptide from *Conus geographus* venom [J]. Toxicon: Official Journal of the International Society on Toxinology, 1985, 23 (2): 277 – 282.

[111] Malmberg A B, Gilbert H, McCabe R T, et al. Powerful antinociceptive effects of the cone snail venom-derived subtype-selective NMDA receptor antagonists conantokins G and T [J]. Pain, 2003, 101 (1 – 2): 109 – 116.

[112] Luo S, Christensen S, Zhangsun D, et al. A novel inhibitor of alpha9alpha10 nicotinic acetyl-choline receptors from *Conus vexillum* delineates a new conotoxin superfamily [J]. PloS one, 2013, 8 (1): e54648.

[113] Craig A G, Norberg T, Griffin D, et al. Contulakin-G, an O-glycosylated invertebrate neuroten-sin [J]. The Journal of Biological Chemistry, 1999, 274 (20): 13752 – 13759.

[114] Allen J W, Hofer K, McCumber D, et al. An assessment of the antinociceptive efficacy of in-trathecal and epidural contulakin-G in rats and dogs [J]. Anesthesia and Analgesia, 2007, 104 (6): 1505 – 1513.

[115] Jimenez E C, Olivera B M, Teichert R W, et al. Alpha C-conotoxin PrXA: a new family of nico-tinic acetylcholine receptor antagonists [J]. Biochemistry, 2007, 46 (30): 8717 – 8724.

[116] Loughnan M, Nicke A, Jones A, et al. Identification of a novel class of nicotinic receptor antag-onists: dimeric conotoxins VxXIIA, VxXIIB, and VxXIIC from *Conus vexillum* [J]. The Journal of Biological Chemistry, 2006, 281 (34): 24745 – 24755.

[117] Loughnan M L, Nicke A, Lawrence N, et al. Novel alpha D-conopeptides and their precursors i-dentified by cDNA cloning define the D-conotoxin superfamily [J]. Biochemistry, 2009, 48 (17): 3717 – 3729.

[118] Dutertre S, Jin A H, Kaas Q, et al. Deep venomics reveals the mechanism for expanded peptide diversity in cone snail venom [J]. Molecular & Cellular Proteomics, 2013, 12 (2): 312 – 329.

[119] Robinson S D, Safavi-Hemami H, McIntosh L D, et al. Diversity of conotoxin gene superfamilies in the venomous snail, *Conus victoriae* [J]. PloS one, 2014, 9 (2): e87648.

[120] Aguilar M B, López-Vera E, Imperial J S, et al. Putative gamma-conotoxins in vermivorous cone snails: the case of *Conus delessertii* [J]. Peptides, 2005, 26 (1): 23 – 27.

[121] Aguilar M B, Ortiz E, Kaas Q, et al. Precursor De13. 1 from *Conus delessertii* defines the novel G gene superfamily [J]. Peptides, 2013, 41: 17 – 20.

[122] Buczek O, Wei D, Babon J J, et al. Structure and sodium channel activity of an excitatory I1-su-perfamily conotoxin [J]. Biochemistry, 2007, 46 (35): 9929 – 9940.

[123] Buczek O, Jimenez E C, Yoshikami D, et al. I (1)-superfamily conotoxins and prediction of single D-amino acid occurrence [J]. Toxicon, 2008, 51 (2): 218 – 229.

[124] Kauferstein S, Huys I, Lamthanh H, et al. A novel conotoxin inhibiting vertebrate voltage-sensi-tive potassium channels [J]. Toxicon, 2003, 42 (1): 43 – 52.

[125] Aguilar M B, Pérez-Reyes L I, López Z, et al. Peptide sr11a from *Conus spurius* is a novel pep-tide blocker for Kv1 potassium channels [J]. Peptides, 2010, 31 (7): 1287 – 1291.

[126] Fan C X, Chen X K, Zhang C, et al. A novel conotoxin from *Conus betulinus*, kappa-BtX, u-nique in cysteine pattern and in function as a specific BK channel modulator [J]. The Journal of

Biological Chemistry, 2003, 278 (15): 12624 – 12633.

[127] Mondal S, Babu R M, Bhavna R, et al. I-conotoxin superfamily revisited [J]. Journal of Peptide Science, 2006, 12 (11): 679 – 685.

[128] Yuan D D, Liu L, Shao X X, et al. New conotoxins define the novel I3-superfamily [J]. Peptides, 2009, 30 (5): 861 – 865.

[129] Imperial J S, Bansal P S, Alewood P F, et al. A novel conotoxin inhibitor of Kv1.6 channel and nAChR subtypes defines a new superfamily of conotoxins [J]. Biochemistry, 2006, 45 (27): 8331 – 8340.

[130] Ye M, Khoo K K, Xu S, et al. A helical conotoxin from *Conus imperialis* has a novel cysteine framework and defines a new superfamily [J]. The Journal of Biological Chemistry, 2012, 287 (18): 14973 – 14983.

[131] Peng C, Tang S, Pi C, et al. Discovery of a novel class of conotoxin from *Conus litteratus*, lt14a, with a unique cysteine pattern [J]. Peptides, 2006, 27 (9): 2174 – 2181.

[132] Jacob R B, McDougal O M. The M-superfamily of conotoxins: a review [J]. Cellular and Molecular Life Sciences, 2010, 67 (1): 17 – 27.

[133] Norton R S. Mu-conotoxins as leads in the development of new analgesics [J]. Molecules, 2010, 15 (4): 2825 – 2844.

[134] Green B R, Bulaj G, Norton R S. Structure and function of mu-conotoxins, peptide-based sodium channel blockers with analgesic activity [J]. Future Medicinal Chemistry, 2014, 6 (15): 1677 – 1698.

[135] Chen P, Dendorfer A, Finol-Urdaneta R K, et al. Biochemical characterization of kappaM-RⅢJ, a Kv1.2 channel blocker: evaluation of cardioprotective effects of kappaM-conotoxins [J]. The Journal of Biological Chemistry, 2010, 285 (20): 14882 – 14889.

[136] Lluisma A O, López-Vera E, Bulaj G, et al. Characterization of a novel psi-conotoxin from *Conus parius* reeve [J]. Toxicon, 2008, 51 (2): 174 – 180.

[137] Shon K J, Grilley M, Jacobsen R, et al. A noncompetitive peptide inhibitor of the nicotinic acetylcholine receptor from *Conus purpurascens* venom [J]. Biochemistry, 1997, 36 (31): 9581 – 9587.

[138] Van Wagoner R M, Ireland C M. An improved solution structure for psi-conotoxin PiiiE [J]. Biochemistry, 2003, 42 (21): 6347 – 6352.

[139] Al-Sabi A, Lennartz D, Ferber M, et al. KappaM-conotoxin RⅢK, structural and functional novelty in a K⁺ channel antagonist [J]. Biochemistry, 2004, 43 (27): 8625 – 8635.

[140] Van Wagoner R M, Jacobsen R B, Olivera B M, et al. Characterization and three-dimensional structure determination of psi-conotoxin Piiif, a novel noncompetitive antagonist of nicotinic acetylcholine receptors [J]. Biochemistry, 2003, 42 (21): 6353 – 6362.

[141] McArthur Jr, Singh G, McMaster D, et al. Interactions of key charged residues contributing to selective block of neuronal sodium channels by μ-conotoxin KIIIA [J]. Mol Pharmacol, 2011, 80: 573 – 584.

[142] Ferber M, Al-Sabi A, Stocker M, et al. Identification of a mammalian target of kappaM-conotoxin RⅢK [J]. Toxicon, 2004, 43 (8): 915 – 921.

[143] Han Y H, Wang Q, Jiang H, et al. Characterization of novel M-superfamily conotoxins with new disulfide linkage [J]. FEBS J, 2006, 273 (21): 4972 – 4982.

［144］ Corpuz G P, Jacobsen R B, Jimenez E C, et al. Definition of the M-conotoxin superfamily: characterization of novel peptides from molluscivorous *Conus venoms* ［J］. Biochemistry, 2005, 44 (22): 8176 – 8186.

［145］ Wang L, Liu J, Pi C, et al. Identification of a novel M-superfamily conotoxin with the ability to enhance tetrodotoxin sensitive sodium currents ［J］. Archives of Toxicology, 2009, 83 (10): 925 – 932.

［146］ Fainzilber M, Nakamura T, Gaathon A, et al. A new cysteine framework in sodium channel blocking conotoxins ［J］. Biochemistry, 1995, 34 (27): 8649 – 8656.

［147］ Jiang H, Wang C Z, Xu C Q, et al. A novel M-superfamily conotoxin with a unique motif from *Conus vexillum* ［J］. Peptides, 2006, 27 (4): 682 – 689.

［148］ Imperial J S, Chen P, Sporning A, et al. Tyrosine-rich conopeptides affect voltage-gated K^+ channels ［J］. The Journal of Biological Chemistry, 2008, 283 (34): 23026 – 23032.

［149］ Daly N L, Ekberg J A, Thomas L, et al. Structures of muO-conotoxins from *Conus marmoreus*. Inhibitors of tetrodotoxin(TTX)-sensitive and TTX-resistant sodium channels in mammalian sensory neurons ［J］. The Journal of Biological Chemistry, 2004, 279 (24): 25774 – 25782.

［150］ Norton R S, Pallaghy P K. The cystine knot structure of ion channel toxins and related polypeptides ［J］. Toxicon, 1998, 36 (11): 1573 – 1583.

［151］ Ekberg J, Jayamanne A, Vaughan C W, et al. MuO-conotoxin MrVIB selectively blocks Nav1.8 sensory neuron specific sodium channels and chronic pain behavior without motor deficits ［J］. Proc Natl Acad Sci USA, 2006, 103 (45): 17030 – 17035.

［152］ Lubbers N L, Campbell T J, Polakowski J S, et al. Postischemic administration of CGX-1051, a peptide from cone snail venom, reduces infarct size in both rat and dog models of myocardial ischemia and reperfusion ［J］. Journal of Cardiovascular Pharmacology, 2005, 46 (2): 141 – 146.

［153］ Miljanich G P. Ziconotide: neuronal calcium channel blocker for treating severe chronic pain ［J］. Current Medicinal Chemistry, 2004, 11 (23): 3029 – 3040.

［154］ Atkinson R A, Kieffer B, Dejaegere A, et al. Structural and dynamic characterization of omega-conotoxin MVIIA: the binding loop exhibits slow conformational exchange ［J］. Biochemistry, 2000, 39 (14): 3908 – 3919.

［155］ Hill J M, Alewood P F, Craik D J. Solution structure of the sodium channel antagonist conotoxin GS: a new molecular caliper for probing sodium channel geometry ［J］. Structure, 1997, 5 (4): 571 – 583.

［156］ Safo P, Rosenbaum T, Shcherbatko A, et al. Distinction among neuronal subtypes of voltage-activated sodium channels by mu-conotoxin PIIIA ［J］. The Journal of Neuroscience, 2000, 20 (1): 76 – 80.

［157］ Jacobsen R B, Koch E D, Lange-Malecki B, et al. Single amino acid substitutions in kappa-conotoxin PVIIA disrupt interaction with the shaker K^+ channel ［J］. The Journal of Biological Chemistry, 2000, 275 (32): 24639 – 24644.

［158］ Wilson M J, Zhang M M, Azam L, et al. Navbeta subunits modulate the inhibition of Nav1.8 by the analgesic gating modifier muO-conotoxin MrVIB ［J］. The Journal of Pharmacology and Experimental Therapeutics, 2011, 338 (2): 687 – 693.

［159］ Hu H, Bandyopadhyay P K, Olivera B M, et al. Elucidation of the molecular envenomation strategy of the cone snail *Conus geographus* through transcriptome sequencing of its venom duct [J]. BMC Genomics, 2012, 13: 284.

[160] Lewis R J, Nielsen K J, Craik D J, et al. Novel omega-conotoxins from *Conus catus* discriminate among neuronal calcium channel subtypes [J]. The Journal of Biological Chemistry, 2000, 275 (45): 35335 – 35344.

[161] Shon K J, Hasson A, Spira M E, et al. Delta-conotoxin GmⅥA, a novel peptide from the venom of *Conus gloriamaris* [J]. Biochemistry, 1994, 33 (38): 11420 – 11425.

[162] Pallaghy P K, Norton R S. Refined solution structure of omega-conotoxin GⅥA: implications for calcium channel binding [J]. The Journal of Peptide Research, 1999, 53 (3): 343 – 351.

[163] Luo S, Zhangsun D, Harvey P J, et al. Cloning, synthesis, and characterization of alphaO-cono-toxin GeⅪⅤA, a potent alpha9alpha10 nicotinic acetylcholine receptor antagonist [J]. Proc Natl Acad Sci USA, 2015, 112 (30): E4026 – 4035.

[164] Nakamura T, Yu Z, Fainzilber M, et al. Mass spectrometric-based revision of the structure of a cysteine-rich peptide toxin with gamma-carboxyglutamic acid, TxⅦA, from the sea snail, *Conus textile* [J]. Protein Science, 1996, 5 (3): 524 – 530.

[165] Zugasti-Cruz A, Aguilar M B, Falcón A, et al. Two new 4-Cys conotoxins (framework 14) of the vermivorous snail *Conus austini* from the Gulf of Mexico with activity in the central nervous system of mice [J]. Peptides, 2008, 29 (2): 179 – 185.

[166] Massilia G R, Eliseo T, Grolleau F, et al. Contryphan-Vn: a modulator of Ca^{2+}-dependent K^+ channels [J]. Biochemical and Biophysical Research Communications, 2003, 303 (1): 238 – 246.

[167] Hansson K, Ma X, Eliasson L, et al. The first gamma-carboxyglutamic acid-containing contry-phan. A selective L-type calcium ion channel blocker isolated from the venom of *Conus marmoreus* [J]. The Journal of Biological Chemistry, 2004, 279 (31): 32453 – 32463.

[168] Craig A G, Jimenez E C, Dykert J, et al. A novel post-translational modification involving brom-ination of tryptophan. Identification of the residue, L-6-bromotryptophan, in peptides from *Conus imperialis* and *Conus radiatus* venom [J]. The Journal of Biological Chemistry, 1997, 272 (8): 4689 – 4698.

[169] Miles L A, Dy C Y, Nielsen J, et al. Structure of a novel P-superfamily spasmodic conotoxin re-veals an inhibitory cystine knot motif [J]. The Journal of Biological Chemistry, 2002, 277 (45): 43033 – 43040.

[170] Lirazan M B, Hooper D, Corpuz G P, et al. The spasmodic peptide defines a new conotoxin su-perfamily [J]. Biochemistry, 2000, 39 (7): 1583 – 1588.

[171] Ye M, Hong J, Zhou M, et al. A novel conotoxin, qc16a, with a unique cysteine framework and folding [J]. Peptides, 2011, 32 (6): 1159 – 1165.

[172] Teichert R W, Jimenez E C, Olivera B M. Alpha S-conotoxin RⅧA: a structurally unique cono-toxin that broadly targets nicotinic acetylcholine receptors [J]. Biochemistry, 2005, 44 (21): 7897 – 7902.

[173] Walker C S, Steel D, Jacobsen R B, et al. The T-superfamily of conotoxins [J]. The Journal of Biological Chemistry, 1999, 274 (43): 30664 – 30671.

[174] Quinton L, Gilles N, De Pauw E. TxⅩⅢA, an atypical homodimeric conotoxin found in the *Conus textile* venom [J]. Journal of Proteomics, 2009, 72 (2): 219 – 226.

［175］ Aguilar M B, Lezama-Monfil L, Maillo M, et al. A biologically active hydrophobic T-1-conotoxin from the venom of *Conus spurius* ［J］. Peptides, 2006, 27 (3): 500 - 505.

［176］ McIntosh J M, Corpuz G O, Layer R T, et al. Isolation and characterization of a novel conus peptide with apparent antinociceptive activity ［J］. The Journal of Biological Chemistry, 2000, 275 (42): 32391 - 32397.

［177］ Peng C, Liu L, Shao X, et al. Identification of a novel class of conotoxins defined as V-conotoxins with a unique cysteine pattern and signal peptide sequence ［J］. Peptides, 2008, 29 (6): 985 - 991.

［178］ Yuan D D, Liu L, Shao X X, et al. Isolation and cloning of a conotoxin with a novel cysteine pattern from *Conus caracteristicus* ［J］. Peptides, 2008, 29 (9): 1521 - 1525.

［179］ Olivera B M, Teichert R W. Diversity of the neurotoxic Conus peptides ［J］. Molecular Interventions, 2007, 7 (5): 251 - 260.

［180］ Cruz L J, Gray W R, Olivera B M. Purification and properties of a myotoxin from *Conus geographus* venom ［J］. Arch Biochem Biophys, 1978, 190 (2): 539 - 548.

［181］ 李宝珠, 郑晓冬, 高炳淼, 等. 芋螺毒素基因资源研究进展 ［J］. 生物技术通报, 2011, 1: 29 - 36.

［182］ Mullis K B, Faloona F. Specific synthesis of DNA in vitro via a polymerase catalyzed chain reaction ［J］. Meth Enzymol, 1987, 155: 335.

［183］ Hillyard D R, Monje V D, Mintz I M, et al. A new Conus peptide ligand for mammalian presynaptic Ca^{2+} channels ［J］. Neuron, 1992, 9: 69 - 77.

［184］ McIntosh J M, Plazas P V, Watkins M, et al. A novel alpha-conotoxin, PeIA, cloned from *Conus pergrandis*, discriminates between rat alpha9alpha10 and alpha7 nicotinic cholinergic receptors ［J］. J Biol Chem, 2005, 280 (34): 30107 - 30112.

［185］ Duda T F Jr, Chang D, Lewis B d, et al. Geographic variation in venom allelic composition and diets of the widespread predatory marine gastropod *Conus ebraeus* ［J］. PLoS one, 2009, 4 (7): e6245.

［186］ 林秋金, 罗素兰, 彭世清, 等. ω-芋螺毒素的研究进展 ［J］. 中国海洋药物杂志, 2005, 24 (4): 41 - 48.

［187］ Taylor J D, Kantor Y I, Sysoev A V. Foregut anatomy, feeding mechanisms, relationships and classification of the Conoidea ［J］. Zoology Series, 1993, 59: 125 - 170.

［188］ Biggs J S, Olivera B M, Kantor Y I. α-Conopeptides specifically expressed in the salivary gland of *Conus pulicarius* ［J］. Toxicon, 2008, 52 (1): 101 - 105.

［189］ Shimek R L. The morphology of the buccal apparatus of Oenopota levidensis ［J］. Zoomorphology, 1975, 80: 59 - 96.

［190］ Remigio E A, Duda T F Jr. Evolution of ecological specialization and venom of a predatory marine gastropod ［J］. Mol Ecol, 2008, 17 (4): 1156 - 1162.

［191］ Conticello S G, Gilad Y, Avidan N, et al. Mechanisms for evolving hypervariability: the case of conopeptides ［J］. Mol Biol Evol, 2001, 18 (2): 120 - 131.

［192］ Pi C, Liu J, Peng C, et al. Diversity and evolution of conotoxins based on gene expression profiling of *Conus litteratus* ［J］. Genomics, 2006, 88 (6): 809 - 819.

［193］ 蔡欣, 陈宏, 汪虹英. 基于 PCR 的 cDNA 基因克隆技术研究进展 ［J］. 生物技术通讯, 2004, 15 (6): 623 - 625.

［194］ Luo S, Zhangsun D, Zhang B, et al. Novel alpha-conotoxins identified by gene sequencing from cone snails native to Hainan, and their sequence diversity ［J］. J Pept Sci, 2006, 12 （11）: 693 – 704.

［195］ Luo S, Zhangsun D, Lin Q, et al. Sequence diversity of O-superfamily conopetides from *Conus marmoreus* native to Hainan ［J］. Peptides, 2006, 27 （12）: 3058 – 3068.

［196］ Luo S, Zhangsun D, Feng J, et al. Diversity of the O-superfamily conotoxins from *Conus miles* ［J］. J Pept Sci, 2007, 13 （1）: 44 – 53.

［197］ Zhangsun D, Luo S, Wu Y, et al. Novel O-superfamily conotoxins identified by cDNA cloning from three vermivorous *Conus species* ［J］. Chem Biol Drug Des, 2006, 68 （5）: 256 – 265.

［198］ Holford M, Zhang M M, Gowd K H, et al. Pruning nature: Biodiversity-derived discovery of novel sodium channel blocking conotoxins from *Conus bullatus* ［J］. Toxicon, 2009, 53 （1）: 90 – 98.

［199］ Han Y, Huang F, Jiang H, et al. Purification and structural characterization of a D-amino acid-containing conopeptide, conomarphin, from *Conus marmoreus* ［J］. FEBS J, 2008, 275 （9）: 1976 – 1987.

［200］ Liu Z, Xu N, Hu J, et al. Identification of novel I-superfamily conopeptides from several clades of *Conus species* found in the South *China Sea* ［J］. Peptides, 2009, 30 （10）: 1782 – 1787.

［201］ Duda T F Jr, Palumbi S R. Molecular genetics of ecological diversification: duplication and rapid evolution of toxin genes of the venomous gastropod Conus ［J］. Proc Natl Acad Sci USA, 1999, 96 （12）: 6820 – 6823.

［202］ Duda T F Jr, Palumbi S R. Evolutionary diversification of multigene families: allelic selection of toxins in predatory cone snails ［J］. Mol Biol Evol, 2000, 17 （9）: 1286 – 1293.

［203］ Ansorge W J. Next-generation DNA sequencing techniques ［J］. Nat Biotechnol, 2009, 25: 195 – 203.

［204］ Hu H, Bandyopadhyay P K, Olivera B M, et al. Characterization of the *Conus bullatus* genome and its venom-duct transcriptome ［J］. BMC Genomics, 2011, 12: 60.

［205］ Terrat Y, Biass D, Dutertre S, et al. High-resolution picture of a venom gland transcriptome: Case study with the marine snail *Conus consors* ［J］. Toxicon, 2012, 59: 34 – 46.

［206］ Lluisma A O, Milash B A, Moore B, et al. Novel venom peptides from the cone snail *Conus pulicarius* discovered through next-generation sequencing of its venom duct transcriptome ［J］. Marine Genomics, 2012, 5: 43 – 51.

［207］ Lavergne V, Dutertre S, Jin A H, et al. Systematic interrogation of the *Conus marmoreus* venom duct transcriptome with ConoSorter reveals 158 novel conotoxins and 13 new gene superfamilies ［J］. BMC Genomics, 2013, 14: 708.

［208］ Jin A H, Dutertre S, Kaas Q, et al. Transcriptomic messiness in the venom duct of *Conus miles* contributes to conotoxin diversity ［J］. Mol Cell Proteomics, 2013, 12 （12）: 3824 – 3833.

［209］ Lavergne V, Harliwong I, Jones A, et al. Optimized deep-targeted proteotranscriptomic profiling reveals unexplored *Conus toxin* diversity and novel cysteine frameworks ［J］. Proc Natl Acad Sci USA, 2015, 112 （29）: E3782 – 3791.

［210］ Himaya S W, Jin A H, Dutertre S, et al. Comparative venomics reveals the complex prey capture strategy of the piscivorous cone snail *Conus catus* ［J］. J Proteome Res, 2015, 14 （10）: 4372 – 4381.

［211］ Jin A H, Vetter I, Himaya S W, et al. Transcriptome and proteome of *Conus planorbis* identify the nicotinic receptors as primary target for the defensive venom ［J］. Proteomics, 2015, 15 （23 – 24）: 4030 – 4040.

［212］ Prashanth J R, Dutertre S, Jin A H, et al. The role of defensive ecological interactions in the e-volution of conotoxins ［J］. Mol Ecol, 2016, 25 （2）: 598 – 615.

［213］ Barghi N, Concepcion G P, Olivera B M, et al. High conopeptide diversity in *Conus tribblei* revealed through analysis of venom duct transcriptome using two high-throughput sequencing platforms ［J］. Mar Biotechnol （NY）, 2015, 17 （1）: 81 – 98.

［214］ Barghi N, Concepcion G P, Olivera B M, et al. Comparison of the venom peptides and their expression in closely related conus species: Insights into adaptive post-speciation evolution of conus exogenomes ［J］. Genome Biol Evol, 2015, 7 （6）: 1797 – 1814.

［215］ Phuong M A, Mahardika G N, Alfaro M E. Dietary breadth is positively correlated with venom complexity in cone snails ［J］. BMC Genomics, 2016, 17 （1）: 401.

［216］ Peng C, Yao G, Gao B M, et al. High-throughput identification of novel conotoxins from the Chinese tubular cone snail （*Conus betulinus*） by multi-transcriptome sequencing ［J］. Gigascience, 2016, 5: 17.

［217］ Ueberheide B M, Fenyo D, Alewood P F, et al. Rapid sensitive analysis of cysteine rich peptide venom components ［J］. Proc Natl Acad Sci USA, 2009, 106 （17）: 6910 – 6915.

［218］ Gray W R, Rivier J E, Galyean R, et al. Conotoxin MⅠ: Disulfide bonding and conformational states ［J］. J Biol Chem, 1983, 258 （20）: 12247 – 12251.

［219］ Gray W R, Luque F A, Galyean R, et al. Conotoxin GⅠ: disulfide bridges, synthesis, and preparation of iodinated derivatives ［J］. Biochemistry, 1984, 23 （12）: 2796 – 2802.

［220］ Yeager R E, Yoshikami D, Rivier J, et al. Transmitter release from presynaptic terminals of e-lectric organ: inhibition by the calcium channel antagonist omega *Conus toxin* ［J］. J Neurosci, 1987, 7 （8）: 2390 – 2396.

［221］ Marglin A, Merrifield R B. The synthesis of bovine insulin by the solid phase method ［J］. J Am Chem Soc, 1966, 88 （21）: 5051 – 5052.

［222］ Merrifield R B, Stewart J M, Jernberg N. Instrument for automated synthesis of peptides ［J］. Anal Chem, 1966, 38 （13）: 1905 – 1914.

［223］ Unknown author. Overview of peptide synthesis ［EB/OL］. 2017 – 04 – 20. http://www. chempep. com/ChemPep-peptide-synthesis. htm.

［224］ Miranda L P, Alewood P F. Accelerated chemical synthesis of peptides and small proteins ［J］. Proc Natl Acad Sci USA, 1999, 96 （4）: 1181 – 1186.

［225］ Cuthbertson A, Indrevoll B. Regioselective formation, using orthogonal cysteine protection, of an alpha-conotoxin dimer peptide containing four disulfide bonds ［J］. Org Lett, 2003, 5 （16）: 2955 – 2957.

［226］ Cuthbertson A, Indrevoll B. A method for the one-pot regioselective formation of the two disulfide bonds of alpha-conotoxin SⅠ［J］. Tetrahedron Letters, 2000, 41 （19）: 3661 – 3663.

［227］ Nielsen J S, Buczek P, Bulaj G. Cosolvent-assisted oxidative folding of a bicyclic alpha-conotoxin ImⅠ［J］. J Pept Sci, 2004, 10 （5）: 249 – 256.

［228］ 安婷婷, 吴勇, 长孙东亭, 等. 天然芋螺毒素肽的化学合成 ［J］. 中国海洋药物杂志, 2010, 29 （3）: 43 – 47.

［229］Hargittai B, Barany G. Controlled syntheses of natural and disulfide-mispaired regioisomers of alpha-conotoxin SI［J］. J Pept Res, 1999, 54（6）: 468 – 479.

［230］Galanis A S, Albericio F, Grotli M. Enhanced microwave-assisted method for on-bead disulfide bond formation: synthesis of alpha-conotoxin MⅡ［J］. Biopolymers, 2009, 92（1）: 23 – 34.

［231］Clark R J, Fischer H, Dempster L, et al. Engineering stable peptide toxins by means of backbone cyclization: stabilization of the alpha-conotoxin MⅡ［J］. Proc Natl Acad Sci USA, 2005, 102（39）: 13767 – 13772.

［232］Halai R, Callaghan B, Daly N L, et al. Effects of cyclization on stability, structure, and activity of alpha-conotoxin RgⅠA at the alpha9alpha10 nicotinic acetylcholine receptor and GABA（B）receptor［J］. J Med Chem, 2011, 54（19）: 6984 – 6992.

［233］Armishaw C J, Daly N L, Nevin S T, et al. Alpha-selenoconotoxins, a new class of potent alpha7 neuronal nicotinic receptor antagonists［J］. J Biol Chem, 2006, 281（20）: 14136 – 14143.

［234］Muttenthaler M, Nevin S T, Grishin A A, et al. Solving the alpha-conotoxin folding problem: efficient selenium-directed on-resin generation of more potent and stable nicotinic acetylcholine receptor antagonists［J］. J Am Chem Soc, 2010, 132（10）: 3514 – 3522.

［235］van Lierop B J, Robinson S D, Kompella S N, et al. Dicarba alpha-conotoxin Vc1. 1 analogues with differential selectivity for nicotinic acetylcholine and GABAB receptors［J］. ACS Chem Biol, 2013, 8（8）: 1815 – 1821. 25.

［236］高炳淼. 芋螺毒素基因重组表达研究［D］. 海口: 海南大学, 2012.

［237］Zhan J, Chen X, Wang C, et al. A fusion protein of conotoxin MⅦA and thioredoxin expressed in *Escherichia coli* has significant analgesic activity［J］. Biochem Biophys Res Commun, 2003, 311: 495 – 500.

［238］Kumar G S, Ramasamy P, Sikdar S K, et al. Overexpression, purification, and pharmacological activity of a biosynthetically derived conopeptide［J］. Biochem Biophys Res Commun, 2005, 335: 965 – 972.

［239］Pi C, Liu J, Wang L, et al. Soluble expression, purification and functional identification of a disulfide-rich conotoxin derived from *Conus litteratus*［J］. J Biotechnol, 2007, 128: 184 – 193.

［240］Gao B, Zhangsun D, Wu Y, et al. Expression, renaturation and biological activity of recombinant conotoxin GeⅩⅣAWT［J］. Appl Microbiol Biotechnol, 2013, 97（3）: 1223 – 1230.

［241］Gao B, Zhangsun D, Hu Y, et al. Expression and secretion of functional recombinant muO-conotoxin MrⅦB-His-tag in *Escherichia coli*［J］. Toxicon, 2013, 72: 81 – 89.

［242］朱晓鹏, 张亚宁, 于津鹏, 等. 芋螺毒素 MrⅠA 的串联表达、纯化及生物活性鉴定［J］. 中国生物工程杂志, 2016, 36（5）: 81 – 88.

［243］Bruce C, Fitches E C, Chougule N, et al. Recombinant conotoxin, TxⅥA, produced in yeast has insecticidal activity［J］. Toxicon, 2011, 58: 93 – 100.

［244］Xia Z, Chen Y, Zhu Y, et al. Recombinant omega-conotoxin MⅦA possesses strong analgesic activity［J］. BioDrugs, 2006, 20: 275 – 281.

［245］Wang L, Pi C, Liu J, et al. Identification and characterization of a novel O-superfamily conotoxin from *Conus litteratus*［J］. Journal of Peptide Science, 2008, 14（10）: 1077 – 1083.

［246］Hernandez-Cuebas L M, White M M. Expression of a biologically-active conotoxin PrⅢE in *Escherichia coli*［J］. Protein Expr Purif, 2012, 82: 6 – 10.

［247］ Spiezia M C, Chiarabelli C, Polticelli F. Recombinant expression and insecticidal properties of a *Conus ventricosus* conotoxin-GST fusion protein ［J］. Toxicon, 2012, 60: 744 – 751.

［248］ Jimenez E C, Craig A G, Watkins M, et al. Bromocontryphan: post-translational bromination of tryptophan ［J］. Biochemistry, 1997, 36: 989 – 994.

［249］ Sorensen H P, Mortensen K K. Advanced genetic strategies for recombinant protein expression in *Escherichia coli* ［J］. J Biotechnol, 2005, 115: 113 – 128.

［250］ Zavialov A V, Batchikova N V, Korpela T, et al. Secretion of recombinant proteins via the chaperone/usher pathway in *Escherichia coli* ［J］. Appl Environ Microbiol, 2001, 67: 1805 – 1814.

［251］ 高炳淼, 李宝珠, 吴勇, 等. 重组芋螺毒素 GeXIVAWT 的表达、纯化和鉴定 ［J］. 中国生物工程杂志, 2012, 32 （9）: 34 – 40.

［252］ 高炳淼, 李宝珠, 于津鹏, 等. 外源基因在昆虫杆状病毒表达系统中的表达 ［J］. 中国生物工程杂志, 2011, 31 （11）: 123 – 131.

［253］ 蒋洪, 韩亚娟, 张珈敏, 等. 应用昆虫毒素基因构建重组病毒杀虫剂研究进展 ［J］. 植物保护, 2007, 33 （6）: 1 – 5.

［254］ 高炳淼, 刘云海, 彭超, 等. 融合表达载体 pET32a/Trx-EK-MrVIB 的构建及在大肠杆菌中表达 ［J］. 基因组学与应用生物学, 2015, 34 （2）: 1 – 6.

［255］ 马青山, 余占桥, 韩冰, 等. 抗菌肽融合表达研究进展 ［J］. 生物工程学报, 2011, 27 （10）: 1408 – 1416.

［256］ 郑海洲, 刘晓志, 宋欣. 重组蛋白在大肠杆菌分泌表达的研究进展 ［J］. 天津药学, 2009, 21 （4）: 40 – 42.

［257］ Zhang L, Chaudhuri R R, Constantinidou C, et al. Regulators encoded in the *Escherichia coli* type III secretion system 2 gene cluster influence expression of genes within the locus for enterocyte effacement in enterohemorrhagic *E. coli* ［J］. Infect Immun, 2004, 72: 7282 – 7293.

［258］ Wang L N, Yu B, Han G Q, et al. Design, expression and characterization of recombinant hybrid peptide Attacin-Thanatin in *Escherichia coli* ［J］. Mol Biol Rep, 2010, 37: 3495 – 3501.

［259］ Bulaj G, Zhang M M, Green B R, et al. Synthetic muO-conotoxin MrVIB blocks TTX-resistant sodium channel NaV1. 8 and has a long-lasting analgesic activity ［J］. Biochemistry, 2006, 45: 7404 – 7414.

［260］ Araujo A D, Callaghan B, Nevin S T, et al. Total synthesis of the analgesic conotoxin MrVIB through selenocysteine-assisted folding ［J］. Angew Chem Int Ed Engl, 2011, 50: 6527 – 6529.

［261］ Sreekrishna K, Brankamp R G, Kropp K E, et al. Strategies for optimal synthesis and secretion of heterologous proteins in the methylotrophic yeast Pichia pastoris ［J］. Gene, 1997, 190: 55 – 62.

［262］ Cregg J M, Cereghino J L, Shi J, et al. Recombinant protein expression in Pichia pastoris ［J］. Mol Biotechnol, 2000, 16: 23 – 52.

［263］ 王庆华, 高丽丽, 梁会超, 等. 影响毕赤酵母高效表达重组蛋白的主要因素及其研究进展 ［J］. 药学学报, 2014, 49 （12）: 1644 – 1649.

［264］ Cereghino G P, Cereghino J L, Ilgen C, et al. Production of recombinant proteins in fermenter cultures of the yeast Pichia pastoris ［J］. Curr Opin Biotechnol, 2002, 13: 329 – 332.

［265］ O'Callaghan J, O'Brien M M, McClean K, et al. Optimisation of the expression of a Trametes versicolor laccase gene in Pichia pastoris [J]. J Ind Microbiol Biotechnol, 2002, 29: 55 - 59.

[266] 高炳森, 长孙东亭, 朱晓鹏, 等. 毕赤酵母重组子 PCR 模板制备方法的比较 [J]. 中国海洋药物, 2009, 28 (1): 7 - 11.

[267] Rodríguez-Carmona E, Cano-Garrido O, Dragosits M, et al. Recombinant Fab expression and secretion in *Escherichia coli* continuous culture at medium cell densities: Influence of temperature [J]. Process Biochemistry, 2012, 47: 446 - 452.

[268] Akbari N, Khajeh K, Ghaemi N, et al. Efficient refolding of recombinant lipase from *Escherichia coli* inclusion bodies by response surface methodology [J]. Protein Expr Purif, 2010, 70: 254 - 259.

[269] Bulaj G, Olivera B M. Folding of conotoxins: formation of the native disulfide bridges during chemical synthesis and biosynthesis of Conus peptides [J]. Antioxid Redox Signal, 2008, 10: 141 - 155.

[270] Williamson R A. Refolding of TIMP-2 from *Escherichia coli* inclusion bodies [J]. Methods Mol Biol, 2010, 622: 111 - 121.

[271] Whittaker M M, Whittaker J W. Expression of recombinant galactose oxidase by Pichia pastoris [J]. Protein Expr Purif, 2000, 20: 105 - 111.

[272] 高炳森, 长孙东亭, 罗素兰, 等. 毕赤酵母表达体系中重组蛋白的分离纯化 [J]. 生物技术通报, 2009, 33 (8): 33 - 36.

[273] Shi X, Karkut T, Chamankhah M, et al. Optimal conditions for the expression of a single-chain antibody (scFv) gene in Pichia pastoris [J]. Protein Expr Purif, 2003, 28: 321 - 330.

[274] Werten M W, van de Bosch T J, Wind R D, et al. High-yield secretion of recombinant gelatins by Pichia pastoris [J]. Yeast, 1999, 15: 1087 - 1096.

[275] Hitchman R B, Possee R D, King L A. Baculovirus expression systems for recombinant protein production in insect cells [J]. Recent Pat Biotechnol, 2009, 3: 46 - 54.

[276] Ailor E, Betenbaugh M J. Modifying secretion and post-translational processing in insect cells [J]. Curr Opin Biotechnol, 1999, 10: 142 - 145.

[277] Belzhelarskaia S N. Baculovirus expression systems for recombinant protein production in insect and mammalian cells [J]. Mol Biol (Mosk), 2011, 45: 142 - 159.

[278] Luckow V A, Lee S C, Barry G F, et al. Efficient generation of infectious recombinant baculoviruses by site-specific transposon-mediated insertion of foreign genes into a baculovirus genome propagated in *Escherichia coli* [J]. J Virol, 1993, 67: 4566 - 4579.

[279] Kato T, Kajikawa M, Maenaka K, et al. Silkworm expression system as a platform technology in life science [J]. Appl Microbiol Biotechnol, 2010, 85: 459 - 470.

[280] Smith G E, Summers M D, Fraser M J. Production of human beta interferon in insect cells infected with a baculovirus expression vector [J]. Molecular and Cellular Biology, 1983, 3: 2156 - 2165.

[281] Hitchman R B, Possee R D, Crombie A T, et al. Genetic modification of a baculovirus vector for increased expression in insect cells [J]. Cell Biol Toxicol, 2010, 26: 57 - 68.

[282] Ji W, Zhang X, Hu H, et al. Expression and purification of Huwentoxin-I in baculovirus system [J]. Protein Expr Purif, 2005, 41: 454 - 458.

[283] Zhang F, Manzan M A, Peplinski H M, et al. A new Trichoplusia ni cell line for membrane protein expression using a baculovirus expression vector system [J]. In Vitro Cellular & Develop-

mental Biology Animal, 2008, 44: 214 – 223.

[284] Tomalski M D, Miller L K. Insect paralysis by baculovirus-mediated expression of a mite neuro-toxin gene [J]. Nature, 1991, 352: 82 – 85.

[285] Scott R H, Gorton V J, Harding L, et al. Inhibition of neuronal high voltage-activated calcium channels by insect peptides: a comparison with the actions of omega-conotoxin GVIA [J]. Neuropharmacology, 1997, 36: 195 – 208.

[286] Luna-Ramirez K S, Aguilar M B, Falcon A, et al. An O-conotoxin from the vermivorous *Conus spurius* active on mice and mollusks [J]. Peptides, 2007, 28: 24 – 30.

[287] 董文博，陈洪栋，郝建国，等. 用于药用蛋白生产的外源表达系统 [J]. 基因组学与应用生物学, 2009, 28 (4): 793 – 802.

[288] Gaillet B, Gilbert R, Amziani R, et al. High-level recombinant protein production in CHO cells using an adenoviral vector and the cumate gene-switch [J]. Biotechnol Prog, 2007, 23: 200 – 209.

[289] Meleady P. Proteomic profiling of recombinant cells from large-scale mammalian cell culture processes [J]. Cytotechnology, 2007, 53: 23 – 31.

[290] Chiou M J, Chen L K, Peng K C, et al. Stable expression in a Chinese hamster ovary (CHO) cell line of bioactive recombinant chelonianin, which plays an important role in protecting fish against pathogenic infection [J]. Dev Comp Immunol, 2009, 33: 117 – 126.

[291] O'Callaghan P M, James D C. Systems biotechnology of mammalian cell factories [J]. Briefings in Functional Genomics & Proteomics, 2008, 7: 95 – 110.

[292] 毕永春. 利用哺乳动物细胞表达外源蛋白的研究进展 [J]. 国外医学 (分子生物学分册), 2001, 23 (5): 299 – 301.

[293] Kasheverov I E, Utkin Y N, Tsetlin V I. Naturally occurring and synthetic peptides acting on nicotinic acetylcholine receptors [J]. Current Pharmaceutical Design, 2009, 15: 2430 – 2452.

[294] Clark R J, Jensen J, Nevin S T, et al. The engineering of an orally active conotoxin for the treatment of neuropathic pain [J]. Angewandte Chemie, 2010, 49: 6545 – 6548.

[295] Blanchfield J T, Gallagher O P, Cros C, et al. Oral absorption and in vivo biodistribution of a α-conotoxin MII and a lipidic analogue [J]. Biochem Biophys Res Commun, 2007, 361: 97 – 102.

[296] Taly A, Corringer P J, Guedin D, et al. Nicotinic receptors: allosteric transitions and therapeutic targets in the nervous system [J]. Nat Rev Drug Discov, 2009, 8 (9): 733 – 750.

[297] Victor T, Ferdinand H. Nicotinic acetylcholine receptors at atomic resolution [J]. Current Opinion in Pharmacology, 2009, 9 (3): 306 – 310.

[298] Brejc K, van Dijk W J, Klaassen R V, et al. Crystal structure of ACh-binding protein reveals the ligand-binding domain of nicotinic receptors [J]. Nature, 2001, 411 (6835): 269 – 276.

[299] Smit A B, Syed N I, Schaap D, et al. A glia-derived acetylcholine-binding protein that modulates synaptic transmission [J]. Nature, 2001, 411 (6835): 261 – 268.

[300] Daly N L, Craik D J. Structural studies of conotoxins [J]. IUBMB Life, 2009, 61 (2): 144 – 150.

[301] Ulens C, Hogg R C, Celie P H, et al. Structural determinants of selective α-conotoxin binding to a nicotinic acetylcholine receptor homolog AChBP [J]. Proc Natl Acad Sci USA, 2006, 103: 3615 – 3620.

［302］ Hansen S B, Sulzenbacher G, Huxford T, et al. Structures of aplysia AChBP complexes with nicotinic agonists and antagonists reveal distinctive binding interfaces and conformations ［J］. EMBO J, 2005, 24: 3635 – 3646.

［303］ Lin B, Xiang S, Li M. Residues responsible for the selectivity of α-conotoxins for Ac-AChBP or nAChRs ［J］. Mar Drugs, 2016, 14: 173.

［304］ Rucktooa P, Smit A B, Sixma T K. Insight in nAChR subtype selectivity from AChBP crystal structures ［J］. Biochem Pharmacol, 2009, 78: 777 – 787.

［305］ Lebbe E K, Peigneur S, Wijesekara I, et al. Conotoxins targeting nicotinic acetylcholine receptors: Anoverview ［J］. Mar Drugs, 2014, 12: 2970 – 3004.

［306］ Mir R, Karim S, Kamal M A, et al. Conotoxins: structure, therapeutic potential and pharmacological applications ［J］. Curr Pharm Des, 2016, 22: 582 – 589.

［307］ Wu R J, Wang L, Xiang H. The structural features of α-conotoxin specifically target different isoformsof nicotinic acetylcholine receptors ［J］. Curr Top Med Chem, 2015, 16: 156 – 169.

［308］ Kasheverov I E, Zhmak M N, Khruschov A Y, et al. Design of new α-conotoxins: from computer modeling to synthesis of potent cholinergic compounds ［J］. Marine Drugs, 2011, 9: 1698 – 1714.

［309］ Kasheverov I E, Zhmak M N, Vulfius C A, et al. α-Conotoxin analogs with additional positive charge show increased selectivity towards Torpedo californica and some neuronal subtypes of nicotinic acetylcholine receptors ［J］. FEBS Journal, 2006, 273: 4470 – 4481.

［310］ Gotti C, Zoli M, Clementi F. Brain nicotinic acetylcholine receptors: native subtypes and their relevance ［J］. Trends Pharmacol Sci, 2006, 27: 482 – 491.

［311］ Adams D J, Alewood P F, Craik D J, et al. Conotoxins and their potential pharmaceutical applications ［J］. Drug Dev Res, 1999, 46: 219 – 234.

［312］ Olivera B M, Teichert R W. Diversity of the neurotoxic conus peptides: a model for concerted pharmacological discovery ［J］. Mol Interv, 2007, 7 (5): 251 – 260.

［313］ Craik D J. Seamless proteins tie up their loose ends ［J］. Science, 2006, 311: 1563 – 1564.

［314］ Baldomero M, Oliver A. Receptor and ion channel targets, and drug design: 50 million years of neuropharmacology ［J］. Molecular Biology of the Cell, 1997, 8: 2101 – 2019.

［315］ Trevor A. Conus biodiversity ［EB/OL］. 2017 – 04 – 20. http://biology. burke. washington. edu/conus/.

［316］ Bruce L. Cone shell ［EB/OL］. 2017 – 04 – 20. http: //grimwade. biochem. unimelb. edu. au/cone/index1. html.

［317］ Unknown author. The cone snail ［EB/OL］. 2017 – 04 – 20. http: //www. theconesnail. com/.

［318］ Unknown author. NCBI ［EB/OL］. 2017 – 04 – 20. https: //www. ncbi. nlm. nih. gov/.

［319］ Unknown author. Uniprot ［EB/OL］. 2017 – 04 – 20. http: //www. uniprot. org/.

［320］ Kaas Q, Yu R, Jin A H, et al. ConoServer: updated content, knowledge, and discovery tools in the conopeptide database ［J］. Nucleic Acids Research, 2012, 40 (Database issue): D325 – 330.

［321］ Kaas Q, Westermann J C, Halai R, et al. ConoServer, a database for conopeptide sequences and structures ［J］. Bioinformatics, 2008, 24 (3): 445 – 446.

［322］ Yang J. Comprehensive description of protein structures using protein folding shape code ［J］. Proteins, 2008, 71 (3): 1497 – 1518.

［323］ Zhang Y. Progress and challenges in protein structure prediction ［J］. Curr Opin Struct Biol, 2008, 18 (3): 342 – 348.

［324］ Pierce L C, Salomon-Ferrer R, Augusto F de O C, et al. Routine access to millisecond time scale events with accelerated molecular dynamics ［J］. Journal of Chemical Theory and Computation, 2012, 8 (9): 2997 – 3002.

［325］ Kmiecik S, Gront D, Kolinski M, et al. Coarse-grained protein dodels and their applications ［J］. Chemical Reviews, 2016, 116: 7898 – 7936.

［326］ Zhang Y, Skolnick J. The protein structure prediction problem could be solved using the current PDB library ［J］. Proc Natl Acad Sci USA, 2005, 102 (4): 1029 – 1034.

［327］ Bowie J U, Lüthy R, Eisenberg D. A method to identify protein sequences that fold into a known three-dimensional structure ［J］. Science, 1991, 253 (5016): 164 – 170.

第三章　芋螺毒素的应用

　　芋螺属于软体动物门（Mollusca）腹足纲（Gastropoda）前鳃亚纲（Prosobranchia）新腹足目（Neogastropoda）芋螺科（Conidae），全世界约有 700 种，分布在印度洋、太平洋、大西洋、地中海东部和加勒比海海域[1]。

　　芋螺毒素由芋螺毒液管和毒囊内壁毒腺分泌，每种芋螺的毒液中含 1000～2000 种活性多肽。这些肽能特异性地作用于钾、钠、钙等多种离子通道及细胞膜上的各种受体，从而影响细胞或神经中的信号传递[2]。芋螺毒液可引起脊椎动物不同的行为表现，如使小鼠产生晕厥、搔抓、颤抖、反应迟钝、抽搐等一系列症状，并且不同种类的芋螺毒液分离纯化后的不同毒肽组分所引起的症状也不相同。这些实验动物的奇特的生理反应激起了许多生物学家、药理学家的研究兴趣。经过近 20 年的研究，芋螺毒素的药用研发价值已经被世界所公认，并且该类试剂和新药已初显端倪[3]。本章将对芋螺毒素的应用加以阐述。

一、芋螺毒素在镇痛方面的应用

　　疼痛是一种与组织损伤或潜在的与损伤相关的不愉快的主观感觉和情感体验，是身体局部或整体的感觉。一方面，疼痛有着有利的一面，它是机体对周围环境的保护性反应方式，身体可以根据疼痛避免危险、做出防御性的保护反应；另一方面，疼痛也有着不利的一面，轻微的疼影响人的睡眠和情绪，重则引起休克等严重的后果。神经痛（慢性疼痛、顽固性疼痛）作为一个世界性难题折磨着地球上 8% 以上的人口，消耗了大量的医疗资源[4,5]。目前，临床上使用的镇痛药物一般有二类：一类是非甾体抗炎药（non-steroid anti-inflammatory drugs），以阿司匹林为代表，这类药物主要针对炎性疼痛，对神经痛等其他疼痛的作用较弱；另一类是阿片类药物，典型代表是吗啡、可待因等，这类药物直接作用于阿片受体，镇痛效果很好，但是由于其具有成瘾性并抑制呼吸和产生耐受性的副作用限制了其在临床上的应用[6]。而芋螺毒素作用靶点明确、疗效确切和不成瘾的特点使得其在镇痛治疗中有巨大的潜力，成为当今研究的热点之一。

　　齐考诺肽[7,8]，英文名为 ziconotide，处方药，是首个应用于临床的具有神经元特异性的新型非吗啡类镇痛剂。通过鞘内输注用于治疗严重慢性疼痛，可缓解其他治疗手段包括鞘内注射吗啡无效的疼痛，且长时间使用该药物不会产生耐受性和成瘾性，应用指征为治疗与创伤、肿瘤和神经痛等相关的慢性疼痛，尤其在治疗对阿片类药物不敏感的难治性疼痛或对阿片类药物不能耐受的病人方面有独到的优势。该药 2005 年 1 月首次在美国上市，Elan 的发言人称其市场估计在1.5 亿～2.5 亿美元之间；2005 年 2 月获欧盟许可。目前，我国国内尚无此类药物上市，仿制药也仅有成都圣诺生物制药有限公司和深圳翰宇药业股份有限公司生产，圣诺生物制药有限公司2014 年 9 月提交了临床申请，深圳翰宇药业股份有限公司于 2016 年 3 月取得齐考诺肽和醋酸齐考诺肽鞘内输注液的临床批件。齐考诺肽的剂型主要为鞘内输注液，规格有 1，2 或 5 mL 装，分别含本品 100，200 或 500 μg（100 μg/mL），20 mL 装含本品 500 μg（25 μg/mL）。主要不良反应表现为消化系统、神经系统、泌尿生殖系统的不适，且发生特异感觉和视觉异常，除此之外，有精神病史的病人不能用齐考诺肽治疗，对有精神缺陷、幻觉、情绪改变的病人要严密监护。病人如果精神问题发生，应当终止齐考诺肽治疗并用精神药物治疗。曾有一例难治性的谵妄须电惊厥疗法治疗。在自杀企图病案中，需要短期护理后再使用齐考诺肽，其利益风险须仔细评估。该药也是芋螺毒素成为商品的第一个药品，亦是目前芋螺毒素应用最成熟的药品。

进入临床前和临床阶段的具有镇痛作用的新药有9种之多（表1.29），AM366（CⅥD）为N型VSCC阻断剂，由澳大利亚Amrad公司研制，已被澳大利亚医疗用品管理局批准用于人体试验；在大鼠神经痛模型上，鞘内注射CⅥD效果优于MⅦA，且副作用更小。Contulakin-G（CGX-1160）是Cognetix公司开发的一种用于治疗手术后短期疼痛的镇痛药，镇痛效果是神经降压素的100倍以上。目前，已经成立Ⅰ期安全性研究，正在进行急性和慢性疼痛治疗的Ⅱ期临床试验。Conantokin-G可以诱发幼鼠睡眠，Cognetix公司合成的其衍生物（CGX-1007）可作为抗伤害性药物，并能控制顽固性癫痫的发作。

表1.29 具有镇痛作用的芋螺毒素新药[9-15]

毒素名称	芋螺种类	生产公司	研究状态	参考文献
ω-MⅦA	C. magus	Elan（Neurx）	FDA已批准	[9]
ω-CⅥD（AM336）	C. catus	Amrad	停止	[10]
Contulakin-G（CGX-1160）	C. geographus	Cognetix	临床Ⅱ期	[11]
Contulakin-G（CGX-1007）	C. geographus	Cognetix	临床Ⅱ期	[11]
Conantokin-T（CGX-100）	C. tulipa	Cognetix	临床Ⅱ期	[11]
X-MrⅠA（Xen-2174）	C. marmoreus	Xenome	临床Ⅱ期	[12]
α-Vc1.1（AVC-1）	C. victoriae	Melabolic	临床Ⅱ期	[13]
μO-MrⅦB（CGX-1002）	C. marnoreus	Cognetix	临床Ⅱ期	[14]
Rho-Conotoxin TⅠA	C. catus	Xenome	临床前	[15]

二、芋螺毒素在抗肿瘤方面的应用

肿瘤是机体在各种致瘤因素作用下，局部组织的细胞在基因水平上失去对其生长的正常调控导致异常增生与分化而形成的新生物。新生物一旦形成，不因病因消除而停止生长，不受正常机体生理调节，而是破坏正常组织与器官，这一点在恶性肿瘤尤其明显。与良性肿瘤相比，恶性肿瘤生长速度快，呈浸润性生长，易发生出血、坏死、溃疡等，并常有远处转移，造成人体消瘦、无力、贫血、食欲不振、发热以及严重的脏器功能受损等，最终造成患者死亡。

烟碱型乙酰胆碱受体（nAChRs）是由非神经性细胞和组织合成释放，通过旁分泌和自封途径发挥作用。nAChRs信号传导通路对癌症有巨大的影响，且在肺肿瘤细胞系和人小细胞肺癌等肿瘤细胞中发现了nAChRs的表达，促进肺细胞癌变。α9*对尼古丁诱导的正常乳腺上皮细胞癌变有着重要作用，α7*nAChRs在结肠癌、间皮瘤和髓母细胞瘤细胞的增殖与凋亡、侵袭和转移等过程中发挥重要作用。

目前的研究已发现许多芋螺毒素可以特异性阻断nAChRs的某些亚型，例如，α-芋螺毒素TxⅠD和AuⅠB[16]均能特异阻断α3β4*nAChRs，且TxⅠD的半阻断剂量（IC_{50}）为12.5 nM，是迄今为止发现的活性最强的α3β4*nAChRs阻断剂，此两种芋螺毒素在治疗小细胞肺癌中有巨大的潜力。作为α9α10*nAChRs阻断剂的αO-芋螺毒素GeⅪVA，其IC_{50}为4.6 nM，有望开发成为治疗神经痛和抗肿瘤的药物。另外，来自食螺芋螺维多利亚芋螺（C. victoriae）中的 VcIA 是一种由 16 个氨基酸组成的多肽，含有 2 对二硫键，与神经元乙酰胆碱受体竞争性结合，在牛肾上腺嗜铬细胞瘤上的研究表明，它是一种 nAChRs 拮抗剂，同时抑制了血管的 C 纤维活化反应，可加速大鼠外周神经损伤的功能恢复，这些外周无髓鞘感觉神经元参与疼痛的传输[17,18]。目前，Metabolic Pharmaceuticals 公司已经开始合成它并通过了临床前的安全性评价试验，药代动力学及临床前实验表明，其并没有明显副作用，已进入Ⅱ期临床试验。

综上所述，nAChRs 与多种疾病紧密相关，在促进肿瘤细胞增殖、抗凋亡和转移、新生血管的生成等方面发挥着重要的作用；而 α-芋螺毒素对 nAChRs 特异的阻断效果，使其在疾病的诊断和治疗中具有潜在的药用价值。今后需进一步深入研究 nAChRs 各种亚型在健康和疾病状态下的结构和生理功能。nAChRs 的特异阻断剂 α-芋螺毒素有望成为恶性肿瘤治疗的新手段。

三、芋螺毒素在抗抑郁症方面的应用

抑郁症（depression）为心境障碍的一种临床症状，以显著而持久的心境低落、思维迟缓、认知功能损害、意志活动减退和躯体症状为主要临床特征。其发病机制存在很多假说，Janowsky 等人于 1972 年提出了乙酰胆碱能假说，认为乙酰胆碱能（acetylcholine）神经元亢进和肾上腺素能（epinephrine）神经元功能低下，两者平衡失调导致抑郁症的发生。脑内乙酰胆碱能神经元过度活动，可能导致抑郁；而肾上腺素能神经元过度活动，可能导致狂躁。与胆碱能假说相似的还有去甲肾上腺素能平衡学说，它认为如果胆碱能相对高于去甲肾上腺素能会导致抑郁，反之引起狂躁。

α7 烟碱型乙酰胆碱受体（nAChRs）广泛分布于神经、循环、呼吸、生殖、免疫体系中，为同源性 nAChRs 的一个重要亚型，它以乙酰胆碱和胆碱作为内源性配体。大量的研究证明，α7 nAChRs 可以增加海马神经元 Glu 和 GABA 的释放，α7 nAChRs 拮抗剂美加明、MLA 和 α4β2 nAChRs 拮抗剂 DHβE 等都具有明显的抗抑郁作用。

迄今为止，并无治疗抑郁症的芋螺毒素的成品药物，但是研究发现了多种具有诊断和治疗潜力的芋螺毒素[19]，例如，α4/7-芋螺毒素（α-芋螺毒素 ArIA、α-芋螺毒素 ArIB、α-芋螺毒素 MrIC 等）及 α4/3-亚家族（α-芋螺毒素 ImI、α-芋螺毒素 ImⅡ）均能选择性地作用于 α7 nAChRs，在抗抑郁方面有着巨大的潜力。此外，研究 α-芋螺毒素 ImI、α-芋螺毒素 ImⅡ 及其突变体和 α7 nAChRs 相互作用的空间结构关系，可以阐述蛋白结构和活性关系；若运用到 CUMS 抗郁模型中，可以为研究治疗抑郁症提供重要指导。

四、芋螺毒素作为分子探针和工具药的应用

目前，国内外已经明确功能的芋螺毒素只占整个毒素库的小部分，但是对它们的生理功能已经有了较为清晰的认识。芋螺毒素除了可以作用于细胞膜上的各种离子通道和神经递质及激肽的受体而被开发成诊断和治疗的药物或者新药先导化合物之外，由于其对不同离子通道和膜受体的高度选择性和亲和力，还可以开发成为神经科学中离子通道和膜受体研究的配体工具。迄今为止，研究比较透彻的主要为区分烟碱乙酰胆碱受体（nAChRs）不同亚型的 α-芋螺毒素。

α-TxID[20] 芋螺毒素来自海南产织锦芋螺（C. textile），含有 15 个氨基酸、2 对二硫键，1 μM 的 TxID 可完全阻断 α3β4 nAChR 的电流，而 10 μM 的高浓度 TxID 完全不能阻断 α4β4、α3β2、α7 nAChR 三个亚型的电流。TxID 是迄今为止国际上发现的活性最强的 α3β4 乙酰胆碱受体（nAChRs）亚型的选择性阻断剂，已被以色列 Alomone Labs Ltd 公司开发为工具药，用于神

经科学和疾病机理研究，以及药物筛选等领域，我国武汉摩尔生物科技有限公司已在网上对其进行销售。

α-芋螺毒素 LvIA[20] 为另一个被开发为工具药的芋螺毒素，作为乙酰胆碱调节剂上市，武汉摩尔生物科技有限公司已在销售。此芋螺毒素来自海南产疣缟芋螺（*C. lividus*），含有 16 个氨基酸，是 α3β2 乙酰胆碱受体亚型的强阻断剂，其 IC_{50} 为 8.7 nM。LvIA 能区分 α3β2 及其非常接近的 α6/α3β2β3（α6β2*）亚型。LvIA 对大鼠 α3β2 的阻断活性是对 α6β2* 亚型的 13 倍；LvIA 对人源乙酰胆碱受体相似亚型 α3β2 和 α6β2* nAChRs 区分度更高，达到 305 倍，是至今对 α3β2 和 α6β2* nAChRs 区分度最好的配体。

α-芋螺毒素 LtIA（α-Conotoxin LtIA）[20] 来自海南产信号芋螺（*C. litteratus*），含有 16 个氨基酸。LtIA 是一个结构独特的 α3β2 乙酰胆碱受体亚型的强阻断剂，对 α3β2 nAChR 的 IC_{50} 为 9.8 nM。它作用于 α3β2 nAChR 的一个新的微位点，为洞察 α-芋螺毒素与 nAChRs 之间相互作用的机制奠定了重要的基础，提供了很好的工具与模型。α-芋螺毒素 LtIA 已被以色列 Alomone Labs Ltd 公司开发为工具药，用于神经科学和疾病机理研究，以及药物筛选等领域。

α-芋螺毒素 TxIB[20] 来自海南产织锦芋螺，含有 16 个氨基酸，是特异阻断 α6/α3β2β3 nAChRs 的高选择性强阻断剂，其 IC_{50} 仅为 28 nM。它只阻断 α6/α3β2β3，而不阻断其他所有亚型，有望被开发成一种新的工具药。

除上述被开发为工具药外，还有一部分 α-芋螺毒素处于研究阶段。α-MI 结合肌肉型突触后烟碱型乙酰胆碱受体（nAChRs）的 α1δ 亚基，而 α-芋螺毒素 MII 选择性作用于神经型 nAChRs 的 α3β2 亚基，使它们可以作为鉴定 nAChRs 型及其亚基的有效工具药。其他 ω-、δ-家族芋螺毒素亦有一些处于研究阶段，如 ω-芋螺毒素 GVIA 已成为 N 型电压敏感性钙通道（VSCC）鉴定的标准工具，同样也是神经退化综合征（Lambert-Eaton myasthenic syndrome，LEMS）的诊断试剂。δ-芋螺毒素的作用与钠通道的失活过程相关且有较强的特异性，故可以用来区分钠通道亚型，也是一种非常好的工具药[21]。δ-EVIA 是第一个被报道能作用于脊椎动物神经型 Na^+ 通道而不作用于骨骼肌型和心肌型 Na^+ 通道的芋螺毒素。它能抑制大鼠神经元上 Na^+ 通道亚型（$rNa_v1.2$、$rNa_v1.3$ 和 $rNa_v1.6$）失活，而不作用于大鼠骨骼肌（$rNa_v1.4$）和人体心肌（$hNa_v1.5$）的 Na^+ 通道亚型，故能够作为唯一的工具来区分电压敏感性 Na^+ 通道各种亚型和研究神经型 Na^+ 通道的分类及调节机制。

五、展望

全球有约 700 种芋螺，这些芋螺中含有 70 万～140 万种芋螺毒素肽，这个数字是基于芋螺壳颜色样式的传统鉴别方法计算的，在许多情况下不能清楚地在基因水平上区分不同种类的芋螺。最近的研究数据显示，芋螺的种类可能更多。因此，芋螺毒素肽的种类可能比预期的多得多，但是，到目前为止，研究者只发现了不到 0.1%。虽然芋螺毒素的研究历史只有 20 余年，但由于其丰度高、分子量小、结构多样性、作用靶点广泛以及特异性作用强等特点，逐渐成为倍受国内外学者关注的新兴研究热点。因此，开展我国南海芋螺毒素的生化、生理、药理，尤其是其分子生物学领域的探索研究，对于推动我国多肽科学的发展，促进多肽药物的开发具有不容忽视的理论价值和应用价值。在经济方面，据统计，全球上市的多肽类药物已经超过 68 个，一些上市的多肽药物全球年销售收入超过 10 亿美元，而芋螺毒素既可以作为药物设计的先导化合物，又可以直接作为天然药物，具有广阔的发展前景。

本章参考文献

［1］ Gerwig G J, Hocking H G, Stochlin R, et al. Glylation of conotoxins ［J］. Marine Drugs, 2013, 11 （3）: 623 –642.

［2］ Kaas Q, Westermann J C, Craik D J. Conopeptide characterization and classifications: An analysis using ConoServer ［J］. Toxicon, 2010, 55 （8）: 1491 –1509.

［3］ Jones R M, Bulaj G. Conotoxins-new vistas for peptides therapeutics ［J］. Current Pharmaceutical Design, 2000, 6 （12）: 1249 –1285.

［4］ Phillips C J, Meyer R A. Mechanisms of neuropathic pain ［J］. Neuron, 2006, 52 （1）: 77 –92.

［5］ Campbell J N, Richard P. The economic costs of pain in the United States ［J］. The Journal of Pain, 2012, 13 （8）: 715 –724.

［6］ 杨藻宸. 药理学和药物治疗学 ［M］. 11 版. 北京: 人民卫生出版社, 2000: 24 –25.

［7］ 张树卓, 郑建全, 李锦. 齐考诺肽——新一类治疗慢性疼痛的药物 ［J］. 生物技术通讯, 2007, 18 （5）: 885 –887.

［8］ 周玲君. 齐考诺肽治疗慢性难治性疼痛 ［J］. 医学研究杂志, 2007, 36 （7）: 9 –11.

［9］ Miljanich G P. Ziconotide: neuronal calcium channel blocker for treating severe chronic pain ［J］. Curr Med Chem, 2004, 11 （23）: 3029 –3040.

［10］ Adams D J, Smith A B, Schroeder C I, et al. Omega-conotoxin CVID inhibits a pharmacologically distinct voltage-sensitive calcium channel associated with transmitter release from preganglionic nerve terminals ［J］. J Biol Chem, 2003, 278 （6）: 4057 –4062.

［11］ Han T S, Teichert R W, Olivera B M, et al. Conus venoms—A rich source of peptide-based therapeutics ［J］. Curr Pharm Des, 2008, 14 （24）: 2462 –2479.

［12］ Nielsen C K, Lewis R J, Alewood D, et al. Anti-allodynic efficacy of the chi-conopeptide, Xen2174, in rats with neuropathic pain ［J］. Pain, 2005, 118 （1 –2）: 112 –124.

［13］ Sandall D W, Sattkunanathan N, Keays D A, et al. A novel alpha-conotoxin identified by gene sequencing is active in suppressing the vascular response to selective stimulation of sensory nerves in vivo ［J］. Biochemistry, 2003, 42 （22）: 6904 –6911.

［14］ Bulaj G, Zhang M M, Green B R, et al. Synthetic uO-conotoxin MrVIB blocks TTX-resistant sodium channel NaV1. 8 and a long-lasting analgesic activity ［J］. Biochemistry, 2006, 45 （23）: 7404 –7414.

［15］ Chen Z, Rogge G, Hague C, et al. Subtype-selective noncompetitive or competitive inhibition of human alpha1-adrenergic receptors by rho-TIA ［J］. J Biol Chem, 2004, 279 （34）: 35326 – 35333.

［16］ Sulan L, Dongting Z, Yong W, et al. Characterization of a novel alpha-conotoxin from *Conus textile* that selectively targets alpha6/alpha3beta2beta3 nicotinic acetylcholine receptors ［J］. J Biol Chem, 2013, 288: 894 –902.

［17］ Michelle V, Shannon W, Renee P, et al. Molecular mechanism for analgesia involving specific antagonism of a9a10 nicotinic acetylcholine receptors ［J］. PNAS, 2006, 103 （47）: 17880 – 17884.

［18］Satkunanathan N，Livett B，Gayler K，et al. Alpha-conotoxin Vc1. 1 alleviates neuropathic pain and accelerates functional recovery of injured neurons ［J］. Brain Reserch，2005，1059（2）：149 – 158.

［19］吴雪尘，彭灿. 芋螺毒素国内外研究现状［J］. 科技资讯，2007，10：209 – 210.

［20］长孙东亭，吴勇，朱晓鹏. 特异阻断乙酰胆碱受体的海南产 $\alpha *$ -芋螺毒素的研究［J］. 生命科学，2016，28（1）：12 – 20.

［21］Scott R W，Cruz L J，Olivera B M，et al. Constant and hypervariable regions in conotoxin propeptides ［J］. EMBO J，1990，9（4）：1015 – 1020.

第二部分 Part ❷

芋螺图鉴

1. 阿巴斯芋螺（*Conus abbas*），别名：丝袜芋螺，命名者及时间：Hwass，1792

（1）外形特征

螺壳尺寸 38～64 mm。螺壳白色，橙棕色细线构成精巧的网。螺壳与织锦芋螺非常相似，但尺寸较小，网纹更小，纵条纹不明显。

（2）分布

分布于东非、菲律宾、新喀里多尼亚、马达加斯加、印度南部、斯里兰卡以及印度尼西亚爪哇和巴厘岛。

图 2.1　阿巴斯芋螺

2. 麻斑芋螺（*Conus abbreviatus*），命名者及时间：Reeve L A，1843

（1）外形特征

螺壳尺寸 20～58 mm。螺塔呈冠状，低到中等高度，螺塔上的螺纹及肩部具结瘤；体螺层表面的刻纹有差异，具有间隔宽的明显的颗粒状螺肋。壳表的颜色为白色、粉红色、灰色，体螺层的中间部位与肩部下有不明显的螺旋带，覆盖棕色和白色交替的螺旋线。体螺层并布有螺列，螺列由棕色和深褐色的斑点构成；肩部的结瘤之间有褐色至深褐色的斑点。壳皮薄而平坦，为黄色至灰黄色，透明度有差异。

（2）分布

分布于夏威夷海域。

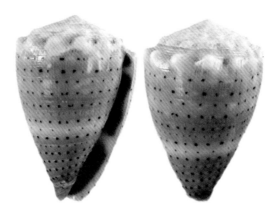

图 2.2　麻斑芋螺

3. 花玛瑙芋螺（*Conus achatinus*），命名者及时间：Gmelin J F，1791

（1）外形特征

螺壳尺寸 20～40 mm。贝壳坚固，通常呈倒圆锥形，螺旋部低平，体螺层高大。壳面平滑，颜色和花纹丰富多彩，常被有黄褐色的壳皮。

（2）分布

分布于日本、菲律宾和中国台湾。

图2.3　花玛瑙芋螺

4. 尖塔芋螺（*Conus acutangulus*），命名者及时间：Lamarck，1810

（1）外形特征

螺壳尺寸 13～46 mm。壳颜色为浅棕色，表面带不规则白色斑点。壳顶部均匀突起似宝塔尖部形状，体螺层表面有沟槽按螺旋状排列。

（2）分布

主要分布于红海海域、热带印度洋至西太平洋海域。

图2.4　尖塔芋螺

5．刀锋山芋螺（*Conus acutimarginatus*），**命名者及时间：**Sowerby G B Ⅱ，1866

（1）外形特征

螺壳尺寸 22.5 mm。

（2）分布

分布于佛罗里达群岛至巴西中部海域。

图2.5　刀锋山芋螺

6．阿达姆松芋螺（*Conus adamsonii*），**别名：亚当松芋螺，命名者及时间：**Broderip W J，1836

（1）外形特征

螺壳尺寸 26.4～56.0 mm。

（2）分布

分布于太平洋中部及西南部海域。

图2.6　阿达姆松芋螺

7. 阿拉巴斯特芋螺（*Conus alabaster*），别名：玉珠芋螺，命名者及时间：Reeve，1849

（1）外形特征

螺壳尺寸 27～41 mm。

（2）分布

分布于中国南海、印度尼西亚西部和菲律宾。

图 2.7 阿拉巴斯特芋螺

8. 阿兰莱尼亚芋螺（*Conus alainallaryi*），命名者及时间：Bozzetti L & Monnier E，2009

（1）外形特征

螺壳尺寸 30～42 mm。

（2）分布

分布于加勒比海、哥伦比亚。

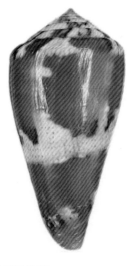

图 2.8 阿兰莱尼亚芋螺

9. 爱尔康芋螺（*Conus alconnelli*），命名者及时间：Motta A J da，1986

（1）外形特征

螺壳尺寸40～90 mm。体螺层颜色通常是均一的淡黄色，壳顶部和底部颜色偏白。

（2）分布

分布于印度洋的非洲东南部至阿曼海域。

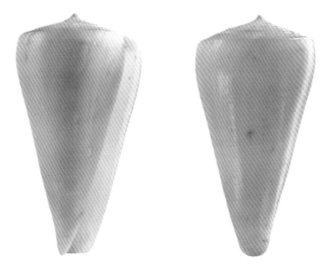

图2.9 爱尔康芋螺

10. 爱丽丝芋螺（*Conus alisi*），命名者及时间：Richard & Moolenbeek，1995

（1）外形特征

螺壳尺寸15～30 mm。

（2）分布

分布于新喀里多尼亚。

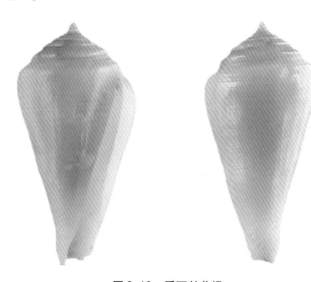

图2.10 爱丽丝芋螺

11. 阿玛迪芋螺（*Conus amadis*），**命名者及时间：**Gmelin，1791

（1）外形特征

螺壳尺寸 40～110 mm。

（2）分布

分布于印度洋。

图 2.11　阿玛迪芋螺

12. 暧昧芋螺（*Conus ambiguus*），**命名者及时间：**Reeve L A，1844

（1）外形特征

螺壳尺寸 23～60 mm。贝壳厚实，多呈倒圆锥形或纺锤形，螺旋部低平或稍高，体螺层高大。壳面平滑或具螺肋、螺沟或颗粒等突起。贝壳颜色和花纹丰富多彩，常被有黄褐色的壳皮。壳口狭长，前沟宽短。

（2）分布

分布于塞内加尔等非洲西部海域。

图 2.12　暧昧芋螺

13. 海军上将芋螺（*Conus ammiralis*），别名：天竺芋螺，命名者及时间：Linnaeus C，1758

（1）外形特征

螺壳尺寸 38～109 mm。螺壳底色为白色，体螺层布有大片橘褐色或深褐色、形成白色的三角状或多边状的大斑点，并有 2 条黄色至橘褐色的宽条螺带。

（2）分布

分布于红海和马斯克林群岛。印度洋至太平洋西部诸多岛屿均有发现。

图 2.13　海军上将芋螺

14. 安达曼芋螺（*Conus andamanensis*），命名者及时间：Smith E A，1878

（1）外形特征

螺壳尺寸 16～41 mm。

（2）分布

分布于安达曼群岛。

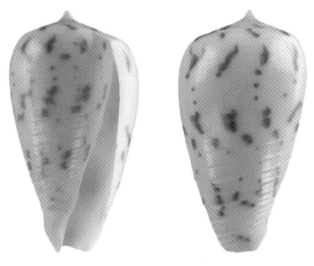

图 2.14　安达曼芋螺

15. 安德门兹芋螺（*Conus andremenezi*），**命名者及时间**：Biggs & Olivera，2010

（1）外形特征

螺壳尺寸 25～55 mm。

（2）分布

分布于菲律宾。

图 2.15　安德门兹芋螺

16. 秋牡丹芋螺（*Conus anemone*），**命名者及时间**：Lamarck，1810

（1）外形特征

螺壳尺寸 21～93 mm。螺壳形状易变，有的短而粗壮，塔尖短；有的更长、更纤细，塔尖高。螺塔和体螺层遍布着近的突起的隆及线。外壳白色，具纵向模糊的或网状栗色或巧克力色斑纹，具不规则中央白色带。

（2）分布

分布于澳大利亚，为澳大利亚特有种。

图 2.16　秋牡丹芋螺

17. 新荷兰芋螺（*Conus anemone novaehollandiae*），命名者及时间：Adams，1854

（1）外形特征

螺壳尺寸 30.0～48.8 mm。

（2）分布

分布于澳大利亚西部。

图 2.17 新荷兰芋螺

18. 安加氏芋螺（*Conus angasi*），命名者及时间：Tryon，1883

（1）外形特征

螺壳尺寸 20～51 mm。

（2）分布

分布于澳大利亚东部。

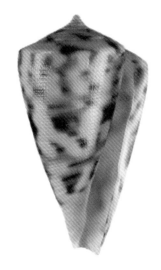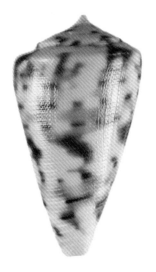

图 2.18 安加氏芋螺

19.血斑芋螺（*Conus angioiorum*），**命名者及时间**：Rockel D & Moolenbeek R G，1992

（1）外形特征

螺壳尺寸 26～45 mm。壳底色为白色，表面带有浅褐色或深褐色的斑点，这些斑点连接成间隔较大的虚线条纹，按螺旋状排列于壳上。内部孔隙处通常为白色。

（2）分布

分布于索马里至马达加斯加之间的印度洋海域。

图 2.19　血斑芋螺

20.安东尼芋螺（*Conus anthonyi*），**命名者及时间**：Petuch，1975

（1）外形特征

螺壳尺寸 24～186 mm

（2）分布

分布于印度洋至太平洋海域。

图 2.20　安东尼芋螺

21. 澳洲芋螺（*Conus aplustre*），命名者及时间：Reeve，1843

（1）外形特征

螺壳尺寸 19 ～ 27 mm。

（2）分布

分布于澳大利亚东部。

图2.21 澳洲芋螺

22. 网目大理石芋螺（*Conus araneosus araneosus*），别名：纲目大理石芋螺，命名者及时间：Lightfoot，1786

（1）外形特征

螺壳尺寸 48 ～ 100 mm。

（2）分布

分布于印度和斯里兰卡。

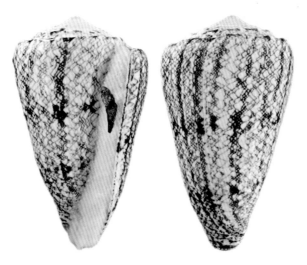

图2.22 网目大理石芋螺

23．黑网目芋螺（*Conus araneosus nicobaricus*），命名者及时间：Hwass，1792

（1）外形特征

螺壳尺寸 35 ～ 100 mm。

（2）分布

分布于印度洋东北部至菲律宾海域。

图2.23　黑网目芋螺

24．石板芋螺（*Conus ardisiaceus*），命名者及时间：Kiener L C，1845

（1）外形特征

螺壳尺寸 24 ～ 55 mm。

（2）分布

分布于阿曼马斯喀特。

图2.24　石板芋螺

25. 纹身芋螺（*Conus arenatus*），别名：沙芋螺，命名者及时间：Hwass，1792

（1）外形特征

螺壳尺寸 25～90 mm。贝壳坚固，通常呈倒圆锥形，体螺层高大。螺塔低，具微凸的侧边与尖形的壳顶，肩部圆，通常具结节；体螺层布有许多红褐色小点，并有波状纵带与 2～3 条螺带。壳口内面为白色至浅橙色。

（2）分布

分布于地中海、红海、印度洋至太平洋海域。

图 2.25 纹身芋螺

26. 犰狳芋螺（*Conus armadillo*），别名：阿米芋螺，命名者及时间：Shikama，1971

（1）外形特征

螺壳尺寸 60～79 mm。贝壳坚固，通常呈纺锤形，螺旋部稍高，体螺层高大。壳面具横细带状螺肋。贝壳表面白色，布满整齐的方斑形栗红色和咖啡色的花纹，丰富多彩。

（2）分布

分布于菲律宾、澳大利亚和中国台湾。

图 2.26 犰狳芋螺

27. 柔美芋螺（*Conus artoptus*），命名者及时间：Sowerbyii, 1833

（1）外形特征

螺壳尺寸 35～79 mm。

（2）分布

分布于澳大利亚和菲律宾等地。

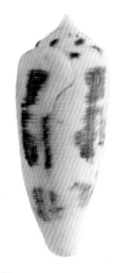

图 2.27　柔美芋螺

28. 亚细亚芋螺（*Conus asiaticus*），命名者及时间：Motta A J da, 1985

（1）外形特征

螺壳尺寸 35～52 mm。

（2）分布

分布于日本、菲律宾和越南。

图 2.28　亚细亚芋螺

29. 卜卦芋螺（*Conus augur*），命名者及时间：Lightfoot，1786

（1）外形特征

螺壳尺寸45～76 mm。乳白色螺壳上环绕着很多很小的板栗色点组成的较近环线，有2条不规则褐色斑纹带，一条在上方，另一条在体螺层的中间以下。螺塔部有棕色小斑点。

（2）分布

分布于印度洋、西南太平洋海域。

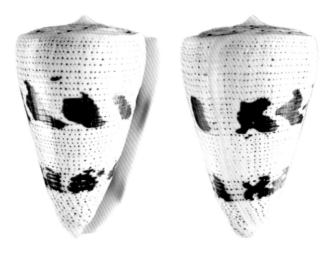

图2.29　卜卦芋螺

30. 宫廷芋螺（*Conus aulicus*），命名者及时间：Linnaeus C，1758

（1）外形特征

螺壳尺寸65～163 mm。贝壳坚固，壳形状为较细长的纺锤形。壳表呈现较浓的红褐色，并散布着大小不一的白色帐篷状斑，白斑在体螺层聚集成3条螺带。

（2）分布

分布于印度洋至太平洋海域。

图2.30　宫廷芋螺

31. 金橄榄芋螺（*Conus auratinus*），命名者及时间：Motta，1982

（1）外形特征

螺壳尺寸 55～120 mm。壳底色通常是棕褐色，表面带有不规则鳞片状的白色斑点，按螺旋状排列成条纹。内部孔隙处通常为浅褐色。

（2）分布

分布于太平洋中部至西部海域。

图 2.31　金橄榄芋螺

32. 花黄芋螺（*Conus aureus*），命名者及时间：Hwass，1792

（1）外形特征

螺壳尺寸 40～80 mm。螺体呈倒锥形，而且极其坚实。芋螺壳或重或轻。壳顶扁平，或有个伸出的螺塔部。壳表面有的平滑，有的有螺旋状装饰。

（2）分布

分布于印度洋至西太平洋海域。

图 2.32　花黄芋螺

33. 金发芋螺（*Conus auricomus*），别名：金箔芋螺，命名者及时间：Hwass，1792

（1）外形特征

螺壳尺寸 32～69 mm。贝壳坚固，呈倒筒形，螺旋部稍高，体螺层高大。壳面平滑。贝壳表面颜色和花纹丰富多彩，有网格状红色细纹和 3 条色彩鲜艳的纹带。

（2）分布范围

分布于印度洋至西太平洋海域。

图 2.33　金发芋螺

34. 彩虹芋螺（*Conus aurisiacus*），命名者及时间：Linnaeus，1758

（1）外形特征

螺壳尺寸 43～95 mm。螺壳显示轻微的旋转隆起，有时下方具颗粒状。螺塔部具沟，各层有环列斑。螺壳粉红色至白色，有深色横带，体层上有黑白相间的细环带，体层下半部有细螺肋。

（2）分布

分布于菲律宾至澳大利亚等地海域。

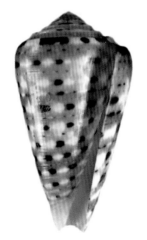

图 2.34　彩虹芋螺

35. 长芋螺（*Conus australis*），**别名：南方芋螺，命名者及时间：**Holten，1802

（1）外形特征

螺壳尺寸 40 ～ 105 mm。贝壳坚固，壳以米白色为底色并布满不规则、大致为纵走向的褐色花纹，花纹形成 3 条不明显的螺带。

（2）分布

分布于日本以南至菲律宾海域，以及泰国西部、印度西部、所罗门群岛、斐济、新喀里多尼亚和中国台湾。

图 2.35　长芋螺

36. 金紫芋螺（*Conus austroviola*），**别名：琉璃螺，命名者及时间：**Röckel & Korn，1992

（1）外形特征

螺壳尺寸 23 ～ 57 mm。前端尖瘦而后端粗大，螺体呈倒锥形，两侧呈尖状，顶部呈螺旋状。

（2）分布

分布于澳大利亚北部。

图 2.36　金紫芋螺

37. 小疙瘩芋螺（*Conus axelrodi*），命名者及时间：Walls，1978

（1）外形特征

螺壳尺寸 10 ～ 20 mm。壳面具环形颗粒状螺肋。贝壳颜色从粉红色、橙黄色至橘红色，半透明，有的个体壳面有褐色斑点，常被有黄褐色的壳皮。螺塔呈阶梯状并有凹陷，还有一突出的中间壳顶。

（2）分布

分布于中国台湾、菲律宾至巴布亚新几内亚海域。

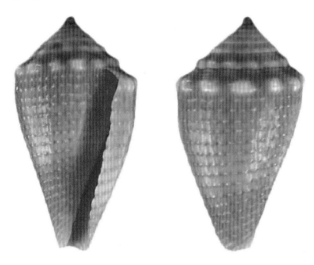

图 2.37　小疙瘩芋螺

38. 拜尔芋螺（*Conus baeri*），命名者及时间：Röckel & Korn，1992

（1）外形特征

螺壳尺寸 26 ～ 55 mm。

（2）分布

分布于莫桑比克南部。

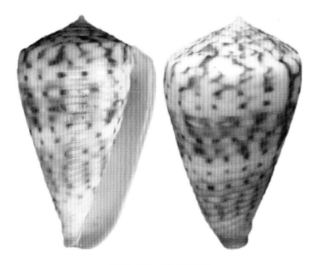

图 2.38　拜尔芋螺

39.百肋芋螺（*Conus baileyi*），**命名者及时间**：Röckel & da Motta，1979

（1）外形特征

螺壳尺寸 20 ～ 32 mm。

（2）分布

分布于印度洋至西太平洋海域。

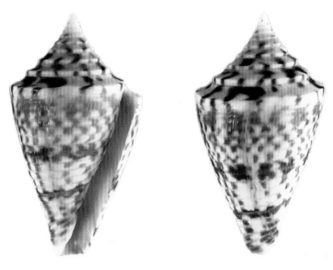

图2.39　百肋芋螺

40.贝尔斯托芋螺（*Conus bairstowi*），**命名者及时间**：Sowerby G B Ⅲ，1889

（1）外形特征

螺壳尺寸 28 ～ 50 mm。

（2）分布

分布于南非阿尔戈湾至特兰斯凯南部海域。

图2.40　贝尔斯托芋螺

41．水磨石芋螺（*Conus bandanus*），命名者及时间：Hwass，1792

（1）外形特征

螺壳尺寸45～150 mm。螺壳白色或粉白色嵌巧克力色形成网格状。

（2）分布

分布于印度洋至西太平洋，包括毛里求斯和坦桑尼亚等地海域。

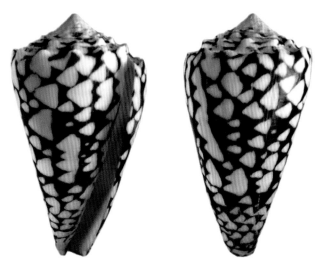

图2.41　水磨石芋螺

42．拍拖芋螺（*Conus barthelemyi*），命名者及时间：Bernardi M，1861

（1）外形特征

螺壳尺寸42～84 mm。壳颜色通常是棕褐色，表面带有不连续的白色条带和黑色斑点。体螺层中部和底部有螺旋状排列的条纹，内部孔隙处通常与壳颜色一致。

（2）分布

分布于印度洋。

图2.42　拍拖芋螺

43.巴亚尼芋螺（*Conus bayani*），**别名：蓬莱芋螺，命名者及时间**：Jousseaume，1872

（1）外形特征

螺壳尺寸 45～70 mm。白色壳体具有纵向条纹和浅栗色的云状花纹，形成 2 条中断的宽带。

（2）分布

分布于西印度洋。

图 2.43　巴亚尼芋螺

44.贝娅特丽克丝芋螺（*Conus beatrix*），**命名者及时间**：Tenorio，Poppe & Tagaro，2007

（1）外形特征

螺壳尺寸 14～31 mm。

（2）分布

分布于菲律宾。

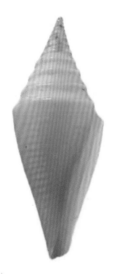

图 2.44　贝娅特丽克丝芋螺

45. 薄瓦芋螺（*Conus bellulus*），别名：美丽芋螺，命名者及时间：Rolán，1990

（1）外形特征

螺壳尺寸 17～22 mm。

（2）分布

分布于佛得角。

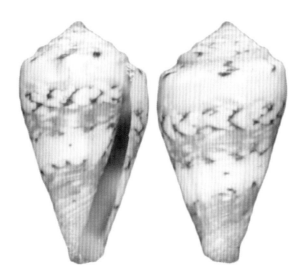

图 2.45　薄瓦芋螺

46. 孟加拉芋螺（*Conus bengalensis*），命名者及时间：Okutani，1968

（1）外形特征

螺壳尺寸 60～148 mm。

（2）分布

分布于孟加拉湾、安达曼海（缅甸）和泰国湾。

图 2.46　孟加拉芋螺

47. 紫带芋螺（*Conus berdulinus*），**命名者及时间：**Veillard，1972

（1）外形特征

螺壳尺寸48～100 mm。

（2）分布

分布于印度洋至太平洋海域。

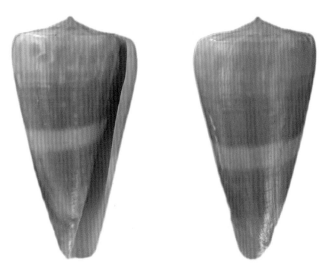

图2.47　紫带芋螺

48. 桶形芋螺（*Conus betulinus*），**别名：别致芋螺、黄炮弹芋螺，命名者及时间：**Linnaeus，1758

（1）外形特征

螺壳尺寸40～170 mm。螺壳颜色为黄色或者橙棕色，在白色窄条带上具有一系列循环的巧克力色斑点或短线。螺塔部具辐射的巧克力色斑，螺壳基部具深槽。

（2）分布

分布于印度、马来西亚、中国南海、新喀里多尼亚岛、所罗门群岛和澳大利亚昆士兰州。

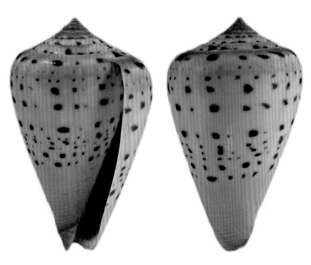

图2.48　桶形芋螺

49. 泪云朵芋螺（*Conus boeticus*），**命名者及时间**：Reeve L A，1849

（1）外形特征

螺壳尺寸 22.8 mm。

（2）分布

分布于越南、老挝和缅甸。

图2.49　泪云朵芋螺

50. 邦达列夫芋螺（*Conus bondarevi*），**命名者及时间**：Massilia，1992

（1）外形特征

螺壳尺寸 29～43 mm。贝壳坚固，通常呈倒圆锥形，螺旋部布有红棕色斑点。壳面平滑，贝壳表面有形成条带的橘色条纹。

（2）分布

分布于索马里南部海域。

图2.50　邦达列夫芋螺

51. 贝舍龙芋螺（*Conus boschorum*），别名：博舍龙芋螺，命名者及时间：Moolenbeek & Coomans，1993

（1）外形特征

螺壳尺寸 4 ～ 13 mm。

（2）分布

分布于阿曼马西拉岛。

图 2.51　贝舍龙芋螺

52. 金光芋螺（*Conus boui*），命名者及时间：Motta，1988

（1）外形特征

螺壳尺寸 30 ～ 50 mm。

（2）分布

分布于大西洋。

图 2.52　金光芋螺

53. 老龟芋螺（*Conus bruguieresi*），**命名者及时间：**Kiener L C，1848

（1）外形特征

螺壳尺寸 22～38 mm。

（2）分布

分布于塞内加尔。

图2.53　老龟芋螺

54. 布轮芋螺（*Conus bruuni*），**命名者及时间：**Powell A W B，1958

（1）外形特征

螺壳尺寸 33.3～61.0 mm。壳底色为浅粉色，表面布有浅褐色的不规则斑点。螺塔高，螺口窄，开于第一壳阶。体螺层底部有螺旋状排列的细纹。

（2）分布

主要分布于新喀里多尼亚和克玛帝克岛。

图2.54　布轮芋螺

55．红枣芋螺（*Conus bullatus*），**命名者及时间：**Linnaeus，1758

（1）外形特征

螺壳尺寸 42～82 mm。螺壳薄且膨胀，下部具沟。螺壳白色，具橘红色和栗色云状斑，形成 2 条模糊条带。接合部位为旋转环状，白色和栗色。开口处粉红色。

（2）分布

分布于印度洋。

图 2.55　红枣芋螺

56．浆果芋螺（*Conus burryae*），**命名者及时间：**Clench W J，1942

（1）外形特征

螺壳尺寸为 20～35 mm。壳顶部的螺层为少有规则的螺旋，口盖圆锥形且有棘刺生成。

（2）分布

主要分布于墨西哥湾。

图 2.56　浆果芋螺

57. 南美芋螺（*Conus cancellatus*），命名者及时间：Hwass，1792

（1）外形特征

螺壳尺寸 33 ～ 80 mm。贝壳坚固，通常呈纺锤形，螺旋部高，体螺层高大。壳面具螺肋、螺沟或颗粒等突起。贝壳一般是白色，半透明。

（2）分布

分布于美国佛罗里达州东部、委内瑞拉和安提瓜等地。

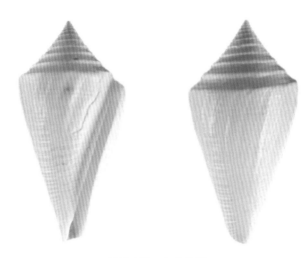

图 2.57　南美芋螺

58. 虎斑芋螺（*Conus canonicus*），命名者及时间：Hwass，1792

（1）外形特征

螺壳尺寸 25 ～ 70 mm。贝壳坚固，通常呈纺锤形，螺旋部稍高，体螺层高大。壳面平滑或有螺肋、螺沟、颗粒等突起。贝壳颜色和花纹丰富多彩，常被有黄褐色的壳皮。

（2）分布

分布于红海、热带印度洋至西太平洋海域。

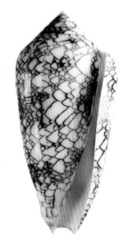

图 2.58　虎斑芋螺

59．玛瑙芋螺（*Conus capitanellus*），命名者及时间：Fulton，1938

（1）外形特征

螺壳尺寸 20～40 mm。

（2）分布

分布于日本至菲律宾的太平洋海域。

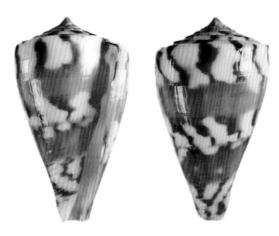

图 2.59　玛瑙芋螺

60．船长芋螺（*Conus capitaneus*），别名：大尉芋螺，命名者及时间：Linnaeus C，1758

（1）外形特征

螺壳尺寸 50～98 mm。贝壳坚固，圆锥形，体螺层轮廓于近肩部略呈凸面，下方较平直，左边近基部微凹入，基部有微弱的螺肋；螺塔低。体螺层为黄褐色至绿褐色，中间与肩部下有白色螺带，其边缘缀有深褐色斑纹，有些斑纹横贯白色螺带；体螺层缀有深褐色小点或纵斑形成的螺列，随着成长，褐色小点逐渐呈现纵向排列。螺塔以白色为底，具有宽度不同、褐色至黑色的辐射状斑。

（2）分布

分布于印度洋至西太平洋海域。

图 2.60　船长芋螺

61.　狍芋螺（*Conus capreolus*），命名者及时间：Rockel D, 1985

（1）外形特征

螺壳尺寸 36～65 mm。

（2）分布

分布于印度东部至安达曼海域。

图 2.61　狍芋螺

62.　唐草芋螺（*Conus caracteristicus*），别名：独特芋螺，命名者及时间：Fischer, 1807

（1）外形特征

螺壳尺寸 19～88 mm。贝壳厚实，花纹清晰。壳表为乳白色，有深褐色竖条状的斑纹，隐见 2 条褐色横带。螺塔极低，有一突出的中间壳顶。

（2）分布

分布于印度洋至西太平洋海域。

图 2.62　唐草芋螺

63. 云中塔芋螺（*Conus castaneus*），**命名者及时间**：Kiener，1848

（1）外形特征

螺壳尺寸 11 ~ 33 mm。

（2）分布

分布于加勒比海、阿布洛耶斯群岛和巴西东部。

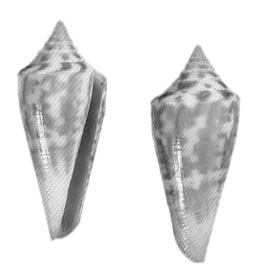

图 2.63　云中塔芋螺

64. 猫芋螺（*Conus catus*），**命名者及时间**：Hwass，1792

（1）形态特性

螺壳尺寸 24 ~ 52 mm。贝壳厚，较短胖，螺塔高度中等，具细刻纹，肩部结节至圆丰；体螺层轮廓凸出，具弱螺肋；壳口宽。底色为白色至青灰色，体螺层布有褐色至橙红色的斑块，以及由小斑所构成的螺列；壳口内面为青白色至奶油色。壳皮为黄褐色，平滑，厚度与透明度有差异。

（2）分布

分布于红海、印度洋至西太平洋热带海域。

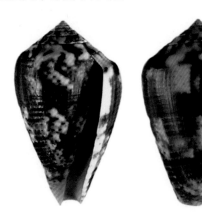

图 2.64　猫芋螺

65. 无敌芋螺（*Conus cedonulli*），命名者及时间：Linnaeus，1767

（1）外形特征
芋螺尺寸 38～78 mm。
（2）分布
分布于小安的列斯群岛、巴哈马至委内瑞拉等地。

图2.65 无敌芋螺

66. 鹿斑芋螺（*Conus cervus*），命名者及时间：Lamarck，1822

（1）外形特征
螺壳尺寸 83～116 mm。壳大而薄，膨大成圆柱形，淡玫瑰黄色，围绕着白色和板栗色的线和条带。
（2）分布
分布于菲律宾和印度尼西亚等地。

图2.66 鹿斑芋螺

67. 加勒底芋螺（*Conus chaldaeus*），命名者及时间：Roding，1798

（1）外形特征

螺壳尺寸 20～59 mm。贝壳坚固，通常呈倒圆锥形，螺旋部低平，底色为白色，体螺层为纵向螺列，螺列由矩形黑斑所构成，腰部和螺肩各有一条白带；缝合面有放射状黑色斑。壳顶部通常呈粉红色，壳口白色至青白色，壳口内面可见与外面相同的图案；肩部具有弱结节。黄灰色的壳皮薄而透明、平坦。

（2）分布

分布于印度洋、太平洋、红海以及美洲中部热带海洋加勒比海、墨西哥湾。

图 2.67　加勒底芋螺

68. 姜氏芋螺（*Conus chiangi*），命名者及时间：Azuma，1972

（1）外形特征

螺壳尺寸 14～25 mm。贝壳圆锥形，坚固，螺塔低，体螺层大，占据壳长一半以上。壳口狭窄且长。壳表有成长脉、螺脉、螺沟、颗粒和肩部的结节。

（2）分布

分布于中国台湾、菲律宾和日本南部。

图 2.68　姜氏芋螺

69. 恰帕芋螺（*Conus chiapponorum*），命名者及时间：Lorenz，2004

（1）外形特征

螺壳尺寸 18～60 mm。壳颜色为粉白色或淡黄色，表面有不明显的白色斑点。贝壳厚实坚固，多呈倒圆锥形或纺锤形，螺旋部低平或稍高，体螺层高大。壳面平滑。壳口宽，前沟宽短，具有外壳和水管沟。

（2）分布

分布于马达加斯加南部。

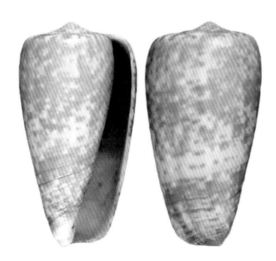

图 2.69 恰帕芋螺

70. 非洲舞芋螺（*Conus chytreus*），命名者及时间：Melvill J C，1883

（1）外形特征

螺壳尺寸 16～32 mm。贝壳呈倒圆锥形，螺旋部稍高，体螺层高大。贝壳色彩浓烈厚重，花纹丰富多彩。

（2）分布

分布于安哥拉。

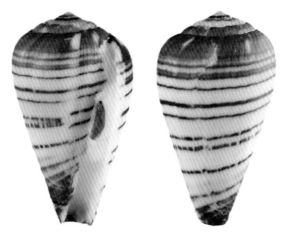

图 2.70 非洲舞芋螺

71. 草莓芋螺（*Conus ciderryi*），命名者及时间：Motta，1985

（1）外形特征

螺壳尺寸 25 ～ 46 mm。

（2）分布

分布于中国台湾、越南和菲律宾等地。

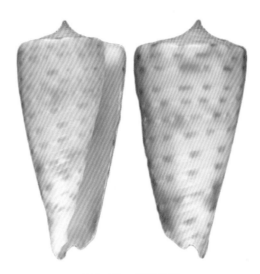

图2.71　草莓芋螺

72. 灰色芋螺（*Conus cinereus*），命名者及时间：Hwass，1792

（1）外形特征

螺壳尺寸 15 ～ 57 mm。贝壳坚固，通常呈倒圆锥形，螺旋部低平，体螺层高大。壳面具螺肋。贝壳呈橄榄色、灰蓝色和棕色，旋转线交接板栗色和白色斑点，常被有黄褐色的壳皮。

（2）分布

分布于西太平洋。

图2.72　灰色芋螺

73．疣环芋螺（*Conus circumactus*），命名者及时间：Iredale，1929

（1）外形特征

螺壳尺寸 35～75 mm。

（2）分布

分布于太平洋。

图2.73　疣环芋螺

74．阳刚芋螺（*Conus circumcisus*），别名：点圆芋螺，命名者及时间：Born，1778

（1）外形特征

螺壳尺寸 43～100 mm。贝壳坚固，通常呈倒圆锥形，螺旋部稍高，体螺层高大。壳面平滑并具螺肋。贝壳颜色为紫粉红色，有淡紫色或浅棕色横带，有的螺塔和体层上有褐色斑。

（2）分布范围

分布于西太平洋。

图2.74　阳刚芋螺

75．光滑芋螺（*Conus clarus*），命名者及时间：Smith E A，1881

（1）外形特征

螺壳尺寸 22～54 mm。

（2）分布

分布于非洲东南部和澳大利亚西部海域。

图 2.75　光滑芋螺

76．克利里芋螺（*Conus clerii*），命名者及时间：Reeve L A，1844

（1）外形特征

螺壳尺寸 28～65 mm。贝壳坚固，壳底色为白色，表面布有浅褐色或深棕色的不规则斑点。壳塔适中，螺口宽，开于第一壳阶。体螺层有竖线状排列的沟槽，表面不光滑。

（2）分布

主要分布于巴西至阿根廷北部海域。

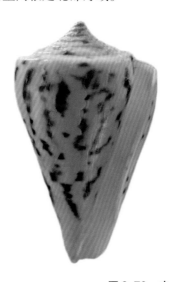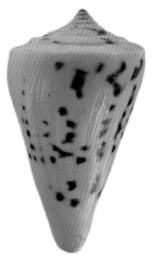

图 2.76　克利里芋螺

77. 深红芋螺（*Conus cocceus*），命名者及时间：Reeve，1844

（1）*外形特征*

螺壳尺寸 42～54 mm。外壳陀螺状，相当坚固，横向有隆起的线条。脊之间的空隙略有刺。贝壳颜色为白色，带一些小的不规则浅红色斑点，顶部有一个突起。

（2）*分布*

分布于澳大利亚西部，为澳大利亚特有种。

图2.77　深红芋螺

78. 花带芋螺（*Conus coccineus*），别名：咖啡豆芋螺，命名者及时间：Gmelin，1791

（1）*外形特征*

螺壳尺寸 27～62 mm。贝壳坚固，通常呈倒圆锥形，螺旋部稍高，体螺层高大。壳面平滑。贝壳颜色为黄褐色或棕色，腰部有一条花带，花纹丰富多彩，壳口白色，常被有黄褐色的壳皮。

（2）*分布*

分布于菲律宾至新喀里多尼亚海域、中国台湾。

图2.78　花带芋螺

79. 西林芋螺（*Conus coelinae*），命名者及时间：Crosse，1858

（1）外形特征

螺壳尺寸 55 ～ 128 mm。

（2）分布

分布于印度洋马斯克林海域，太平洋夏威夷、菲律宾、洛亚尔提群岛、新喀里多尼亚、所罗门群岛、马绍尔群岛、新西兰和澳大利亚等地海域。

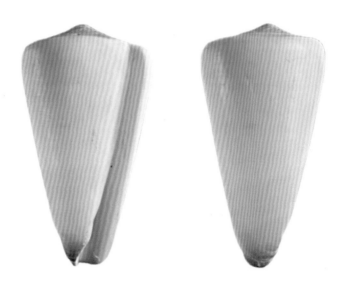

图2.79　西林芋螺

80. 奶咖啡芋螺（*Conus coffeae*），命名者及时间：Gmelin，1791

（1）外形特征

螺壳尺寸 18 ～ 51 mm。外壳黄棕色，有白色条纹。

（2）分布

分布于太平洋西部和中部海域。

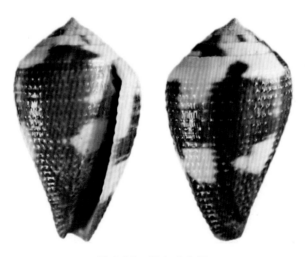

图2.80　奶咖啡芋螺

81. 闺秀芋螺（*Conus collisus*），命名者及时间：Reeve，1849

（1）外形特征

螺壳尺寸 30～60 mm。螺壳薄，呈圆柱陀螺形，有点膨大。体螺层下方具有较远的旋转的沟槽。壳表底色白色，具有各种各样不规则的纵向栗色条纹，通常形成 3 条宽的条带。

（2）分布范围

分布于印度南部的孟加拉海湾、安达曼海、中国南海、印度尼西亚和菲律宾。

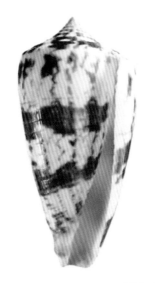

图 2.81　闺秀芋螺

82. 科尔曼芋螺（*Conus colmani*），命名者及时间：Röckel & Korn，1990

（1）外形特征

螺壳尺寸 35～52 mm。

（2）分布

分布于澳大利亚昆士兰州，为澳大利亚特有种。

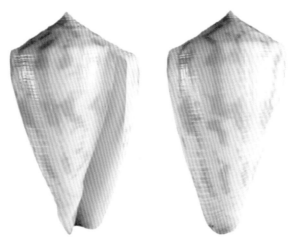

图 2.82　科尔曼芋螺

83. 梦中芋螺（*Conus comatosa*），命名者及时间：Pilsbry H A，1904

（1）外形特征

螺壳尺寸 20～60 mm。贝壳呈圆锥形，坚固，体螺层大，占据螺壳尺寸一半以上。壳口狭窄且长。壳表有成长脉、螺脉、螺沟、颗粒和肩部的结节。口盖角质，远小于壳口，新月状，核在下方。齿舌只有边缘齿，末端有倒钩。

（2）分布

主要分布于太平洋，包括日本、菲律宾、澳大利亚西北部、新喀里多尼亚等地海域。

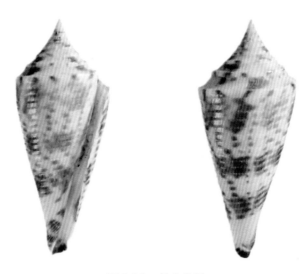

图 2.83　梦中芋螺

84. 梭芋螺（*Conus compressus*），别名：梭形芋螺，命名者及时间：Sowerby，1866

（1）外形特征

螺壳尺寸 25～67 mm。

（2）分布

分布于澳大利亚南部。

图 2.84　梭芋螺

85. 耸肩芋螺（*Conus consors*），命名者及时间：Sowerby G B Ⅰ，1833

（1）外形特征

螺壳尺寸 33～118 mm。贝壳坚固，通常呈倒圆锥形，螺旋部尖，体螺层高大。壳面平滑或有螺肋、螺沟、颗粒等突起。贝壳表面为淡黄色，有 2 条宽棕褐色带，壳口白色。

（2）分布

分布于印度洋至西太平洋，如菲律宾、澳大利亚昆士兰州海域。

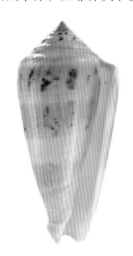

图 2.85 耸肩芋螺

86. 金壁芋螺（*Conus corallinus*），命名者及时间：Kiener L C，1845

（1）外形特征

螺壳尺寸 15.0～37.5 mm。贝壳坚固，通常呈倒圆锥形，螺旋部稍高，螺塔有肋，体螺层高大。壳面平滑。贝壳主要是橘红色，螺旋形点状斑，有白色的不规则花纹，常被有黄褐色的壳皮。

（2）分布

分布于太平洋。

图 2.86 金壁芋螺

87．协和芋螺（*Conus cordigera*），命名者及时间：Sowerby Ⅱ，1866

（1）外形特征

螺壳尺寸 30 ～ 72 mm。

（2）分布

分布于菲律宾至印度尼西亚东部等地海域。

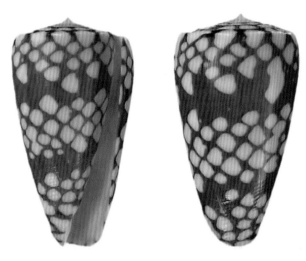

图 2.87　协和芋螺

88．花冠芋螺（*Conus coronatus*），命名者及时间：Gmelin，1791

（1）外形特征

螺壳尺寸 15 ～ 47 mm。螺塔低，体螺层大，占据螺壳尺寸一半以上。体层具细肋，灰色底，有不规则的褐色斑点和白纹，肩部具冠状瘤突。壳口底部宽，具紫褐色或褐色斑。

（2）分布

分布于印度洋至太平洋热带海域。

图 2.88　花冠芋螺

89．蕃红芋螺（*Conus crocatus*），命名者及时间：Lamarck，1810

（1）外形特征

螺壳尺寸 21～82 mm。

（2）分布

分布于太平洋西部至泰国，马达加斯加至毛里求斯海域。

图2.89　蕃红芋螺

90．泰国芋螺（*Conus crocatus thailandis*），**别名：泰国红花芋螺**，命名者及时间：Motta，1978

（1）外形特征

螺壳尺寸 30～80 mm。

（2）分布

分布于安达曼海、泰国和越南。

图2.90　泰国芋螺

91. 卡明氏芋螺（*Conus cumingii*），**命名者及时间：**Reeve，1848

（1）外形特征

螺壳尺寸 20～40 mm。

（2）分布

分布于印度、菲律宾、澳大利亚东部和所罗门群岛。

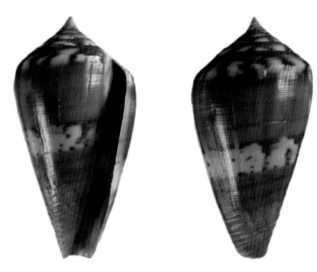

图2.91 卡明氏芋螺

92. 披麻芋螺（*Conus cuneolus*），**命名者及时间：**Reeve L A，1843

（1）外形特征

螺壳尺寸 17～33 mm。

（2）分布

分布于佛得角。

图2.92 披麻芋螺

93．可拉芋螺（*Conus curralensis*），命名者及时间：Rolan E M，1986

（1）外形特征

螺壳尺寸 20 ～ 25 mm。

（2）分布

主要分布于佛得角。

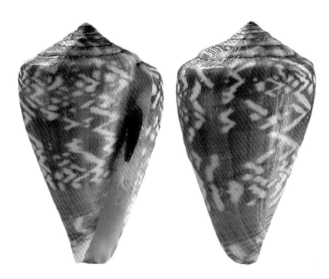

图2.93　可拉芋螺

94．大宽口芋螺（*Conus cuvieri*），命名者及时间：Crosse，1858

（1）外形特征

螺壳尺寸 17 ～ 51 mm。壳薄，呈膨大圆柱形，淡黄褐色，具少数白色大斑点（尤其中部居多）。

（2）分布

分布于红海南部和亚丁湾。

图2.94　大宽口芋螺

95．色口芋螺（*Conus cyanostoma*），**命名者及时间：**Adams A，1854

（1）外形特征

螺壳尺寸 17～32 mm。

（2）分布

分布于印度洋至太平洋，包括澳大利亚昆士兰州至新南威尔士州北部海域。

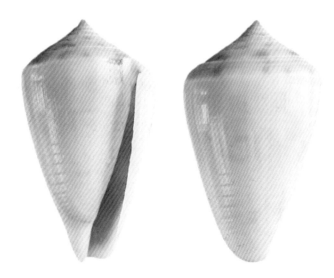

图2.95　色口芋螺

96．枪弹芋螺（*Conus cylindraceus*），**命名者及时间：**Broderip & Sowerby，1833

（1）外形特征

螺壳尺寸 17～49 mm。

（2）分布

分布于印度洋至西太平洋海域。

图2.96　枪弹芋螺

97．丰润芋螺（*Conus damottai*），命名者及时间：Trovão，1979

（1）外形特征

螺壳尺寸 15～30 mm。贝壳坚固，通常呈倒圆锥形，螺旋部低平，体螺层高大。壳面平滑。贝壳表面呈乳白色，花纹颜色丰富多彩，常被有黄褐色的壳皮。

（2）分布

分布于佛得角和地中海。

图 2.97　丰润芋螺

98．重妆夫人芋螺（*Conus damottai galeao*），命名者及时间：Rolan，1996

（1）外形特征

螺壳尺寸是 16～30 mm。壳底色通常是白色，体螺层下方约 1/3 部分有螺旋状白色条带，其他部分则有很淡的褐色至深棕色块状斑，并布有褐色或橘色的细纵线。

（2）分布

分布于佛得角。

图 2.98　重妆夫人芋螺

99．宕仆芋螺（*Conus dampierensis*），命名者及时间：Filmer，1985

（1）外形特征

螺壳尺寸 23～34 mm。

（2）分布范围

主要分布于澳大利亚西部等地。

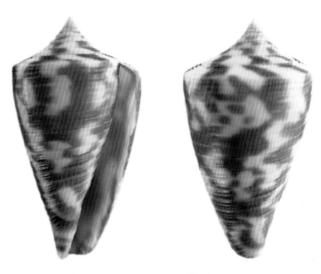

图2.99　宕仆芋螺

100．红萝卜芋螺（*Conus daucus*），命名者及时间：Hwass，1792

（1）外形特征

螺壳尺寸 19～66 mm。螺壳颜色为柠檬色或橙棕色，有时会有淡色的中心带状隔断。螺塔部有时具红棕色斑点。

（2）分布

分布于加勒比海、墨西哥湾、大西洋北部、红海和印度洋。

图2.100　红萝卜芋螺

101. 戴利芋螺（*Conus dayriti*），命名者及时间：Rockel & Motta，1983

（1）外形特征

螺壳尺寸 13～36 mm。

（2）分布

分布于菲律宾和新喀里多尼亚。

图 2.101　戴利芋螺

102. 德卢卡芋螺（*Conus delucai*），命名者及时间：Coltro，2004

（1）外形特征

螺壳尺寸 11～15 mm。

（2）分布

分布于巴西东北部和南部。

图 2.102　德卢卡芋螺

103. 长距芋螺（*Conus distans*），命名者及时间：Hwass，1792

（1）外形特征

螺壳尺寸 30～137 mm。贝壳坚固，螺塔低，肩部以上有瘤突；壳表浅棕褐色或青褐色，腰部有不清晰的白色宽带，底部紫褐色。螺塔呈阶梯状并有凹陷，还有一突出的中间壳顶。

（2）分布

分布于红海、印度洋至西太平洋海域。

图 2.103　长距芋螺

104. 董氏芋螺（*Conus dondani*），命名者及时间：Kosuge S，1981

（1）外形特征

螺壳尺寸 16～33 mm。

（2）分布

分布于菲律宾。

图 2.104　董氏芋螺

105. 橄榄皮芋螺（*Conus dorreensis*），命名者及时间：Péron，1807

（1）外形特征

螺壳尺寸 11 ～ 48 mm。螺塔部具瘤突，中间顶部突起升高。整个表面被精美的细针孔状循环线覆盖。螺壳表皮薄，呈黄橄榄色，通常在体螺层上呈连续的宽型带状，在窄的肩部和基带部消失。

（2）分布

分布于澳大利亚西部。

图 2.105　橄榄皮芋螺

106. 贵妇芋螺（*Conus dusaveli*），命名者及时间：Adams，1872

（1）外形特征

螺壳尺寸 50 ～ 93 mm。贝壳坚固，通常呈纺锤形，螺旋部稍高，体螺层高大。

（2）分布

分布于日本和菲律宾等地。

图 2.106　贵妇芋螺

107．斑芋螺（*Conus ebraeus*），**别名：希伯来芋螺，命名者及时间：**Linnaeus，1758

（1）外形特征

螺壳尺寸 16 ～ 62 mm。贝壳坚固，通常呈倒圆锥形，螺旋部低平，底色为白色，亚成体标本有时会混有粉红色。体螺层有 3 ～ 4 条螺列，螺列由方形黑斑所构成；缝合面有放射状黑色斑。壳顶通常为粉红色。壳口白色至青白色，壳口内面可见与外面相同的图案。肩部具有弱结节。黄灰色的壳皮薄而透明、平坦。

（2）分布

分布于整个印度洋 – 太平洋至中美洲西岸海域。

图 2.107　斑芋螺

108．黑星芋螺（*Conus eburneus*），**别名：象牙芋螺、黑玉米螺，命名者及时间：**Hwass，1792

（1）外形特征

螺壳尺寸 30 ～ 79 mm。贝壳坚固，呈倒锥形，螺塔低。底色为白色，体螺层的螺带由黑褐色至红褐色方形斑点、逗号状斑所构成。具有浅黄褐色横带，个体变异很多，体螺层下半部常有微弱螺沟。壳口白。

（2）分布范围

分布于印度洋至西太平洋海域。

图 2.108　黑星芋螺

109. 希神芋螺（*Conus echo*），命名者及时间：Lauer，1989

（1）外形特征

螺壳尺寸 38～69 mm。

（2）分布

分布于印度洋索马里海域。

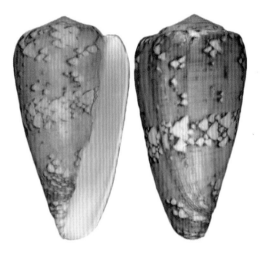

图2.109　希神芋螺

110. 少女芋螺（*Conus emaciatus*），别名：假玉女芋螺，命名者及时间：Reeve，1849

（1）外形特征

螺壳尺寸 30～69 mm。贝壳坚固，体螺层为圆锥形，较瘦长；近肩部的轮廓凸出，以下则平直；肩部浑圆。螺塔低，轮廓凹入，成壳缝合面扁平。体螺层具均匀纤细的螺肋。底色为白色、浅黄褐色或乳白色，体螺层常具有细螺线。壳口白。壳皮厚，不透明，为黄色至乳白色，具交错的纵向脊；幼贝的壳皮为浅黄色，薄，透明，平滑。壳嘴部紫色。

（2）分布

分布于印度洋至太平洋海域。

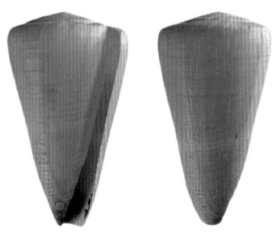

图2.110　少女芋螺

111. 焦褐芋螺（*Conus encaustus*），**命名者及时间：**Kiener L C，1845

（1）外形特征

螺壳尺寸 21.1～35.0 mm。

（2）分布

分布于马克萨斯。

图 2.111　焦褐芋螺

112. 萼托芋螺（*Conus episcopatus*），**命名者及时间：**Motta，1982

（1）外形特征

螺壳尺寸 40～115 mm。

（2）分布

分布于印度洋至西太平洋海域。

图 2.112　萼托芋螺

113. 红海芋螺（*Conus erythraeensis*），命名者及时间：Reeve，1843

（1）外形特征

螺壳尺寸 16～35 mm。螺壳小，平滑，下方具线形条纹，淡黄白色，板栗色四棱点成圈围绕，有时部分小点连成片状，形成板栗色斑块。

（2）分布

分布于红海和印度洋西北部海域。

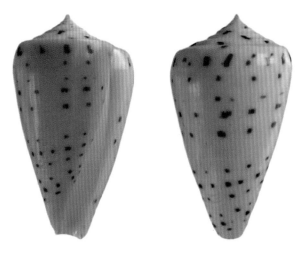

图 2.113 红海芋螺

114. 埃斯孔迪多芋螺（*Conus escondidai*），命名者及时间：Poppe G T & Tagaro S，2005

（1）外形特征

螺壳尺寸 30～52 mm。螺体呈倒锥形，极其坚实。壳顶扁平，或有一个伸出的螺塔部；壳表面有的平滑，有的有螺旋状装饰。

（2）分布

分布于菲律宾。

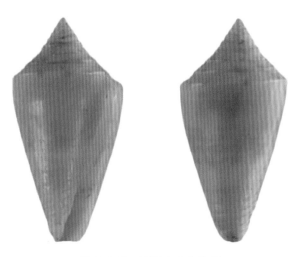

图 2.114 埃斯孔迪多芋螺

115. 小冒头芋螺（*Conus exiguus*），**命名者及时间：** Lamarck，1810

（1）外形特征

螺壳尺寸 14～54 mm。紫红色的外壳或多或少具板栗色大理石样式，体螺层或多或少具颗粒。螺塔部突起，圆锥形，具瘤状小突起。开口为紫红色。

（2）分布

分布于新喀里多尼亚、萨摩亚和越南。

图 2.115 小冒头芋螺

116. 特殊芋螺（*Conus eximius*），**别名：精干芋螺，命名者及时间：** Reeve，1849

（1）外形特征

螺壳尺寸 22～58 mm。螺壳呈明显的锥形，坚固，外壳白色，有锈棕色弯曲的纵向火焰图案，中间还有白色的条带。

（2）分布

分布于孟加拉湾至菲律宾海域，以及中国南沙群岛和台湾海峡。

图 2.116 特殊芋螺

117. 靠模芋螺 （*Conus explorator*），**命名者及时间**：Vink，1990

（1）外形特征

螺壳尺寸 14.3～25.0 mm。

（2）分布

分布于加勒比海。

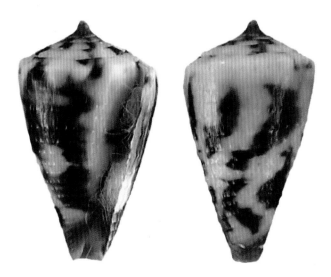

图 2.117　靠模芋螺

118. 幻影芋螺 （*Conus fantasmalis*），**命名者及时间**：Rolan，1990

（1）外形特征

螺壳尺寸 16～30 mm。

（2）分布

分布于佛得角。

图 2.118　幻影芋螺

119. 漫黄芋螺（*Conus ferrugineus*），命名者及时间：Hwass，1792

（1）外形特征

螺壳尺寸 40～93 mm。螺塔部具条纹和低的脊状突起，微黄色，有褐色斑点。螺壳薄，体螺层具条纹，微黄色，有远的棕色循环细线的踪迹。开口为白色。

（2）分布

分布于印度尼西亚和澳大利亚昆士兰州。

图 2.119　漫黄芋螺

120. 黑线芋螺（*Conus figulinus*），命名者及时间：Linnaeus，1758

（1）外形特征

螺壳尺寸 30～135 mm。贝壳厚重，呈锥形至梨形，螺塔高度低至适中，成壳的螺塔缝合面扁或微凸，具有许多螺纹；肩部圆丰。底色从奶油黄色至灰褐色，具有许多褐色的细螺线，前部的螺线略凸。壳口内面白色。常被有黄褐色的壳皮。

（2）分布

分布于印度洋至西太平洋海域。

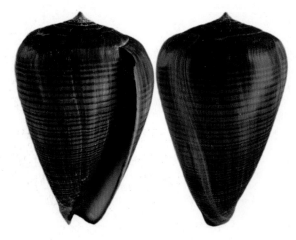

图 2.120　黑线芋螺

121. 黄白芋螺（*Conus filmeri*），命名者及时间：Rolan & Rockel，2000

（1）外形特征

螺壳尺寸 18～24 mm。

（2）分布

分布于安哥拉。

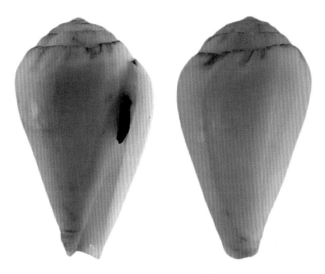

图2.121 黄白芋螺

122. 菲策芋螺（*Conus fischoederi*），命名者及时间：Rockel & da Motta，1983

（1）外形特征

螺壳尺寸 20～49 mm。贝壳坚固，通常呈倒圆锥形，螺旋部稍高，体螺层高大。壳面平滑，下端有螺肋。壳青乳白色，有大片橘黄色或棕色的花纹，丰富多彩，常被有黄褐色的壳皮。

（2）分布

分布于菲律宾和泰国西部。

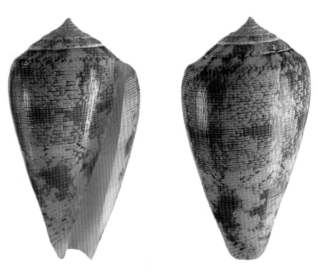

图2.122 菲策芋螺

123. 紫霞芋螺（*Conus flavidus*），别名：黄太平洋芋螺，命名者及时间：Lamarck，1810

（1）外形特征

螺壳尺寸 19～75 mm。贝壳坚固，体螺层圆锥形，有时为中间膨大的圆锥形，螺塔通常低，体螺层具有螺肋，下半部的螺肋有时具颗粒。壳从浅黄色至橘色或粉红褐色。体螺层中央与肩部下有白色的螺带。基部带有蓝紫色，壳口蓝紫色，其基部与中间部位具有浅色带。壳皮厚，呈灰褐色至褐色。

（2）分布

广泛分布于印度洋至太平洋海域、红海。

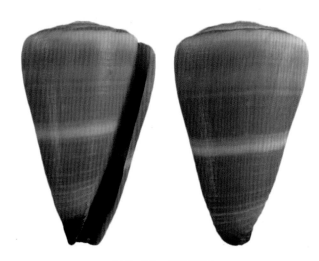

图 2.123　紫霞芋螺

124. 黄芋螺（*Conus flavus*），命名者及时间：Rockel，1985

（1）外形特征

螺壳尺寸 45～78 mm。

（2）分布

分布于菲律宾、新几内亚、所罗门群岛和斐济。

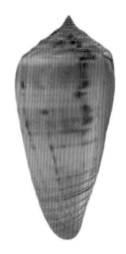

图 2.124　黄芋螺

125．金枣芋螺（*Conus floccatus*），命名者及时间：Sowerby G B Ⅱ，1839

（1）外形特征

螺壳尺寸 35 ～ 86 mm。贝壳通常呈倒圆锥形，壳表枣红色或金红褐色，花纹美丽，有白色斑。

（2）分布

分布于菲律宾至马绍尔群岛，以及新喀里多尼亚、所罗门群岛、印度尼西亚和澳大利亚昆士兰州。

图 2.125　金枣芋螺

126．花簇芋螺（*Conus floridulus*），命名者及时间：Adams & Reeve，1848

（1）外形特征

螺壳尺寸 22 ～ 59 mm。螺旋部稍高，体螺层高大。壳面具螺肋、螺沟和颗粒等突起。贝壳顶有结节。壳表白色，有棕色和褐色宽带和斑纹。

（2）分布

分布于菲律宾、巴布亚湾和中国南海。

图 2.126　花簇芋螺

127. 碎黄芋螺（*Conus fragilissimus*），**别名：脆弱芋螺，命名者及时间：Petuch，1979**

（1）外形特征

螺壳尺寸 26～50 mm。

（2）分布

分布于埃塞俄比亚、红海中部和南部。

图 2.127　碎黄芋螺

128. 云霞芋螺（*Conus frigidus*），**命名者及时间：Reeve L A，1848**

（1）外形特征

螺壳尺寸 25～56 mm。螺塔通常低，体螺层为中间膨大的圆锥形，具有螺肋，下半部的螺肋具有颗粒。壳颜色从浅黄色或橘色至粉红褐色不等。体螺层中央有白色的螺带。基部带有蓝紫色。壳皮厚，呈灰褐色至褐色。

（2）分布

分布于红海、非洲东部的印度洋和太平洋海域。

图 2.128　云霞芋螺

129. 玳瑁芋螺 (*Conus fulmen*)，别称：福人芋螺，命名者及时间：Reeve，1833

（1）外形特征

螺壳尺寸45～80 mm。贝壳坚固，通常呈倒圆锥形，螺旋部稍高，体螺层高大。体螺层布有或窄或宽的淡褐色至淡紫色带以及白色带，并布有深褐色纵斑和火焰状斑。成壳螺塔上的缝合面有螺沟与放射状的深褐色斑。壳顶为淡橙红色。体螺层为中间膨大的圆锥形。

（2）分布

分布于日本、中国台湾等地。

图 2.129 玳瑁芋螺

130. 白烟芋螺 (*Conus fumigatus*)，命名者及时间：Hwass，1792

（1）外形特征

螺壳尺寸30～69 mm。

（2）分布

分布于红海、埃塞俄比亚。

图 2.130 白烟芋螺

131. 暗色芋螺（*Conus furvus*），命名者及时间：Reeve L A，1843

（1）外形特征

螺壳尺寸 30～71 mm。贝壳通常呈倒圆锥形，螺旋部低平，体螺层高大。壳面平滑。贝壳颜色和花纹丰富多彩，类似木纹，有 2～3 条白色细横带。

（2）分布

主要分布于印度洋至太平洋海域，常见于中国南海以及菲律宾苏禄海、莱特岛。

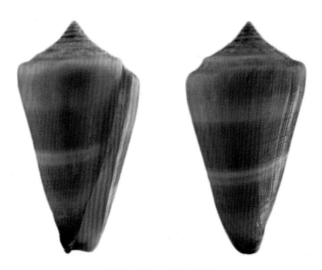

图 2.131　暗色芋螺

132. 幽香芋螺（*Conus fuscoflavus*），命名者及时间：Roockel，1980

（1）外形特征

螺壳尺寸 15～28 mm。贝壳圆锥形，坚固，螺塔低，体螺层大，占据螺壳尺寸一半以上。壳口狭窄且长。壳表有成长脉、螺脉、螺沟、颗粒和肩部的结节。

（2）分布

分布于佛得角萨尔岛。

图 2.132　幽香芋螺

133. 虚线芋螺（*Conus fuscolineatus*），命名者及时间：Sowerby GB Ⅲ，1905

（1）外形特征

螺壳尺寸 15 ～ 40 mm。壳底色通常是白色，表面带有浅褐色波纹状线条，这些线条连接成虚线条纹，按螺旋状排列于壳上。内部孔隙处通常为白色。

（2）分布

分布于大西洋东部几内亚至安哥拉海域，地中海也有发现。

图 2.133 虚线芋螺

134. 加贝拉芋螺（*Conus gabelishi*），命名者及时间：Motta & Ninomiya，1982

（1）外形特征

螺壳尺寸 23 ～ 43 mm。

（2）分布

分布于澳大利亚西部。

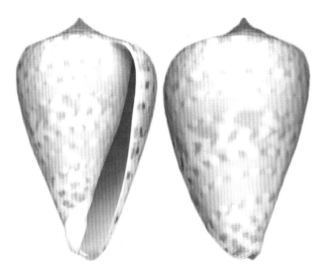

图 2.134 加贝拉芋螺

135. 将军芋螺（*Conus generalis*），命名者及时间：Linnaeus，1767

（1）外形特征

螺壳尺寸45～105 mm。贝壳坚固，通常体螺层为圆锥形或较瘦长的圆锥形，轮廓近乎平直，肩部有角。螺塔的轮廓凹入，螺塔上层隆起；体螺层基部具细螺肋，较大的标本则缺乏。底色为白色，体螺层布有橘褐色至深褐色火焰状或锯齿状的纵斑，并有两条黄色至橘褐色的宽螺带。基部紫色至深褐色。

（2）分布

分布于印度洋至西太平洋海域。

图2.135　将军芋螺

136. 勋章芋螺（*Conus genuanus*），命名者及时间：Linnaeus C，1758

（1）外形特征

螺壳尺寸33～75 mm。螺壳底色为粉红棕色或者紫棕色，具大小交替的白色和巧克力色四边形斑点及横线组成的窄循环线。螺壳表面和螺塔部是光滑的，但有时循环线会略微升高。

（2）分布

分布于塞内加尔至安哥拉海域、韦尔德角和加纳利群岛等地。

图2.136　勋章芋螺

137. 杀手芋螺（*Conus geographus*），别名：地纹芋螺，命名者及时间：Linnaeus，1758

（1）外形特征

螺壳尺寸43～166 mm。贝壳坚固，螺塔低，肩部具结节，体螺层近乎平滑，壳口于基部比肩部窄。底色为白色、淡褐色、淡紫色、淡粉红色，具微弱的褐色网状纹路，以及由褐色斑块所构成的2～3条宽带。

（2）分布

分布于印度洋至西太平洋海域。

图2.137　杀手芋螺

138. 橡实芋螺（*Conus glans*），别名：龟头芋螺，命名者及时间：Hwass J G，1792

（1）外形特征

螺壳尺寸17～65 mm。整个体螺层表面都被粗糙的螺纹环绕，这些螺纹由颗粒状的紫罗兰色或棕色的突起组成。壳顶端有一些明亮的小斑点，在中部有不规则的白色条带，按螺旋状排列，内部孔隙处也为紫罗兰色。

（2）分布

分布于印度洋、西太平洋热带海域。

图2.138　橡实芋螺

139. 海绿芋螺（*Conus glaucus*），命名者及时间：Linnaeus，1758

（1）外形特征

螺壳尺寸 30～65 mm。外壳颜色是蓝灰色或很淡的巧克力色，通常具颜色更淡的狭窄中心带和许多巧克力色短带构成的环状带。螺塔部具广泛的辐射状巧克力色带。

（2）分布

分布于印度尼西亚、菲律宾和瓦努阿图。

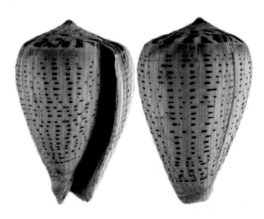

图 2.139　海绿芋螺

140. 海之荣光芋螺（*Conus gloriamaris*），命名者及时间：Chemnitz，1777

（1）外形特征

螺壳尺寸 70～162 mm。贝壳坚固，通常呈倒圆锥形或纺锤形，螺旋部低平或稍高，体螺层高大。壳面平滑或具螺肋、螺沟或颗粒等突起。表面有光泽，螺塔体层长度约是螺塔的两倍。体层侧面平直，或者微微内凹，缝合线呈线状。壳口长，底部略加宽。早期螺层有细小的结节，后期螺层几乎平滑。壳表近白色、蓝白色或乳白色，有 3 道宽但不明显的螺带，以及密集重叠的浅或深褐色的帐篷状花纹。

（2）分布

分布于菲律宾、马来西亚、萨摩亚和斐济。

图 2.140　海之荣光芋螺

141．台阶芋螺（*Conus gradatulus*）命名者及时间：Weinkauff H C，1875

（1）外形特征

螺壳尺寸 41～72 mm。贝壳坚固，通常呈倒圆锥形，螺旋部高，体螺层细长高大。壳面平滑，螺塔具螺肋和螺沟。贝壳颜色洁白高雅，有黄色花纹，丰富多彩，常被有黄褐色的壳皮。

（2）分布

分布于南非南部。

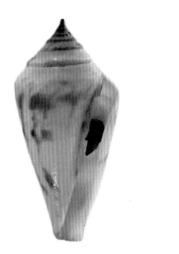

图 2.141　台阶芋螺

142．结瘤芋螺（*Conus granarius*），命名者及时间：Kiener，1847

（1）外形特征

螺壳尺寸 30～71 mm。体螺层光滑，下方稍具条纹。壳表色彩及花纹鲜艳斑斓，有不规则的栗色和白色大理石样花纹。壳表等距离的栗色循环线中具有突起的白色斑点。

（2）分布

分布于哥伦比亚。

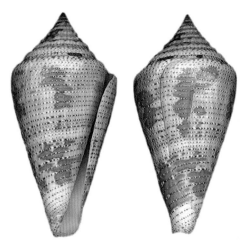

图 2.142　结瘤芋螺

143. 粒芋螺（*Conus grangeri*），命名者及时间：Sowerby Ⅲ，1900

（1）外形特征

螺壳尺寸 31～75 mm。

（2）分布

分布于红海、斯里兰卡、菲律宾和澳大利亚。

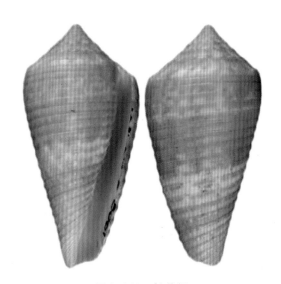

图 2.143   粒芋螺

144. 安地列芋螺（*Conus granulatus*），命名者及时间：Linnaeus，1758

（1）外形特征

螺壳尺寸 64.1 mm。

（2）分布

分布于大西洋西部、加勒比海和墨西哥湾。

图 2.144   安地列芋螺

145. 格拉姆芋螺（*Conus granum*），命名者及时间：Röckel & Fischöder，1985

（1）外形特征

螺壳尺寸 18 ～ 40 mm。

（2）分布

分布于马尔代夫、中国台湾、斐济、新喀里多尼亚和澳大利亚。

图 2.145　格拉姆芋螺

146. 大尖帽芋螺（*Conus gratacapii*），命名者及时间：Pilsbry，1904

（1）外形特征

螺壳尺寸 27 ～ 44 mm。壳体纤细且长，直径略超过 1/3 的长度。高直的尖顶占壳长度的 2/5。

（2）分布

分布于中国台湾、日本。

图 2.146　大尖帽芋螺

147. 沼泽芋螺（*Conus guanche*），命名者及时间：Lauer，1993

（1）外形特征

螺壳尺寸 20～40 mm。贝壳坚固，通常呈倒圆锥形，体螺层高大。壳面平滑。贝壳具棕色或黄色花纹，丰富多彩，常被有黄褐色的壳皮。

（2）分布

分布于加纳利群岛。

图2.147　沼泽芋螺

148. 舵手芋螺（*Conus gubernator*），**别名：岩画芋螺，命名者及时间：** Hwass，1792

（1）外形特征

螺壳尺寸 50～106 mm。壳塔部螺纹呈龙骨状，具沟和条纹，板栗色，镶嵌型。体螺层粉红色至白色，具板栗色或巧克力色的纵向斑块，通常为不明显的 2 条带状。基部有几个间距遥远的沟。

（2）分布

分布于印度洋至太平洋海域。

图2.148　舵手芋螺

149. 朴裴芋螺（*Conus guidopoppei*），**命名者及时间：**Raybaudi Massilia L, 2006

（1）外形特征

螺壳尺寸 20 ～ 35 mm。

（2）分布

分布于菲律宾。

图 2.149　朴裴芋螺

150. 哈姆芋螺（*Conus hamamotoi*），**命名者及时间：**Yoshiba S & Koyama Y, 1984

（1）外形特征

螺壳尺寸 18 ～ 24 mm。

（2）分布

分布于日本和新喀里多尼亚。

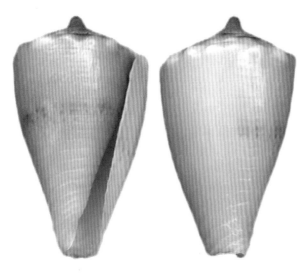

图 2.150　哈姆芋螺

151. 哈曼氏芋螺（*Conus hamanni*），命名者及时间：Fainzilber & Mienis，1986

（1）外形特征

螺壳尺寸 18 ～ 30 mm。

（2）分布

分布于红海。

图 2.151　哈曼氏芋螺

152. 原泽芋螺（*Conus harasewychi*），命名者及时间：Petuch，1987

（1）外形特征

螺壳尺寸 26 mm。

（2）分布

分布于美国佛罗里达、巴哈马。

图 2.152　原泽芋螺

153．海尔格芋螺（*Conus helgae*），别名：麻风芋螺，命名者及时间：Bloher M，1992

（1）外形特征

螺壳尺寸可达 40 mm。

（2）分布

分布于马达加斯加。

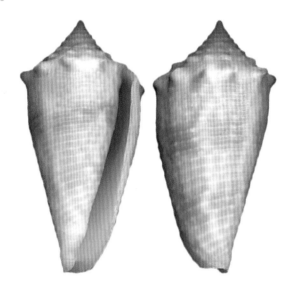

图 2.153　海尔格芋螺

154．埃内坎芋螺（*Conus hennequini*），别名：马尼奥蒂芋螺，命名者及时间：Petuch，1993

（1）外形特征

螺壳尺寸最大为 23 mm。

（2）分布

分布于加勒比海洪都拉斯和马提尼克。

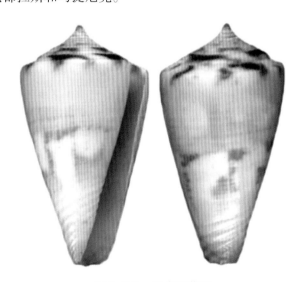

图 2.154　埃内坎芋螺

155. 象形文芋螺（*Conus hieroglyphus*），命名者及时间：Duclos，1833

（1）外形特征

螺壳尺寸 12～23 mm。

（2）分布

分布于阿鲁巴、荷属安的列斯群岛。

图 2.155　象形文芋螺

156. 平濑芋螺（*Conus hirasei*），命名者及时间：Kuroda T，1956

（1）外形特征

螺壳尺寸 40～92 mm。贝壳坚固，通常呈倒圆锥形，螺旋部稍低，体螺层高大。壳面平滑。贝壳底色为白色，有 20 多条明显的咖啡色横线围绕壳体，壳上端与体层处有褐色大斑点。

（2）分布

分布于日本南部至菲律宾海域。

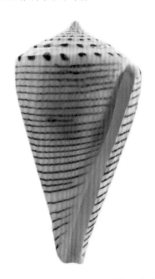

图 2.156　平濑芋螺

157. 郝伍德芋螺（*Conus hopwoodi*），命名者及时间：Tomlin，1936

（1）外形特征

螺壳尺寸 25～32 mm。

（2）分布

分布于美拉尼西亚、中国南海、巴布亚新几内亚、所罗门群岛和澳大利亚昆士兰州。

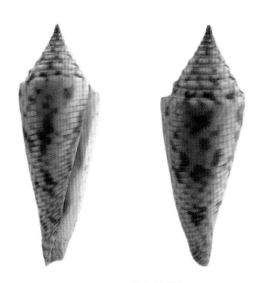

图 2.157 郝伍德芋螺

158. 郝蔚丽芋螺（*Conus howelli*），命名者及时间：Iredale，1929

（1）外形特征

螺壳尺寸 18～49 mm。

（2）分布

分布于新西兰、新喀里多尼亚和澳大利亚新南威尔士州。

图 2.158 郝蔚丽芋螺

159. 猎狗芋螺（*Conus hyaena*），命名者及时间：Hwass J G，1792

（1）外形特征

螺壳尺寸 29.0～80.5 mm。壳上部较为膨胀，具有螺旋状条纹。壳颜色为土黄色，壳上有旋转的条纹，带有散射的淡棕色条带。

（2）分布

分布于印度洋、菲律宾至印度尼西亚的太平洋、中国南海。

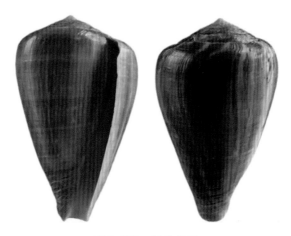

图 2.159　猎狗芋螺

160. 龙王芋螺（*Conus ichinoseana*），命名者及时间：Kuroda，1956

（1）外形特征

螺壳尺寸 50～105 mm。壳圆锥形，坚固，螺塔低，体螺层大，占据螺壳尺寸一半以上。壳口狭窄且长。壳表有成长脉、螺脉、螺沟、颗粒和肩部的结节。

（2）分布

分布于日本、菲律宾、澳大利亚西北、新喀里多尼亚，以及中国南海至越南海域。

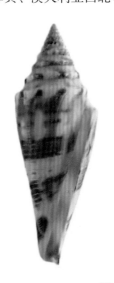

图 2.160　龙王芋螺

161. 海兔芋螺（*Conus immelmani*），命名者及时间：Korn W，1998

（1）外形特征

螺壳尺寸71～90 mm。壳颜色为深褐色，表面带细线状的白色条带，这些条带按螺旋状排列。贝壳厚实，多呈倒圆锥形或纺锤形，螺旋部低平或稍高，体螺层高大。壳面平滑。

（2）分布

分布于南非卡瓦祖鲁纳托和特兰斯凯。

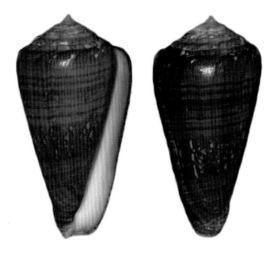

图2.161　海兔芋螺

162. 帝王芋螺（*Conus imperialis*），命名者及时间：Linnaeus，1758

（1）外形特征

螺壳尺寸40～110 mm。壳厚实平直，壳顶和肩部有锯齿状突起，体螺层表面淡黄白色或奶油色，有棕褐色条带。

（2）分布

分布于印度洋的亚达伯拉、马达加斯加、马斯克林海盆和毛里求斯，以及太平洋海域。

图2.162　帝王芋螺

163．易变芋螺（*Conus inconstans*）**命名者及时间：** Smith，1877

（1）外形特征

螺壳尺寸 22～28 mm。

（2）分布

分布于加勒比海、巴拿马。

图 2.163　易变芋螺

164．长颈鹿芋螺（*Conus inscriptus*），**命名者及时间：** Reeve，1843

（1）外形特征

螺壳尺寸 32～65 mm。

（2）分布

分布于红海、马达加斯加、南非夸祖鲁—纳塔尔省、泰国西部和爱琴海。

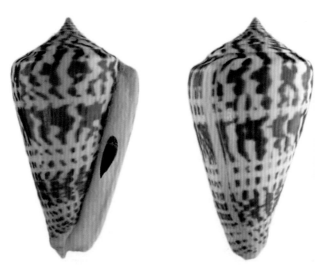

图 2.164　长颈鹿芋螺

165．雕刻芋螺（*Conus insculptus*），命名者及时间：Kiener，1847

（1）外形特征

螺壳尺寸 18～66 mm。

（2）分布

分布于泰国西部、斐济、巴布亚新几内亚、菲律宾、中国南海、中国台湾和澳大利亚北部。

图 2.165　雕刻芋螺

166．紫口芋螺（*Conus iodostoma*），命名者及时间：Reeve，1843

（1）外形特征

螺壳尺寸 25～47 mm。

（2）分布

分布于印度洋西部海域。

图 2.166　紫口芋螺

167．紫罗兰芋螺（*Conus ione*），命名者及时间：Fulton，1938

（1）外形特征

螺壳尺寸 40～76 mm。

（2）分布

分布于莫桑比克、留尼旺岛、洛亚尔提群岛、菲律宾、中国南海、中国台湾、日本、新喀里多尼亚和澳大利亚西部。

图 2.167　紫罗兰芋螺

168．忤逆芋螺（*Conus irregularis*），命名者及时间：Sowerby，1858

（1）外形特征

螺壳尺寸 17～35 mm。

（2）分布

分布于佛得角。

图 2.168　忤逆芋螺

169．双面芋螺（*Conus janus*），命名者及时间：Hwass，1792

（1）外形特征

螺壳尺寸37～80 mm。贝壳坚固，通常呈倒圆锥形，螺旋部稍高，体螺层高大。壳面平滑。贝壳表面乳白色，布有竖波浪形棕色花纹，丰富多彩。

（2）分布

分布于非洲中东部、马斯卡瑞恩岛、印度南部。

图2.169　双面芋螺

170．吉氏芋螺（*Conus jickelii*），别名：杰克芋螺，命名者及时间：Weinkauff，1873

（1）外形特征

螺壳尺寸33～51 mm。

（2）分布

分布于红海和亚丁湾。

图2.170　吉氏芋螺

171. 约瑟芬芋螺（*Conus josephinae*），命名者及时间：Petuch，1975

（1）外形特征

螺壳尺寸 20～31 mm。

（2）分布

分布于大西洋东部、地中海。

图 2.171　约瑟芬芋螺

172. 朱莉芋螺（*Conus julii*），别名：马斯克林芋螺，命名者及时间：Lienard E，1870

（1）外形特征

螺壳尺寸 32～62 mm。外壳是白色的。体螺层上部、塔尖和内部微染粉红色；体螺层也显示了纵向板栗色条纹，形成 2 条不规则的条带。

（2）分布

分布于印度洋的毛里求斯和马斯克林海域。

图 2.172　朱莉芋螺

173. 杂斑芋螺（*Conus kiicumulus*），**命名者及时间：**Azuma M，1982

（1）外形特征

螺壳尺寸 30 ～ 41 mm。

（2）分布

分布于日本南部。

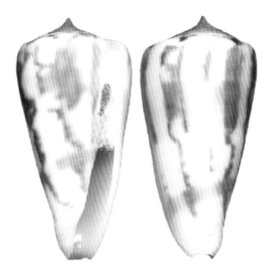

图2.173　杂斑芋螺

174. 龙柱芋螺（*Conus kimioi*），**命名者及时间：**Habe，1965

（1）外形特征

螺壳尺寸 13 ～ 23 mm。

（2）分布

分布于日本到菲律宾海域，以及切斯特菲尔德群岛和新喀里多尼亚等地。

图2.174　龙柱芋螺

175．木下芋螺（*Conus kinoshitai*），命名者及时间：Kuroda，1956

（1）外形特征

螺壳尺寸40～94 mm。贝壳坚固，通常呈倒圆锥形，螺旋部低，体螺层瘦长。壳面平滑。贝壳表面乳白色，体层上有3条褐色或深褐色宽横带，壳口内白色。

（2）分布

分布于中国南海以及菲律宾至所罗门群岛海域。印度洋的莫桑比克、马达加斯加和留尼旺也有记录。

图2.175　木下芋螺

176．野鸡芋螺（*Conus kintoki*），命名者及时间：Habe T & Kosuge S，1970

（1）外形特征

螺壳尺寸45～116 mm。贝壳坚固，体螺层为较瘦长的圆锥形，近肩部的轮廓凸出，以下则平直。肩部有角。螺塔低，轮廓凹入，成壳缝合面扁平。壳体为白色、浅黄色或粉色，常具有细螺线，壳口白，有的具有深色宽带。壳皮厚，不透明，为黄色。

（2）分布

分布于菲律宾至中国南海海域。

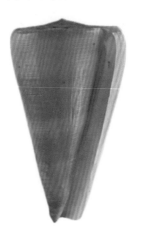

图2.176　野鸡芋螺

177．卡梅芋螺（*Conus klemae*），别名：珊瑚芋螺、箭花芋螺，命名者及时间：Cotton，1953

（1）外形特征

螺壳尺寸 25 ～ 86 mm。

（2）分布

分布于澳大利亚。

图 2.177　卡梅芋螺

178．克雷默芋螺（*Conus kremerorum*），命名者及时间：Petuch，1988

（1）外形特征

螺壳尺寸 18 ～ 30 mm。

（2）分布

分布于巴巴多斯。

图 2.178　克雷默芋螺

179. 黑原芋螺 (*Conus kuroharai*)，命名者及时间：Habe, 1965

（1）外形特征

螺壳尺寸 35～72 mm。贝壳坚固，通常呈倒圆锥形，螺旋部低，体螺层高大。壳面具环形细螺肋和螺沟。贝壳颜色为乳白色或浅粉色，上面布满纵向细线纹，花纹黄色或棕色，丰富多彩。

（2）分布

分布于日本、菲律宾和洛亚尔提群岛。

图 2.179　黑原芋螺

180. 莱姆伯芋螺 (*Conus lamberti*)，别名：拉氏芋螺，命名者及时间：Souverbie S M, 1877

（1）外形特征

螺壳尺寸 70～114 mm。螺壳细长。表面光滑，为橙棕色，具有近似三角形的较大白色斑点，通常排列为 3 条宽的带状。

（2）分布

分布于新喀里多尼亚等地。

图 2.180　莱姆伯芋螺

181. 明线芋螺（*Conus laterculatus*），命名者及时间：Sowerby，1870

（1）外形特征

螺壳尺寸 33～64 mm。体螺层大，占据壳长一半以上。壳口狭窄且长。壳表有成长脉、螺脉、螺沟、颗粒和肩部的结节。壳体呈倒锥形，极坚实。壳表色彩及花纹鲜艳斑斓。

（2）分布

分布于菲律宾、加里曼群岛和越南。

图 2.181 明线芋螺

182. 使节芋螺（*Conus legatus*），命名者及时间：Lamarck，1810

（1）外形特征

螺壳尺寸 22～63 mm。外壳小而狭窄。网纹上方具有明显的纵向巧克力色标记。

（2）分布

分布于泰国西部，日本冲绳，法国玻利尼西亚，印度洋的莫桑比克、塞舌尔、毛里求斯和留尼旺，澳大利亚等地海域。

图 2.182 使节芋螺

183. 缎带芋螺（*Conus lemniscatus*），**命名者及时间**：Reeve L A，1849

（1）外形特征

螺壳尺寸 20～65 mm。贝壳坚固，通常呈倒圆锥形，螺旋部稍高，体螺层高大。壳面具螺肋。贝壳颜色和花纹丰富多彩，有时断时续的棕红色带纹，常被有黄褐色的壳皮。

（2）分布

分布于加勒比海，大西洋西部的巴西、阿根廷海域。

图 2.183　缎带芋螺

184. 嫩那瓦芋螺（*Conus lenavati*），**命名者及时间**：Motta & Röckel，1982

（1）外形特征

螺壳尺寸 38～91 mm。

（2）分布

分布于菲律宾和中国南海。

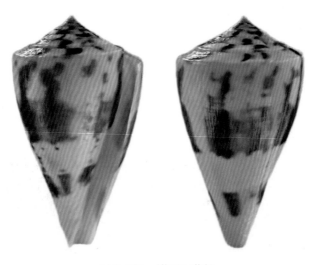

图 2.184　嫩那瓦芋螺

185. 雷普顿芋螺（*Conus leobottonii*），命名者及时间：Lorenz F，2006

（1）外形特征

螺壳尺寸 27～53 mm。壳颜色为浅褐色，表面有土黄色或深棕色的不规则图案。贝壳坚固，螺塔部适中，壳口宽。体螺层底部有螺旋状排列的条纹。

（2）分布

主要分布于太平洋。

图 2.185　雷普顿芋螺

186. 莱布雷罗芋螺（*Conus leobrerai*），命名者及时间：Motta & Martin，1982

（1）外形特征

螺壳尺寸 25～35 mm。

（2）分布

分布于菲律宾和所罗门群岛。

图 2.186　莱布雷罗芋螺

187．密码芋螺（*Conus leopardus*），别名：豹芋螺，命名者及时间：Roeding，1798

（1）外形特征

螺壳尺寸 50～222 mm。贝壳坚固，壳大且重，体螺层圆锥形，螺塔低。底色白，体螺层布满由黑褐色斑点及纵向短条纹所构成的螺列。螺塔缝合面布有黑褐色放射状斑纹，壳口白。

（2）分布

分布于整个印度洋和太平洋。

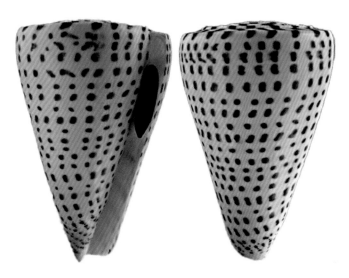

图 2.187　密码芋螺

188．莲娜氏芋螺（*Conus lienardi*），命名者及时间：Bernardi & Crosse，1861

（1）外形特征

螺壳尺寸 24～63 mm。

（2）分布

分布于新喀里多尼亚和美拉尼西亚等地。

图 2.188　莲娜氏芋螺

189. 刮痧芋螺（*Conus limpusi*），命名者及时间：Röckel & Korn，1990

（1）外形特征

螺壳尺寸 28～55 mm。

（2）分布

分布于澳大利亚昆士兰州。

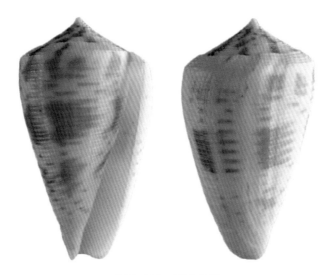

图 2.189　刮痧芋螺

190. 林达芋螺（*Conus lindae*），命名者及时间：Petuch E J，1987

（1）外形特征

螺壳尺寸最大为 31 mm。

（2）分布

分布于巴哈马。

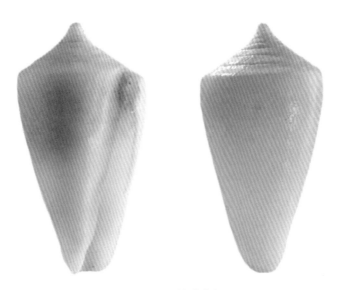

图 2.190　林达芋螺

191．李氏芋螺（*Conus lischkeanus*），**别名：尼姬芋螺，命名者及时间：Weinkauff，1875**

（1）外形特征

螺壳尺寸 20～75 mm。贝壳坚固，通常呈倒圆锥形，螺塔稍高，体螺层高大。壳面平滑或具螺肋。贝壳颜色以橘红色为主，也有棕色和褐色，花纹丰富多彩，螺塔表面有规则的白色斑块，形成美丽的链状。

（2）分布

分布于印度洋至太平洋海域。

图 2.191　李氏芋螺

192．克岛芋螺（*Conus lischkeanus kermadecensis*），**命名者及时间：Iredale，1912**

（1）外形特征

螺壳尺寸 25～60 mm。

（2）分布

分布于新西兰克马德克群岛，为新西兰特有种。

图 2.192　克岛芋螺

193. 玉带芋螺（*Conus litoglyphus*），命名者及时间：Hwass，1792

（1）外形特征

螺壳尺寸 35～75 mm。贝壳坚固，通常呈倒圆锥形，螺旋部低平，体螺层高大。壳面平滑或具螺肋、螺沟或颗粒等突起。壳表黄褐色，肩部和腰部各有 1 条白色斑带。

（2）分布

分布于菲律宾。

图 2.193　玉带芋螺

194. 字码芋螺（*Conus litteratus*），别名：信号芋螺，命名者及时间：Linnaeus C，1758

（1）外形特征

螺壳尺寸 24～186 mm。贝壳厚重，螺塔低，底色白，体螺层布满由黑褐色斑点及纵向短条纹所构成的螺列，有 2～3 条轴向的黄色或橙色条带。螺塔缝合面布有黑褐色放射状斑纹。壳口白。

（2）分布

分布于印度洋至西太平洋海域。

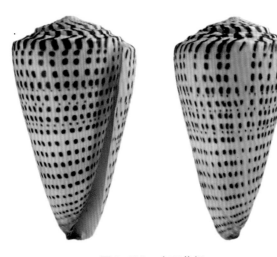

图 2.194　字码芋螺

195. 晚霞芋螺（*Conus lividus*），**别名：疣缟芋螺，命名者及时间：**Hwass，1758

（1）外形特征

螺壳尺寸 25～81 mm。贝壳坚固，体螺层为圆锥形。螺塔高度中等，螺塔及肩部具结节；体螺层中部以下具颗粒状螺肋。体螺层为绿褐色至黄褐色，肩部及中央为白色，有时混有蓝灰色；底端（前方末端）为深紫色。螺塔为白色。壳口内面具褐色边缘，往内为紫色至深紫色，中部及肩下具白色带。壳皮为橄榄黄至灰褐色。

（2）分布

分布广泛。分布于红海、印度洋和太平洋。

图 2.195　晚霞芋螺

196. 蜥皮芋螺（*Conus lizardensis*），**命名者及时间：**Crosse，1865

（1）外形特征

螺壳尺寸 25～55 mm。

（2）分布

分布于澳大利亚昆士兰州、新几内亚和印度尼西亚。

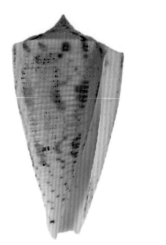
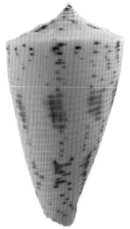

图 2.196　蜥皮芋螺

197．海军中将芋螺（*Conus locumtenens*），**命名者及时间：**Blumenbach，1791

（1）外形特征

螺壳尺寸 30～66 mm。

（2）分布

分布于红海和印度洋西北部海域。

图 2.197　海军中将芋螺

198．淘沙芋螺（*Conus loroisii*），**命名者及时间：**Kiener L C，1845

（1）外形特征

螺壳尺寸 50～120 mm。壳表乳白色，有浅色横带。

（2）分布

分布于印度东部和斯里兰卡等地。

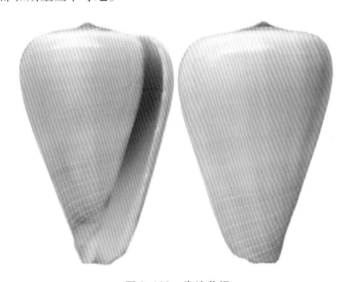

图 2.198　淘沙芋螺

199. 罗泰芋螺（*Conus luteus*），命名者及时间：Sowerby Ⅰ，1833

（1）外形特征

螺壳尺寸 18～54 mm。壳面具螺肋。壳表颜色棕红色，有白色花纹，腰部有浅色横带。

（2）分布

分布于印度洋至太平洋海域。

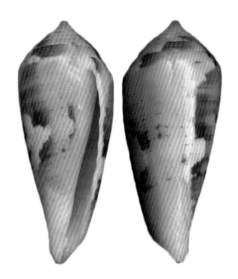

图 2.199　罗泰芋螺

200. 花廉芋螺（*Conus lynceus*），别名：锐芋螺，命名者及时间：Sowerby，1857

（1）外形特征

螺壳尺寸 50～89 mm。贝壳坚固，通常呈倒圆锥形，螺塔低而尖，肩部膨大钝圆。壳表乳白色，从螺塔到体螺层整齐地布满横向棕褐色斑列，腰部有 2 条横向棕褐色带，壳口白色。

（2）分布

分布于非洲东部、菲律宾和澳大利亚。

图 2.200　花廉芋螺

201．马岛芋螺（*Conus madagascariensis*），命名者及时间：Sowerby Ⅱ，1858

（1）外形特征

螺壳尺寸44.0～81.3 mm。

（2）分布

分布于马达加斯加和印度南部。

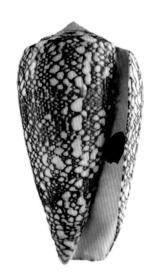

图2.201　马岛芋螺

202．华丽芋螺（*Conus magnificus*），别名：宏丽芋螺、美华芋螺，命名者及时间：Reeve，1843

（1）外形特征

螺壳尺寸55～92 mm。

（2）分布

分布于印度洋至太平洋海域，不包括夏威夷；澳大利亚有分布。

图2.202　华丽芋螺

203. 僧袍芋螺（*Conus magus*），**别名：幻芋螺，命名者及时间：**Linnaeus C，1758

（1）外形特征

螺壳尺寸 16～94 mm。贝壳坚固，通常呈倒圆锥形，螺旋部低平，体螺层高大。壳面平滑。贝壳表面白色，有黄色和黑褐色花纹，壳口白色。

（2）分布

分布于印度洋至太平洋海域，主要集中在菲律宾和澳大利亚昆士兰州等地海域。

图 2.203　僧袍芋螺

204. 马拉芋螺（*Conus malacanus*），**命名者及时间：**Hwass，1792

（1）外形特征

螺壳尺寸 40～83 mm。

（2）分布

分布于孟加拉湾。

图 2.204　马拉芋螺

205. 马尔代夫芋螺（*Conus maldivus*），命名者及时间：Hwass，1792

（1）外形特征

螺壳尺寸 18～83 mm。

（2）分布

分布于红海、印度洋西部马斯克林、马尔代夫和斯里兰卡。

图 2.205　马尔代夫芋螺

206. 地图芋螺（*Conus mappa*），命名者及时间：Lightfoot，1786

（1）外形特征

螺壳尺寸 36～67 mm。

（2）分布

分布于委内瑞拉、特立尼达和多巴哥、巴巴多斯。

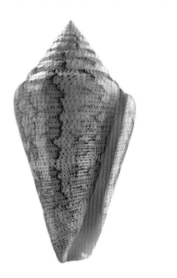

图 2.206　地图芋螺

207. 马奎沙芋螺（*Conus marchionatus*），**别名：马克萨斯芋螺，命名者及时间：** Hinds R B, 1843

（1）外形特征

螺壳尺寸 12～68 mm。螺塔部低平，有螺旋式线条。螺壳呈黄色或浅褐色，具圆角三角形白色大斑点。螺壳着色模式和大理石芋螺非常相似，但更亮，同时缺乏冠状疣粒，其尺寸通常也更小。

（2）分布

分布于太平洋马克萨斯群岛。

图 2.207　马奎沙芋螺

208. 玛莉芋螺（*Conus marielae*），**命名者及时间：** Rehder H A & Wilson B R, 1975

（1）外形特征

螺壳尺寸 30～60 mm。

（2）分布

分布于太平洋马克萨斯群岛、土阿莫土群岛和马绍尔群岛。

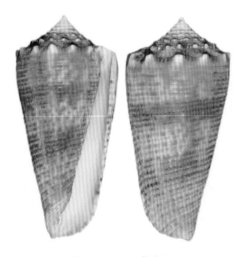

图 2.208　玛莉芋螺

209. 大理石芋螺（*Conus marmoreus*），命名者及时间：Linnaeus，1758

（1）外形特征

螺壳尺寸 30～150 mm。贝壳坚固，通常呈倒圆锥形，螺旋部低平，体螺层高大。壳面平滑，肩部有棱角，具结节，有波浪状起伏。螺塔高度低至中等，塔螺层具结节。体螺层下半部通常有弱螺肋。底色白，布满黑褐色网状纹，"网格"为白色帐篷状。壳口白色至淡粉红色、橘色。壳皮黄褐色至橘褐色，薄，透明，平滑。

（2）分布

分布于印度洋至西太平洋海域。

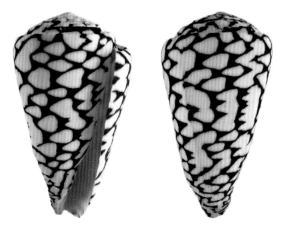

图 2.209 大理石芋螺

210. 寡妇芋螺（*Conus marmoreus vidua*），命名者及时间：Reeve，1843

（1）外形特征

螺壳尺寸 42～80 mm。与黑网目芋螺（*Conus araneosus nicobaricus* Hwass in Bruguière，1792）非常相似，但条带通常不容易描述，散乱分布着三角形的白斑点。

（2）分布

分布于西太平洋。

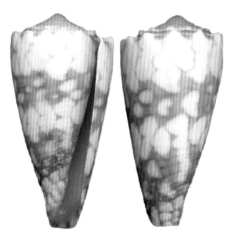

图 2.210 寡妇芋螺

211. 马氏芋螺（*Conus martensi*），命名者及时间：Smith E A，1884

（1）外形特征

螺壳尺寸 23～78 mm。壳底色通常是淡黄色，壳厚实，螺塔尖。

（2）分布

分布于非洲东部的阿曼。

图 2.211　马氏芋螺

212. 梅多奇芋螺（*Conus medoci*），命名者及时间：Lorenz，2004

（1）外形特征

螺壳尺寸 53～76 mm。

（2）分布

分布于马达加斯加南部。

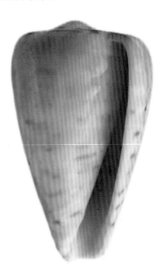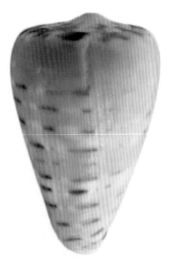

图 2.212　梅多奇芋螺

213.　蜜色鼬芋螺（*Conus melinus*），命名者及时间：Shikama，1964

（1）外形特征

螺壳尺寸 50～75 mm。贝壳坚固，通常呈倒圆锥形，螺旋部稍高，体螺层高大。壳面平滑。贝壳表面为黄色，有形成环带的不规则的黑白色斑点。螺塔呈阶梯状，还有一突出的中间壳顶。

（2）分布

分布于阿拉弗拉海、澳大利亚和菲律宾等地。

图 2.213　蜜色鼬芋螺

214.　竹雕芋螺（*Conus mercator*），命名者及时间：Linnaeus C，1758

（1）外形特征

螺壳尺寸 20～55 mm。贝壳坚固，通常呈倒圆锥形，体螺层高大。壳面平滑。贝壳表面为奶油色、浅黄色和棕色，表面花纹酷似竹编，丰富多彩，常被有黄褐色的壳皮。螺塔呈阶梯状并有凹陷，还有一突出的中间壳顶。与身体平行的薄唇形成一贯穿壳阶全长的笔直而狭窄的孔眼。

（2）分布

分布于塞内加尔。

图 2.214　竹雕芋螺

215. 勇士芋螺（*Conus miles*），**别名：柳丝芋螺，命名者及时间：**Linnaeus，1758

（1）外形特征

螺壳尺寸50～136 mm。底色为白色，体螺层具有一条深褐色的螺带，体螺层下方约1/3部分也是深褐色，其他部分则有很淡的褐色至橄榄色云状斑，并布有褐色至橘色的细纵线。

（2）分布

分布于红海、整个印度洋至太平洋海域，包括阿尔达不拉岛、查戈斯群岛、马达加斯加、毛里求斯、莫桑比克等地海域。

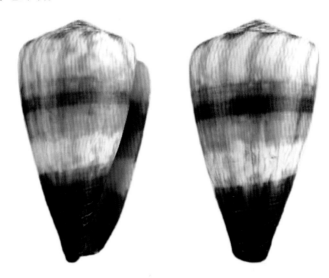

图2.215　勇士芋螺

216. 百万芋螺（*Conus miliaris*），**命名者及时间：**Hwass，1792

（1）外形特征

螺壳尺寸12～43 mm。

（2）分布

分布非常广泛，热带和亚热带海域均有发现。

图2.216　百万芋螺

217．帕斯卡芋螺（*Conus miliaris pascuensis*），命名者及时间：Rehder H A，1980

（1）外形特征

螺壳尺寸 15 ～ 30 mm。

（2）分布

分布于智利复活节岛。

图 2.217　帕斯卡芋螺

218．印度洋荣光芋螺（*Conus milneedwardsi clytospira*），命名者及时间：Melvill Standen，1899

（1）外形特征

螺壳尺寸 60 ～ 160 mm。贝壳坚固，通常呈纺锤形，螺旋部高耸，体螺层细长高大。壳面平滑。贝壳表面有奶油色和金黄色，或白色和金黄色组成网状的花纹，丰富多彩，常被有黄褐色的壳皮。

（2）分布

分布于巴基斯坦、印度、斯里兰卡等地。

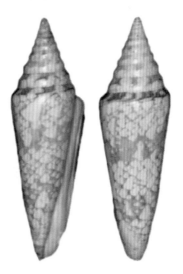

图 2.218　印度洋荣光芋螺

219. 迷你具槽芋螺（*Conus miniexcelsus*），命名者及时间：Olivera & Biggs，2010

（1）外形特征

螺壳尺寸 19～37 mm。

（2）分布

分布于菲律宾至日本海域。

图 2.219 迷你具槽芋螺

220. 子弹芋螺（*Conus mitratus*），命名者及时间：Hwass，1792

（1）外形特征

螺壳尺寸 18～50 mm。

（2）分布

分布于印度洋至西太平洋海域。

图 2.220 子弹芋螺

221. 马六甲芋螺（*Conus moluccensis*），命名者及时间：Kuster，1838

（1）外形特征

螺壳尺寸 30～60 mm。贝壳坚固，通常螺旋部较低，体螺层高大。壳面具螺肋、螺沟或颗粒等突起。贝壳颜色和花纹丰富多彩。

（2）分布

分布于印度洋至西太平洋海域，包括菲律宾、马六甲海峡等。

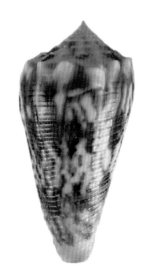

图 2.221　马六甲芋螺

222. 修道士芋螺（*Conus monachus*），别名：僧侣芋螺，命名者及时间：Linnaeus，1758

（1）外形特征

螺壳尺寸 18～74 mm。

（2）分布

分布于印度洋至西太平洋海域。

图 2.222　修道士芋螺

223. 项练芋螺（*Conus monile*），命名者及时间：Hwass，1792

（1）外形特征

螺壳尺寸 45 ～ 95 mm。

（2）分布

分布于印度洋东北部海域。

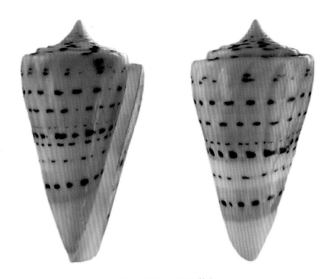

图 2.223　项练芋螺

224. 莫氏芋螺（*Conus moreleti*），命名者及时间：Crosse H，1858

（1）外形特征

螺壳尺寸 25 ～ 61 mm。贝壳颜色为微黄的橄榄色，在螺壳的中部有模糊的白色条纹，壳顶部有突起的白色结节，壳底部和孔隙处为紫罗兰色。

（2）分布

分布于印度洋至太平洋海域，包括法属波利尼西亚、夏威夷、澳大利亚昆士兰州海域。

图 2.224　莫氏芋螺

225．莫桑芋螺（*Conus mozambicus*），命名者及时间：Hwass，1792

（1）外形特征

螺壳尺寸 38～65 mm。

（2）分布

分布于塞内加尔至南非至莫桑比克海域。

图 2.225　莫桑芋螺

226．粗面芋螺（*Conus mucronatus*），命名者及时间：Reeve，1843

（1）外形特征

螺壳尺寸 18～50 mm。

（2）分布

分布于印度洋马斯克林海域、太平洋沿着菲律宾到巴布亚新几内亚海域，以及所罗门群岛、澳大利亚、瓦努阿图、印度和中国南海。

图 2.226　粗面芋螺

227. 紫端芋螺（*Conus muriculatus*），**命名者及时间**：Sowerby G B Ⅰ & Ⅱ，1833

（1）外形特征

螺壳尺寸 15～50 mm。螺塔部呈短圆锥形。肩部具棱角和突起。体螺层至基部具条纹，沿条纹有颗粒状突起；基部略呈紫色。

（2）分布

分布于印度洋至太平洋海域。

图 2.227　紫端芋螺

228. 乐谱芋螺（*Conus musicus*），**命名者及时间**：Hwass J G，1792

（1）外形特征

螺壳尺寸 14～30 mm。底色为白色至浅灰色，有时伴有 1～2 条灰色螺带；体螺层布有螺列，螺列由褐色小点或短线构成；体螺层基部为紫色至紫灰色。体螺层有时平滑，有时下半部会有小颗粒状的螺肋。螺塔上的结节之间有放射状的深褐色斑。螺旋部低矮，缝合线较深。肩角上生有颗粒状结节。体螺层除下半部约有 10 条细弱的螺纹外，其余部分光滑。体螺层上印有褐色的点线状环纹，花纹类似五线谱。在肩角结节的间隙和螺旋部有黑紫色的斑点。壳口内面具紫色或紫褐色云斑。

（2）分布

分布于印度洋中部至太平洋西部海域，包括中国南海、日本和菲律宾海域。

图 2.228　乐谱芋螺

229. 伶鼬芋螺（*Conus mustelinus*），别名：鼬鼠芋螺，命名者及时间：Hwass J G，1792

（1）外形特征

螺壳尺寸 40～107 mm。贝壳坚固，螺塔低而平，肩部有褐色条斑，壳表浅黄色或蓝褐色，腰部有白色横带，横带中间有深褐色斑点。

（2）分布

分布于印度洋至西太平洋海域。

图 2.229　伶鼬芋螺

230. 土黄芋螺（*Conus namocanus*），命名者及时间：Hwass，1792

（1）外形特征

螺壳尺寸 40～100 mm。

（2）分布

分布于红海，阿曼，印度洋马达加斯加、坦桑尼亚和南非海域。

图 2.230　土黄芋螺

231．白花环芋螺（*Conus nanus*），命名者及时间：Sowerby G B Ⅰ，1833

（1）外形特征

螺壳尺寸 12～34 mm。贝壳白色，表面无花斑，壳口内呈紫色，体层下部有颗粒状螺肋。体螺层为中间膨大的圆锥形，少数是梨形，肩部浑圆至有角，具有弱至强的结节；螺塔低至高度适中，核后螺层有细结节，体螺层下半部有细颗粒状的螺肋。倾斜的角度很大，从而在壳阶的顶上形成一基台。螺塔呈阶梯状并有凹陷，还有一突出的中间壳顶。

（2）分布

分布于印度洋至太平洋海域。

图 2.231　白花环芋螺

232．牛皮芋螺（*Conus navarroi*），命名者及时间：Rolan，1986

（1）外形特征

螺壳尺寸 14～23 mm。

（2）分布

分布于佛得角。

图 2.232　牛皮芋螺

233.　海神芋螺（*Conus neptunus*），**命名者及时间：**Reeve L A，1843

（1）外形特征

螺壳尺寸 43～80 mm。

（2）分布

分布于太平洋西南部海域，包括菲律宾和澳大利亚等地海域。

图 2.233　海神芋螺

234.　黑云芋螺（*Conus nigropunctatus*），**命名者及时间：**Sowerby G B Ⅱ，1858

（1）外形特征

螺壳尺寸 25～50 mm。

（2）分布

分布于红海和西太平洋。

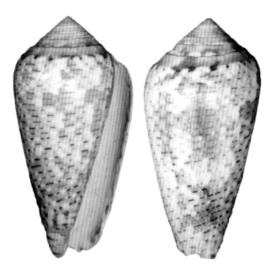

图 2.234　黑云芋螺

235.　高贵芋螺（*Conus nobilis*），**命名者及时间：**Linnaeus，1758

（1）外形特征

螺壳尺寸 29～71 mm。贝壳坚固，通常呈倒圆锥形，螺旋部低平，体螺层高大。壳面平滑。贝壳颜色和花纹丰富多彩，有大片的黄褐色和乳白色三角花斑。

（2）分布

分布于热带印度洋至太平洋海域。

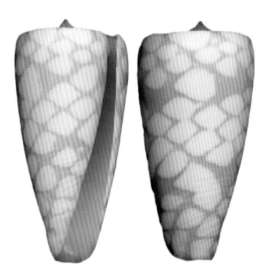

图 2.235　高贵芋螺

236.　雷娜特芋螺（*Conus nobilis renateae*），**命名者及时间：**Cailliez，1993

（1）外形特征

螺壳尺寸 30～55 mm。

（2）分布

分布于安达曼和尼科巴群岛。

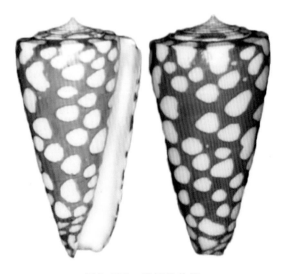

图 2.236　雷娜特芋螺

237．胜利芋螺（*Conus nobilis victor*），**命名者及时间**：Broderip W J，1842

（1）外形特征

螺壳尺寸 25 ～ 49 mm。

（2）分布

分布于印度尼西亚巴厘岛群岛至弗洛雷斯海峡海域。

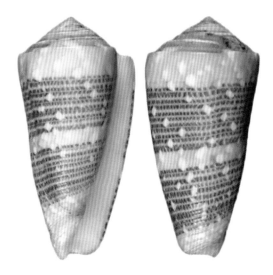

图2.237 胜利芋螺

238．夜游芋螺（*Conus nocturnus*），**命名者及时间**：Sensu Lightfoot，1786

（1）外形特征

螺壳尺寸 45 ～ 86 mm。螺壳表面图案模式和大理石芋螺基本相同，但是巧克力色连合形成 2 条宽的无规则条带，其中偶尔会出现三角形的白色斑点。

（2）分布

分布于马达加斯加、毛里求斯、斯里兰卡、印度尼西亚摩鹿加群岛和新几内亚。

图2.238 夜游芋螺

239．果核芋螺（*Conus nucleus*），**命名者及时间：Reeve，1848**

（1）外形特征

螺壳尺寸 16～25 mm。螺壳表面有精细的循环线条，颜色是橙棕色，具不规则的白色条带和斑点。

（2）分布

分布于马达加斯加马斯克林群岛、菲律宾、马尔代夫、泰国、美国关岛、马绍尔群岛和澳大利亚。

图 2.239　果核芋螺

240．飞弹芋螺（*Conus nussatella*），**别名：白地芋螺，命名者及时间：Linnaeus C，1758**

（1）外形特征

螺壳尺寸 35～95 mm。贝壳窄圆桶形，壳口肩部较窄，于基部较宽；肩部略具角至几乎没有角。螺塔高度中等，轮廓微凸。体螺层布有颗粒状的细螺肋。贝壳以白色为底。体螺层布有由橘色至深褐色小点所构成的螺列，以及橘色、褐色或紫色的纵向斑。壳皮薄，为黄色至褐色。

（2）分布

分布于印度洋至西太平洋海域。

图 2.240　飞弹芋螺

241．朦胧芋螺（*Conus obscurus*），命名者及时间：Sowerby G B Ⅰ，1833

（1）外形特征

螺壳尺寸 20～44 mm。贝壳坚固，通常呈长卵形，螺旋部低平，体螺层高大。壳面平滑有螺肋。贝壳表面紫红色，有许多白色斑和一条不规则的白色腰带，壳口浅紫灰色。

（2）分布

分布于印度洋至西太平洋海域。

图 2.241　朦胧芋螺

242．淡赭色芋螺（*Conus ochroleucus*），别名：黄杨木芋螺，命名者及时间：Gmelin，1791

（1）外形特征

螺壳尺寸 40～88 mm。壳形窄而长，底部有一些沟槽。壳颜色为土黄色，中部有条相对模糊的白色条带，孔隙较宽。条纹处和壳尖顶部会带有土黄色和白色的斑点。

（2）分布

分布于中国台湾至菲律宾的太平洋海域，新几内亚，印度尼西亚至斐济的印度洋海域。

图 2.242　淡赭色芋螺

243. 皮克氏芋螺（*Conus ochroleuca tmetus*），命名者及时间：Tomlin，1937

（1）外形特征

螺壳尺寸 23～74 mm。壳表面光滑。体螺层颜色通常是深棕色或浅棕色，壳底部有均匀排列的螺旋状纹路。

（2）分布

分布于新几内亚至斐济海域、印度尼西亚和印度。

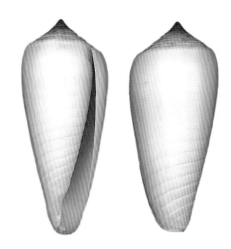

图 2.243　皮克氏芋螺

244. 花瓶芋螺（*Conus oishii*），命名者及时间：Shikama，1977

（1）外形特征

螺壳尺寸 20～44 mm。贝壳坚固，呈倒圆锥形，螺旋部稍高，体螺层高大。壳面平滑。贝壳颜色和花纹变化多端，丰富多彩，壳顶有一圆形幼胎壳。倾斜的角度很大，从而在壳阶的顶上形成一基台。螺塔呈阶梯状并有凹陷，还有一突出的中间壳顶。

（2）分布

分布于印度尼西亚和中国台湾。

图 2.244　花瓶芋螺

245. 奥马尔芋螺（*Conus omaria*），命名者及时间：Hwass，1792

（1）外形特征

螺壳尺寸33～86 mm。螺壳颜色多变，从橙棕色到巧克力色，覆盖极小的白色斑点，夹有白色三角形大斑点，有时在肩部、中部和基部形成条带。

（2）分布

分布于印度洋至太平洋海域。

图2.245 奥马尔芋螺

246. 欧氏芋螺（*Conus orbignyi*），命名者及时间：Audouin，1831

（1）外形特征

螺壳尺寸32～88 mm。贝壳底色为白色，体螺层布有褐色斑，褐色斑排成纵列及聚集成3条螺带；螺塔上的缝合面及结节之间有褐色斑。壳口白。壳皮为灰褐色，薄而透明，平滑。

（2）分布

分布于印度洋至太平洋海域。

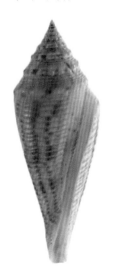

图2.246 欧氏芋螺

247．宝塔芋螺（*Conus pagodus*），命名者及时间：Kiener L C，1845

（1）外形特征

螺壳尺寸 26～50 mm。贝壳圆锥形，肩部有角，下方 1/3 处变细。壳表有成长脉、螺脉、螺沟、颗粒和肩部的结节。口盖角质，远小于壳口，新月状，核在下方。齿舌只有边缘齿，末端有倒钩。

（2）分布

分布于日本、越南、菲律宾和新喀里多尼亚等地。

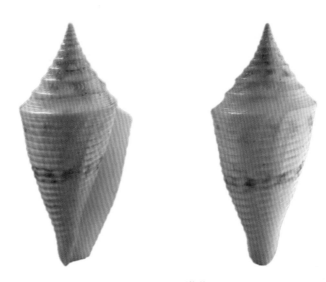

图 2.247　宝塔芋螺

248．乳头芋螺（*Conus papilliferus*），命名者及时间：Sowerby G B Ⅰ，1834

（1）外形特征

螺壳尺寸 15～40 mm。表面呈灰白色，体表有褐色的竖状条纹，无螺塔。

（2）分布

分布于澳大利亚新南威尔士州、昆士兰州和维多利亚州。

图 2.248　乳头芋螺

249. 巴布亚芋螺（*Conus papuensis*），命名者及时间：Reeve L A，1848

（1）外形特征

螺壳尺寸 19～36 mm。螺塔很高，体螺层为中间膨大的圆锥形，壳表面有螺旋状的纹路。壳颜色从浅白色至橘色不等。

（2）分布

分布于菲律宾、巴布亚湾和中国南海。

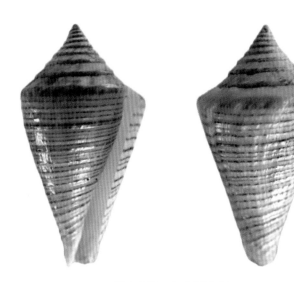

图 2.249　巴布亚芋螺

250. 黄石芋螺（*Conus parius*），命名者及时间：Reeve L A，1844

（1）外形特征

螺壳尺寸 25～46 mm。贝壳坚固，通常呈倒圆锥形，螺旋部低平，体螺层高大。壳面具螺肋。贝壳颜色乳白色至浅黄色，常被有黄褐色的壳皮。

（2）分布

分布于菲律宾、巴布亚新几内亚和瓦努阿图群岛等地。

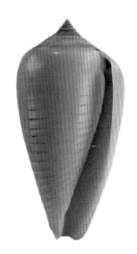

图 2.250　黄石芋螺

251. 牙买加芋螺（*Conus patae*），命名者及时间：Abott R T, 1971

（1）外形特征

螺壳尺寸 19～28 mm。壳颜色以淡粉色或浅棕色为主，体螺层有竖线状排列的沟槽。表面不光滑。壳中部有不明显的白色条带环绕。贝壳厚实坚固，壳口较宽，前沟宽短。

（2）分布

主要分布于美国东部到牙买加之间的加勒比海、墨西哥湾。

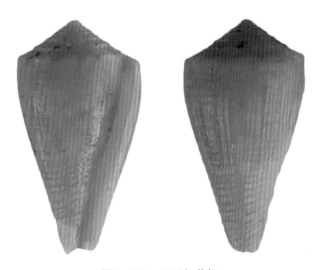

图 2.251　牙买加芋螺

252. 朴帕可乐芋螺（*Conus pauperculus*），命名者及时间：Sowerby G B Ⅰ & Ⅱ, 1834

（1）外形特征

螺壳尺寸 20～40 mm。螺壳薄，狭窄。颜色是橄榄色，具肉色中央条带和许多板栗色小斑点构成的循环线。

（2）分布

分布于日本冲绳和所罗门群岛。

图 2.252　朴帕可乐芋螺

253. 金翎芋螺（*Conus pennaceus*），**别名：灰羽芋螺，命名者及时间：**Born，1778

（1）外形特征

螺壳尺寸 35 ～ 88 mm。贝壳坚固，通常呈锥形，螺旋部稍高，体螺层高大。壳面平滑。贝壳颜色和花纹丰富多彩，常被有黄褐色的壳皮。

（2）分布

主要分布于红海、马达加斯加、泰国、美国夏威夷和澳大利亚等地。

图 2.253　金翎芋螺

254. 橙翎芋螺（*Conus pennaceus behelokensis*），**命名者及时间：**Lauer J，1989

（1）外形特征

螺壳尺寸 34 ～ 65 mm。

（2）分布

分布于印度洋西南部海域。

图 2.254　橙翎芋螺

255.　黑翎芋螺（*Conus pennaceus vezoi*），命名者及时间：Korn，Niederhöfer & Blöcher，2000

（1）外形特征

螺壳尺寸 50 mm 左右。

（2）分布

分布于马达加斯加。

图 2.255　黑翎芋螺

256.　艳红芋螺（*Conus pertusus*），命名者及时间：Hwass，1792

（1）外形特征

螺壳尺寸 20～69 mm。螺塔部呈凸面，钝圆。体螺层有距离较远的斑点状条纹环绕。壳面玫红色带有黄色间断的条带。肩部有大的白色斑，腰部有白色横带。

（2）分布

分布于印度洋至西太平洋海域。

图 2.256　艳红芋螺

257. 彼德芋螺（*Conus petergabrieli*），命名者及时间：Lorenz F Jr，2006

（1）外形特征

螺壳尺寸 20～45 mm。贝壳坚固，体螺层高大，通常呈倒圆锥形。壳表面底色为白色，布有棕褐色斑块。壳口宽，开于第一壳阶，壳面平滑，螺塔较平，中部有一突起。

（2）分布

分布于菲律宾。

图 2.257 彼德芋螺

258. 工匠画芋螺（*Conus pictus*），命名者及时间：Reeve L A，1843

（1）外形特征

螺壳尺寸 26～50 mm。贝壳呈倒圆锥形，螺旋部稍高，体螺层高大。壳顶部具螺肋和螺沟。贝壳颜色如装饰画，色彩浓烈厚重，花纹丰富多彩，常披有黄褐色的壳皮。

（2）分布

分布于南非杰弗里湾至东伦敦海域。

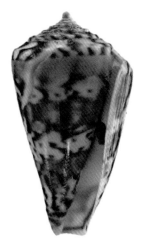

图 2.258 工匠画芋螺

259. 焦黄芋螺（*Conus planorbis*），**命名者及时间**：Born，1778

（1）外形特征

螺壳尺寸 26.1～82.0 mm。螺塔低，有的肩部有褐色条纹。壳表浅黄色或棕褐色，有的个体有棕褐色纵条纹，腰部隐见白色横带。壳口内紫白色，基部暗色。

（2）分布

分布于红海、印度洋至太平洋海域。

图 2.259　焦黄芋螺

260. 井田芋螺（*Conus plinthis*），**命名者及时间**：Richard & Moolenbeek，1988

（1）外形特征

螺壳尺寸 16～61 mm。

（2）分布

分布于新喀里多尼亚和新西兰克马德克群岛。

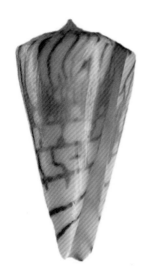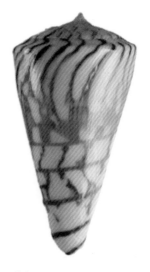

图 2.260　井田芋螺

261. 泼郎芋螺（*Conus polongimarumai*），命名者及时间：Kosuge，1980

（1）外形特征

螺壳尺寸 13 ～ 32 mm。

（2）分布

分布于菲律宾、马绍尔群岛、新喀里多尼亚和泰国西部。

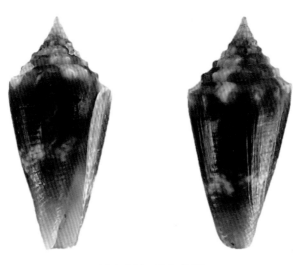

图 2.261　泼郎芋螺

262. 美塔芋螺（*Conus praecellens*），别名：深闺芋螺，命名者及时间：Adams A，1854

（1）外形特征

螺壳尺寸 20 ～ 63 mm。贝壳坚固，通常呈双圆锥形，螺旋部高，体螺层高大。壳面具螺肋，螺层阶梯状，两腰微凹。壳表粉白色，有黄棕色斑纹，花纹丰富多彩，常被有黄褐色的壳皮。

（2）分布

分布广泛。主要分布于印度洋至西太平洋海域，包括索马里、印度、泰国、澳大利亚西部、日本和菲律宾等地海域。

图 2.262　美塔芋螺

263．珍芋螺（*Conus pretiosus*），**命名者及时间：**Nevill，1874

（1）外形特征

螺壳尺寸 44～95 mm。有点梨形的狭窄螺壳具有较高突起的塔尖，缝合线处有龙骨状突起。螺壳下部较平滑，而上部 2/3 的体螺层具沟。螺壳白色，表面遍布紧密的、起伏不平的、虚线状的棕褐色色斑。螺塔部的色斑通常更大更远，在体螺层形成 2 条不规则的条带。螺塔部通常由 14 个壳阶构成。表皮层薄、光滑而紧凑。

（2）分布

分布于印度东南部至泰国西南部海域。

图 2.263　珍芋螺

264．优越芋螺（*Conus primus*），**命名者及时间：**Röckel & Korn，1990

（1）外形特征

螺壳尺寸 45～103 mm。

（2）分布

分布于印度洋撒雅德玛哈海域。

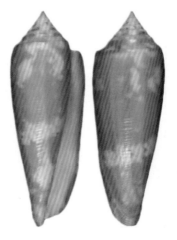

图 2.264　优越芋螺

265．小王子芋螺（*Conus princeps*），命名者及时间：Dall W H，1910

（1）外形特征

螺壳尺寸 31～130 mm。螺壳低矮，螺塔部具有较远但清晰的瘤状突起，侧边平直，基部稍具条纹。螺壳黄棕色、橘色或粉红色，通常具有参差不齐的栗色或巧克力色纵条纹，这些条纹大部分从螺塔部连续到基部；也有少数个体不具条纹。内部黄色或者粉色，表皮暗褐色。

（2）分布

分布于加勒比海，包括小安的列斯群岛和波多黎各海域。

图 2.265　小王子芋螺

266．浮雕芋螺（*Conus proximus*），别名：宿务芋螺，命名者及时间：Sowerby Ⅱ，1859

（1）外形特征

螺壳尺寸 22～45 mm。螺壳冠状，黄白色，大理石样，有纹理，栗色小颗粒组成循环线，小颗粒间经常由红棕色和白色连接。

（2）分布

分布于印度洋至太平洋海域，包括菲律宾、新几内亚、新喀里多尼亚、瓦努阿图、所罗门群岛和斐济海域。

图 2.266　浮雕芋螺

267. 拟芋螺（*Conus pseudimperialis*），**命名者及时间：**Moolenbeek R G，Zandbergen A & Bouchet P H，2008

（1）外形特征
螺壳尺寸 37 mm。
（2）分布
分布于马克萨斯。

图 2.267　拟芋螺

268. 拟龙柱芋螺（*Conus pseudokimioi*），**命名者及时间：**Motta A J & Martin R，1982

（1）外形特征
螺壳尺寸 16 ~ 26 mm。
（2）分布
分布于菲律宾棉兰老岛等地。

图 2.268　拟龙柱芋螺

269. 续线芋螺（*Conus pseudonivifer*），**命名者及时间：** Monteiro & Tenorio，2004

（1）*外形特征*

螺壳尺寸 24～50 mm。

（2）*分布*

分布于佛得角。

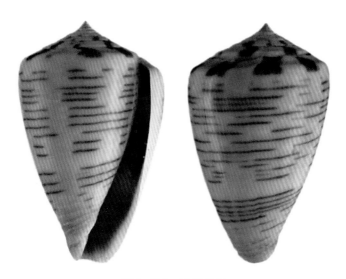

图 2.269　续线芋螺

270. 芝麻芋螺（*Conus pulicarius*），**命名者及时间：** Hwass，1792

（1）*外形特征*

螺壳尺寸 30～75 mm。

（2）*分布*

分布于印度洋至西太平洋海域。

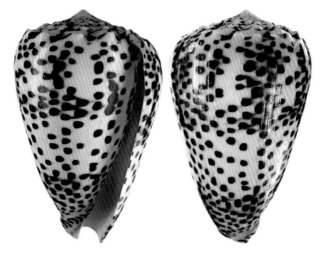

图 2.270　芝麻芋螺

271. 紫金芋螺（*Conus purpurascens*），**别名：紫花芋螺，命名者及时间：**Broderip，1833

（1）外形特征

螺壳尺寸 33～80 mm。壳肩宽，螺塔部具条纹。螺壳具白色或紫罗兰色和棕色或橄榄色的云状，有栗色关闭线和白色细小的接合线；有时中间部位为不规则的白色带状。

（2）分布

分布于中太平洋的加拉巴哥群岛和墨西哥加利福尼亚湾。

图 2.271　紫金芋螺

272. 槲芋螺（*Conus quercinus*），**别名：蜡黄芋螺、橡木芋螺，命名者及时间：**Lightfoot J，1786

（1）外形特征

螺壳尺寸 35～140 mm。贝壳坚固，通常呈倒圆锥形，螺旋部低平，体螺层高大。壳面平滑或具螺肋。贝壳颜色呈蜡黄色至金黄色，色彩浓重艳丽，丰富多彩，常被有黄褐色的壳皮。外壳具许多相近的板栗色循环线。

（2）分布

分布于红海、印度洋至太平洋海域。

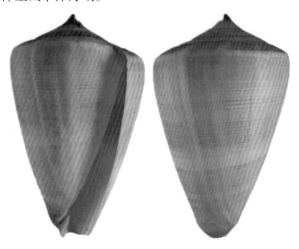

图 2.272　槲芋螺

273．光环芋螺（*Conus radiatus*），命名者及时间：Gmelin，1791

（1）外形特征

螺壳尺寸 30～109 mm。外壳的颜色为浅黄色到浅栗色，纵向标记通常不清楚，颜色深。塔尖具条纹。体螺层下半部分具沟槽。白色品种通常由一个橄榄色光滑表皮覆盖。

（2）分布

分布于菲律宾、巴布亚新几内亚和斐济。

图2.273　光环芋螺

274．劳尔芋螺（*Conus raoulensis*），命名者及时间：Powell A W B，1958

（1）外形特征

螺壳尺寸 16～22 mm。壳颜色为浅棕色与白色，表面有浅棕色色斑形成的不间断的条带，按螺旋状排列。贝壳厚实坚固，有刺状突起。壳口较宽，前沟宽短，具有外壳和水管沟。

（2）分布

分布于新西兰的诺福克岛至克玛帝克岛海域。

图2.274　劳尔芋螺

275. 鼠芋螺（*Conus rattus*），别名：台屯芋螺，命名者及时间：Hwass，1792

（1）外形特征

螺壳尺寸 25 ~ 70 mm。贝壳坚固，通常呈倒圆锥形，螺层为橄榄色、褐色至橘褐色，体螺层中央及肩部具有断断续续的白色螺带。壳底和壳口内面为紫色。壳皮为黄褐色至橄榄色，厚度及透明度有差异，布有丛状突起。

（2）分布

分布于印度洋至西太平洋海域。

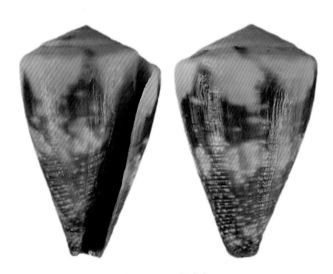

图 2.275　鼠芋螺

276. 拉瓦芋螺（*Conus rawaiensis*），命名者及时间：Motta，1978

（1）外形特征

螺壳尺寸 19 ~ 48 mm。

（2）分布

分布于泰国和斯里兰卡等地。

图 2.276　拉瓦芋螺

277. 橘红芋螺 (*Conus recluzianus*)，命名者及时间：Bernardi，1853

（1）外形特征

螺壳尺寸 45～100 mm。外壳的颜色为淡黄白色，具不规则、广泛的黄棕色的条纹和斑点。

（2）分布

分布于日本、澳大利亚昆士兰州和中国台湾。

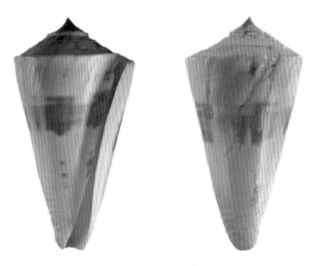

图 2.277 橘红芋螺

278. 王冠芋螺 (*Conus regius*)，命名者及时间：Gmelin J F，1791

（1）外形特征

螺壳尺寸最长记录 75 mm。螺壳具有低、较远但明显具瘤的螺塔部和直边。基部稍具条纹。螺壳颜色和标记多变，通常为栗棕色具蓝白色斑点，但也有个体呈白色、黄棕色、淡褐色。开口内侧为白色，有的具栗色斑点。

（2）分布

分布于加勒比海、墨西哥湾和巴西。

图 2.278 王冠芋螺

279. 雷戈纳芋螺（*Conus regonae*），**命名者及时间：**Rolan & Trovao，1990

（1）外形特征

螺壳尺寸 10～25 mm。壳颜色以黑色或深棕色为主，壳中部有白色色斑形成的间断的条带，按螺旋状排列。贝壳厚实坚固，壳口较宽，前沟宽短。

（2）分布

分布于大西洋佛得角海域，以萨尔岛为主。

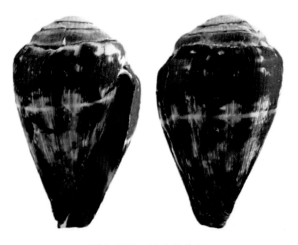

图 2.279　雷戈纳芋螺

280. 面纱芋螺（*Conus retifer*），**命名者及时间：**Menke，1829

（1）外形特征

螺壳尺寸 25～69 mm。螺壳梨形，旋转纹理。颜色为网状橙棕色，具大大小小的三角形白斑、锯齿形的纵向巧克力色标记，大部分被中断形成 1～2 条条带。

（2）分布

广泛分布于热带印度洋至西太平洋海域，包括莫桑比克、坦桑尼亚、马斯克林群岛、中南半岛、印度至马来西亚、澳大利亚等地海域。

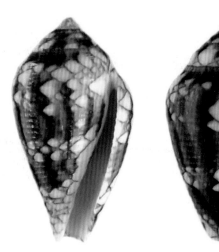

图 2.280　面纱芋螺

281. 理查兹芋螺（*Conus richardsae*），命名者及时间：Korn，1992

（1）外形特征

螺壳尺寸 32 ～ 48 mm。

（2）分布

分布于菲律宾和新喀里多尼亚。

图 2.281 理查兹芋螺

282. 仙子芋螺（*Conus richeri*），别名：里凯芋螺，命名者及时间：Richard & Moolenbeek，1988

（1）外形特征

螺壳尺寸 32 ～ 54 mm。

（2）分布

分布于新喀里多尼亚切斯特菲尔德群岛。

图 2.282 仙子芋螺

283. 罗兰芋螺（*Conus rolani*），命名者及时间：Rockel D，1986

（1）外形特征

螺壳尺寸 37 ～ 70 mm。

（2）分布

分布于菲律宾等地。

图2.283　罗兰芋螺

284. 红斑芋螺（*Conus rufimaculosus*），命名者及时间：Macpherson，1959

（1）外形特征

螺壳尺寸 34 ～ 58 mm。贝壳坚固，通常呈倒圆锥形，螺旋部低平，体螺层高大。壳面平滑。贝壳乳白色，花纹棕红色，类似大理石纹，丰富多彩。

（2）分布

分布于澳大利亚新南威尔士州和昆士兰州，为澳大利亚特有种。

图2.284　红斑芋螺

285. **赤沙芋螺**（*Conus sanderi*），**命名者及时间：**Wils E & Moolenbeek R G，1979

（1）外形特征

螺壳尺寸 19～57 mm。贝壳坚固，通常呈倒圆锥形，螺旋部稍高，体螺层高大。壳面具螺肋。贝壳表面橘红色，颜色艳丽，腰间有 1 或 2 条白色花带，壳顶部有环状的突出的螺纹，丰富多彩。

（2）分布

分布于巴巴多斯、西印度群岛西部和巴西东部海域。

图 2.285　赤沙芋螺

286. **血迹芋螺**（*Conus sanguinolentus*），**命名者及时间：**Quoy Jr C & Gaimard J P，1834

（1）外形特征

螺壳尺寸 22～65 mm。

（2）分布

分布于印度洋至西太平洋海域。

图 2.286　血迹芋螺

287. 所罗门芋螺（*Conus solomonensis*），命名者及时间：Delsaerdt A，1992

（1）外形特征

螺壳尺寸 25～40 mm。芋螺呈扁状，两端略尖，体形较长，身上有灰褐色斑点。

（2）分布

分布于所罗门群岛、印度和菲律宾。

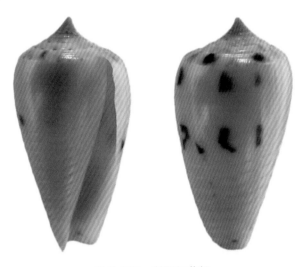

图 2.287　所罗门芋螺

288. 光谱芋螺（*Conus spectrum*），别名：瑞香芋螺、乳白芋螺，命名者及时间：Linnaeus C，1758

（1）外形特征

螺壳尺寸 30～76 mm。贝壳坚固，通常呈倒圆锥形，螺旋部稍高，体螺层高大。壳面平滑。贝壳表面黄色，有形成环带的不规则的放射状棕色斑。

（2）分布

分布于马达加斯加、印度尼西亚、新几内亚、中国台湾，以及菲律宾至澳大利亚西部或昆士兰州海域。

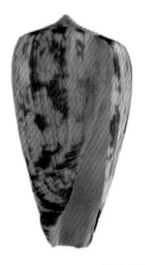

图 2.288　光谱芋螺

289．坏疽芋螺（*Conus sphacelatus*），命名者及时间：Sowerby G B Ⅰ，1833

（1）外形特征

螺壳尺寸 17 ～ 20 mm

（2）分布

分布于加勒比海。

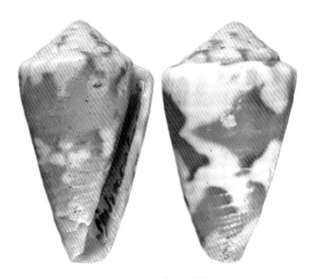

图2.289　坏疽芋螺

290．泥塑芋螺（*Conus splendidulus*），别名：黏土芋螺，命名者及时间：Sowerby G B Ⅰ & Ⅱ，1833

（1）外形特征

螺壳尺寸 43 ～ 70 mm。贝壳为橄榄棕色或灰色，含有白色中心带，通常肩角较低。

（2）分布

分布于亚丁湾索马里北部、拉克沙群岛。

图2.290　泥塑芋螺

291．花环芋螺（*Conus sponsalis*），命名者及时间：Hwass，1792

（1）外形特征

螺壳尺寸 12 ～ 34 mm。贝壳坚固，体螺层为中间膨大的圆锥形，少数为梨形，肩部浑圆有角，核后螺层有细结节；体螺层下半部有细颗粒状的螺肋。底色白。在常见的样式中，体螺层通常会有纵向红褐色火焰斑，火焰常较小或彼此融合成带状；基部呈蓝紫色；在成壳缝合面的结节之间有红褐色至黑褐色的斑。深入壳口内为深蓝紫色。壳皮薄，为黄色至褐色，透明且平滑；有时在生长边缘或较大的个体中，壳皮会较厚且不透明。

（2）分布

广泛分布于塞舌尔阿尔达布拉、查戈斯群岛、马斯克林群岛、莫桑比克、红海、南非西海岸、新西兰和澳大利亚等地海域。

图 2.291　花环芋螺

292．赭色字母芋螺（*Conus spurius*），命名者及时间：Lamarck，1810

（1）外形特征

螺壳尺寸 39 ～ 75 mm。

（2）分布

分布于美国佛罗里达东部、委内瑞拉和西印度群岛。

图 2.292　赭色字母芋螺

293. 黑字母芋螺(*Conus spurius lorenzianus*)，别名：洛伦齐娜芋螺，命名者及时间：Dillwyn，1817

（1）外形特征

螺壳尺寸 37～90 mm。通常呈倒圆锥形，螺塔突出，尖、高，具有螺肋和螺沟，体螺层高大。壳面平滑。贝壳颜色从浮白色至浅黄色，上面呈横列整齐密集排布的咖啡色或暗红色小斑块，丰富多彩，常被有黄褐色的壳皮。

（2）分布

分布于美国佛罗里达州至委内瑞拉东部海域。

图 2.293　黑字母芋螺

294. 飞蝇芋螺（*Conus stercusmuscarum*），命名者及时间：Linnaeus，1758

（1）外形特征

螺壳尺寸 27～64 mm。贝壳坚固，通常呈长卵形，螺旋部稍高，体螺层高大。壳面平滑。贝壳表面粉白色，有棕色或黑褐色细斑点和不规则的斑纹，壳口内浅黄色。

（2）分布

分布于西太平洋。

图 2.294　飞蝇芋螺

295. 史汀生氏芋螺（*Conus stimpsoni*），命名者及时间：Dall，1902

（1）外形特征

螺壳尺寸 25 ～ 60 mm。

（2）分布范围

分布于美国佛罗里达州东部至墨西哥尤卡坦海域。

图2.295　史汀生氏芋螺

296. 稻草芋螺（*Conus stramineus*），命名者及时间：Lamarck，1810

（1）外形特征

螺壳尺寸 34 ～ 60 mm。

（2）分布

分布于印度洋、太平洋，包括非洲沿岸、澳大利亚、新西兰、菲律宾及日本等地海域。中国分布于台湾、广东、海南及西沙群岛。

图2.296　稻草芋螺

297. 穆尔德芋螺（*Conus stramineus mulderi*），命名者及时间：Fulton H C, 1936

（1）外形特征

螺壳尺寸 25～52 mm。壳底色通常是白色，表面带有浅褐色长方形斑点，这些斑点连接成不连续的间断状条纹，按螺旋状排列于壳上。内部孔隙处通常为浅褐色。

（2）分布

分布于菲律宾、巴布亚新几内亚和所罗门群岛。

图 2.297　穆尔德芋螺

298. 线条芋螺（*Conus striatellus*），命名者及时间：Link, 1807

（1）外形特征

螺壳尺寸 25～90 mm。

（2）分布

分布于红海、印度洋至西太平洋海域。

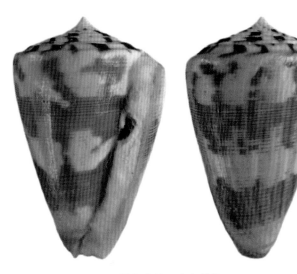

图 2.298　线条芋螺

299．线纹芋螺（*Conus striatus*），别名：条纹芋螺，命名者及时间：Linnaeus，1758

（1）外形特征

螺壳尺寸 44～129 mm。

（2）分布

分布于红海、印度洋至西太平洋海域。

图 2.299　线纹芋螺

300．海图芋螺（*Conus striolatus*），命名者及时间：Kiener L C，1845

（1）外形特征

螺壳尺寸 20～60 mm。具有中等尺寸的螺旋状条纹，体螺层长且类似于圆柱状。颜色以白色为底色，带有蓝灰色、黄褐色、栗色或巧克力色阴影，几乎全部被间断的栗色线条所包围，这些间断的线条常常被分隔太远以致像是不连续的点。

（2）分布

分布于泰国至密克罗尼西亚（西太平洋群岛），中国台湾至澳大利亚昆士兰州之间的太平洋海域。

图 2.300　海图芋螺

301．大佛塔芋螺（*Conus stupa*），命名者及时间：Kuroda T，1956

（1）外形特征

螺壳尺寸43～100 mm。贝壳坚固，通常呈双圆锥形，螺旋部高，体螺层高大。壳面具螺肋。贝壳白色，红褐色斑点丰富多彩，在壳面不规则地排列，常被有黄褐色的壳皮。

（2）分布

分布于越南、菲律宾至日本、所罗门群岛和洛亚尔提群岛。

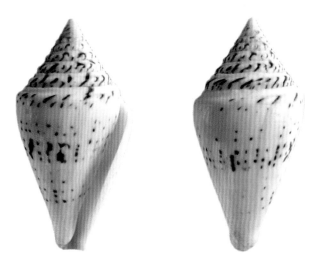

图2.301 大佛塔芋螺

302．小佛塔芋螺（*Conus stupella*），命名者及时间：Kuroda T，1956

（1）外形特征

螺壳尺寸54～98 mm。贝壳坚固，通常呈双圆锥形，螺旋部高，体螺层高大。壳面平滑。贝壳表面白色，全壳有排列规则的红褐色斑点，颜色和花纹美丽，常被有黄褐色的壳皮。

（2）分布

分布于日本南部、中国台湾、菲律宾和越南。

图2.302 小佛塔芋螺

303. 亚红斑芋螺（*Conus subfloridus*），命名者及时间：Motta A J da，1985

（1）外形特征

螺壳尺寸60～88 mm。贝壳坚固，通常呈倒圆锥形，螺旋部低平，体螺层高大。壳面平滑。贝壳乳白色，花纹棕红色，类似大理石纹，丰富多彩。

（2）分布

分布于印度洋至太平洋海域。

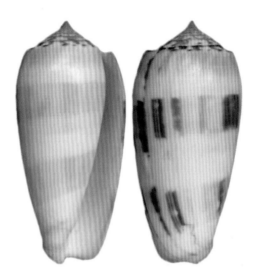

图2.303　亚红斑芋螺

304. 宏凯芋螺（*Conus sugimotonis*），命名者及时间：Kuroda T，1928

（1）外形特征

螺壳尺寸50～114 mm。

（2）分布

分布于日本、中国台湾、菲律宾和澳大利亚昆士兰州。

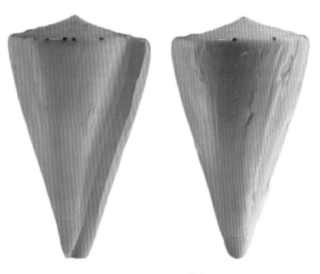

图2.304　宏凯芋螺

305.　苏卡迪芋螺（*Conus sukhadwalai*），**命名者及时间：**Rocke & Motta，1983

（1）外形特征

螺壳尺寸 37～50 mm。壳颜色为棕色与白灰色交织。贝壳厚实坚固，多呈倒圆锥形。

（2）分布

分布于印度南部。

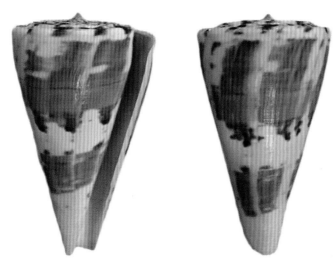

图 2.305　苏卡迪芋螺

306.　沙漏芋螺（*Conus suratensis*），**命名者及时间：**Hwass，1792

（1）外形特征

螺壳尺寸 40～161 mm。贝壳坚固，通常呈倒圆锥形，螺旋部低平，体螺层高大。壳面具螺肋。贝壳颜色呈青灰色、黄色、棕色至褐色，壳表布有深色花斑，常被有黄褐色的壳皮。

（2）分布

分布于印度洋至太平洋海域，主要分布于印度尼西亚和中国台湾。

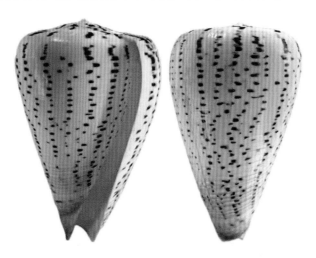

图 2.306　沙漏芋螺

307．樱花芋螺（*Conus suturatus*），命名者及时间：Reeve L A，1844

（1）外形特征

螺壳尺寸 25～43 mm。壳颜色为微黄色或粉白色，表面带散射的淡棕色条带，壳顶部和底部有沟。贝壳厚实，多呈倒圆锥形或纺锤形，螺旋部低平或稍高，体螺层高大。壳面平滑。

（2）分布

分布于印度洋东部、太平洋西部，如澳大利亚北部海域。

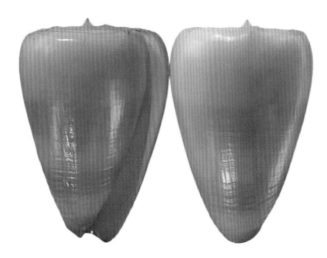

图 2.307　樱花芋螺

308．塔比芋螺（*Conus tabidus*），命名者及时间：Reeve，1844

（1）外形特征

螺壳尺寸 20～42 mm。

（2）分布

分布于塞内加尔和安哥拉。

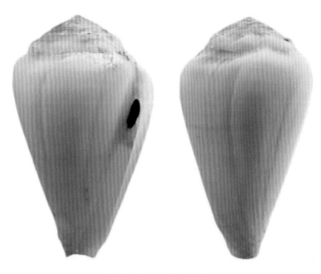

图 2.308　塔比芋螺

309. 菲律宾芋螺（*Conus telatus*），命名者及时间：Reeve L A，1848

（1）外形特征

螺壳尺寸 45～100 mm。贝壳坚固，通常呈纺锤形，壳口狭长，前沟宽短，螺旋部稍高，体螺层高大。壳面平滑。壳表面色彩及花纹鲜艳斑斓，常被有黄褐色的壳皮。

（2）分布

分布于菲律宾巴拉望岛。

图 2.309 菲律宾芋螺

310. 细线芋螺（*Conus tenuistriatus*），命名者及时间：Sowerby，1858

（1）外形特征

螺壳尺寸 22～68 mm。贝壳坚固，缝合面呈沟状凹槽，肩部呈锐角或冠状，壳口近基部比近肩部要宽。底色由浅粉红色与白色组成，布满由深褐色细线构成的不规则形斑块，斑块聚集较密的地方大致呈现 2 条螺带；壳口内面为白色。

（2）分布

分布于印度洋至西太平洋海域。

图 2.310 细线芋螺

311. 寺町芋螺（*Conus teramachii*），命名者及时间：Kuroda，1956

（1）外形特征

螺壳尺寸 50～115 mm。贝壳呈圆锥形，坚固，螺塔低，体螺层大，占据螺壳尺寸一半以上。壳口狭窄且长。

（2）分布

分布于非洲东南部至日本南部海域、澳大利亚昆士兰州。

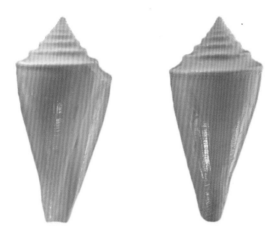

图 2.311　寺町芋螺

312. 竹笋芋螺（*Conus terebra*），别名：笋芋螺，命名者及时间：Born，1778

（1）外形特征

螺壳尺寸 20～99 mm。贝壳坚固，体螺层为圆锥形，较瘦长；近肩部的轮廓凸出，以下则平直，肩部浑圆。螺塔低，轮廓凹入。成壳缝合面扁平。体螺层近基部 1/3 具螺肋。底色为乳白色、粉色或浅黄色，大多具有深浅不同的深色宽带，犹如冬笋的一层层外壳；体螺层常具有细螺线。壳口白，壳下嘴基部常有紫色。

（2）分布范围

分布于印度洋至西太平洋海域。

图 2.312　竹笋芋螺

313. 红砖芋螺（*Conus tessulatus*），别名：方斑芋螺，命名者及时间：Born，1778

（1）外形特征

螺壳尺寸 22 ～ 82 mm。

（2）分布

分布于非洲东南部至太平洋海域、墨西哥和哥斯达黎加。

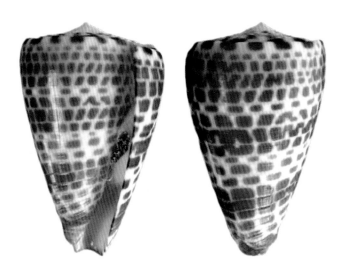

图2.313 红砖芋螺

314. 织锦芋螺（*Conus textile*），命名者及时间：Linnaeus C，1758

（1）外形特征

螺壳尺寸 40 ～ 150 mm。

（2）分布

分布于热带印度洋至太平洋海域，包括非洲沿岸、澳大利亚、新西兰、菲律宾及日本等地海域。

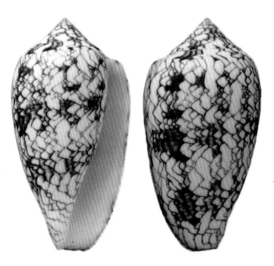

图2.314 织锦芋螺

315. 贴花织锦芋螺（*Conus textile archiepiscopus*），**命名者及时间：**Hwass，1792

（1）外形特征

螺壳尺寸 45 ～ 90 mm。

（2）分布

分布于东非至澳大利亚西部海域。

图 2.315　贴花织锦芋螺

316. 大织锦芋螺（*Conus textile dahlakensis*），**命名者及时间：**Motta A J da，1982

（1）外形特征

螺壳尺寸 45 ～ 87 mm。

（2）分布

分布于红海亚喀巴湾。

图 2.316　大织锦芋螺

317．黄锦芋螺（*Conus textile euetrios*），命名者及时间：Sowerby，1882

（1）外形特征

螺壳尺寸 45 ～ 90 mm。

（2）分布

分布于非洲东部及东南部海域。

图 2.317　黄锦芋螺

318．中东织锦芋螺（*Conus textile neovicarius*），命名者及时间：Motta，1982

（1）外形特征

螺壳尺寸 65 ～ 100 mm。

（2）分布

分布于红海至坦桑尼亚桑给巴尔海域。

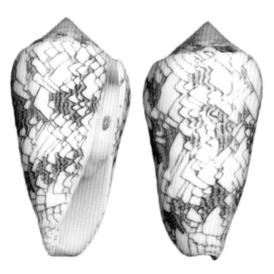

图 2.318　中东织锦芋螺

319．刺绣芋螺（*Conus thalassiarchus*），命名者及时间：Sowerby，1834

（1）外形特征

螺壳尺寸 35～115 mm。贝壳坚固，通常呈倒圆锥形，螺旋部低，体螺层高大。壳面平滑，壳嘴 1/3 处具螺肋；贝壳颜色和花纹丰富多彩，常有棕色、橘色或褐色的斑纹与白色相间组成的宽横带。

（2）分布

分布于菲律宾。

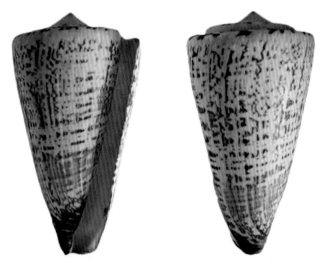

图 2.319　刺绣芋螺

320．泰夫纳德芋螺（*Conus thevenardensis*），命名者及时间：Motta A J，1987

（1）外形特征

螺壳尺寸 27～61 mm。

（2）分布

分布于澳大利亚西部和泰夫纳德岛。

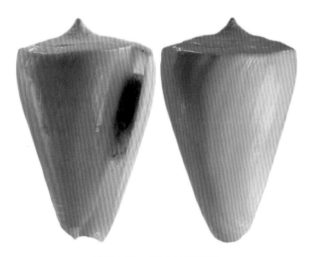

图 2.320　泰夫纳德芋螺

321．托马斯芋螺（*Conus thomae*），命名者及时间：Gmelin J F，1791

（1）外形特征

螺壳尺寸55～97 mm。贝壳坚固，通常体螺层为圆锥形或较瘦长的圆锥形，轮廓平直，肩部圆润。螺塔的轮廓凸出，螺塔上层隆起，体螺层基部具细螺肋。有大片棕红色竖放的高射纹和横细白线状带。

（2）分布

分布于印度洋、印度尼西亚马鲁古（摩鹿加）群岛。

图2.321　托马斯芋螺

322．加拉巴哥芋螺（*Conus tiaratus*），命名者及时间：Sowerby，1833

（1）形态特性

螺壳尺寸15～39 mm。

（2）分布

分布于墨西哥和秘鲁等地。

图2.322　加拉巴哥芋螺

323. 帝汶芋螺（*Conus timorensis*），命名者及时间：Hwass，1792

（1）外形特征

螺壳尺寸 13～50 mm。壳底色为白色，上面布有玫瑰色或橙色的斑点。

（2）分布

分布于毛里求斯和新几内亚。

图 2.323　帝汶芋螺

324. 爱猫芋螺（*Conus tribblei*），命名者及时间：Walls，1977

（1）外形特征

螺壳尺寸 42～138 mm。体螺层为圆锥形至狭窄的圆锥形，具颗粒状螺肋，肩部锐利；螺塔低，轮廓凹入，尖端较螺塔其他部位突出。壳皮橄榄色至橄榄褐色，薄，透明至不透明，体螺层具有纵向棱纹与呈丛状的螺线。底色为白色，体螺层有褐色至棕褐色的纵斑，且中央的两侧具有螺带，前方的螺带常较弱，甚至缺乏；基部为白色或有时呈淡黄色；成壳螺塔缝合面具有许多辐射状的褐色斑，壳口白。

（2）分布

分布于日本至菲律宾海域、所罗门群岛、澳大利亚西北部等地。

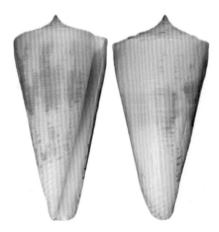

图 2.324　爱猫芋螺

325. 缎纹芋螺 (*Conus tristis*)，命名者及时间：Reeve L A，1844

（1）外形特征

螺壳尺寸 26 mm。

（2）分布

分布于印度洋至太平洋海域。

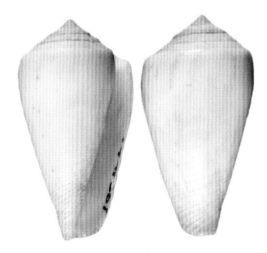

图 2.325　缎纹芋螺

326. 郁金香芋螺 (*Conus tulipa*)，别名：马兰芋螺，命名者及时间：Linnaeus，1758

（1）外形特征

螺壳尺寸 45～95 mm。贝壳坚固，壳面平滑。贝壳颜色和花纹丰富多彩，底色为苍灰色，并带有蓝紫色及粉红色调，体层具有红褐色斑纹和斑点。体螺层高大，通常呈倒圆锥形，壳的边缘直，壳阶很大，渐窄。

（2）分布

分布于印度洋至西太平洋海域。

图 2.326　郁金香芋螺

327. 飓风芋螺（*Conus typhon*），命名者及时间：Kilburn，1975

（1）外形特征

螺壳尺寸 28 ～ 91 mm。

（2）分布

分布于南非特兰斯凯北部至非洲北部等地海域。

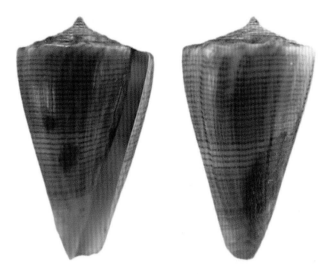

图 2.327　飓风芋螺

328. 斑驳芋螺（*Conus variegatus*），命名者及时间：Kiener L C，1845

（1）外形特征

螺壳尺寸 12 ～ 43 mm。壳外部为黄棕色或褐色形成的斑点。

（2）分布

分布于大西洋安哥拉海域。

图 2.328　斑驳芋螺

329. 红芝麻芋螺（*Conus vautieri*），命名者及时间：Kiener，1845

（1）形态特性

螺壳尺寸 27～74 mm。

（2）分布

分布于马克萨斯。

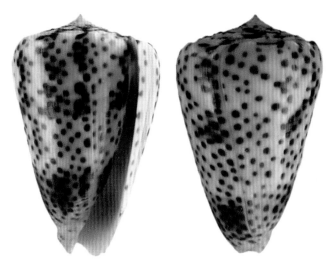

图 2.329 红芝麻芋螺

330. 地中海芋螺（*Conus ventricosus*），命名者及时间：Gmelin J F，1791

（1）外形特征

螺壳尺寸 13～63 mm。贝壳坚固，通常呈倒圆锥形，螺旋部稍高，体螺层高大。壳面平滑，下部螺口处具螺肋。贝壳颜色和花纹丰富多彩，常被有黄褐色的壳皮。

（2）分布

分布于地中海的亚得里亚海至安哥拉海域。

图 2.330 地中海芋螺

331．别地芋螺（*Conus venulatus*），命名者及时间：Hwass，1792

（1）外形特征

螺壳尺寸 27～55 mm。贝壳坚固，通常呈倒圆锥形或纺锤形，螺旋部低平或稍高，体螺层高大。壳面平滑或具螺肋、螺沟或颗粒等突起。贝壳颜色和花纹丰富多彩，常被有黄褐色的壳皮。

（2）分布

分布于佛得角和菲律宾。

图 2.331　别地芋螺

332．旗帜芋螺（*Conus vexillum*），别名：菖蒲芋螺，命名者及时间：Gmelin，1791

（1）外形特征

螺壳尺寸 27～183 mm。体螺层基部有弱螺肋。体螺层为淡褐色至深褐色，中央及肩部具有白色的螺带，螺带常呈不连续状或缺乏；体螺层并布有波浪状的深褐色纵向条纹；幼贝的体螺层为黄色至橄榄色。螺塔以白色为底，缝合面上缀有辐射状的深褐色斑。壳口白。壳皮为橄榄黄色至深褐色。

（2）分布

分布于印度洋至西太平洋海域。

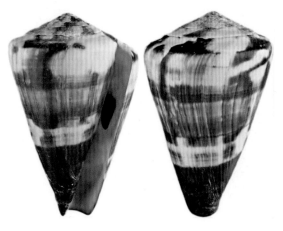

图 2.332　旗帜芋螺

333. 维多利亚芋螺 （*Conus victoriae*），命名者及时间：Reeve，1843

（1）外形特征

螺壳尺寸 35～65 mm。贝壳坚固，通常呈倒圆锥形或纺锤形，螺旋部低平或稍高，体螺层高大。壳面平滑或具螺肋、螺沟或颗粒等突起。壳表色彩及花纹鲜艳斑斓，常被有黄褐色的壳皮。

（2）分布

分布于澳大利亚的西部和北部。

图 2.333 维多利亚芋螺

334. 山水芋螺 （*Conus vicweei*），命名者及时间：Old，1973

（1）外形特征

螺壳尺寸 60～91 mm。贝壳坚固，通常呈倒圆锥形，螺旋部稍高，体螺层高大。壳面平滑或具螺肋、螺沟或颗粒等突起。贝壳表面赤褐色或淡棕色，布有箭状纹，隐见淡色横带多条。

（2）分布

分布于缅甸、马六甲海峡和印度尼西亚。

图 2.334 山水芋螺

335. 战场芋螺（*Conus villepinii*），别名：威尔勒宾芋螺、美宾芋螺，命名者及时间：Fischer & Bernardi，1857

（1）外形特征

螺壳尺寸 32～93 mm。

（2）分布

分布于美国佛罗里达州南部至巴西南部海域。

图 2.335　战场芋螺

336. 堇花芋螺（*Conus violaceus*），命名者及时间：Cernohorsky，1977

（1）外形特征

螺壳尺寸 39～93 mm。

（2）分布

主要分布于印度洋，如东非、毛里求斯、查戈斯和马斯克林群岛海域。

图 2.336　堇花芋螺

337.　小瀑布芋螺（*Conus virgatus*），命名者及时间：Reeve L A，1849

（1）外形特征

螺壳尺寸多变，35～70 mm。贝壳狭窄坚固，通常呈双圆锥形，螺旋部高，体螺层高大。壳面平滑。贝壳表面粉红色至白色，全壳有排列为连续不规则的红褐色纵向条纹和斑点；颜色和花纹美丽，常被有黄褐色的壳皮。

（2）分布

分布于太平洋从墨西哥下加利福尼亚州到秘鲁北部海域。

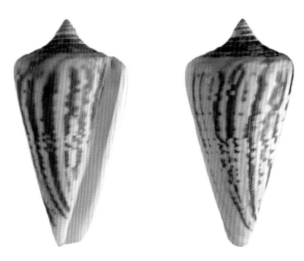

图2.337　小瀑布芋螺

338.　玉女芋螺（*Conus virgo*），命名者及时间：Linnaeus，1758

（1）外形特征

螺壳尺寸50～151 mm。

（2）分布

分布于印度洋至太平洋海域。

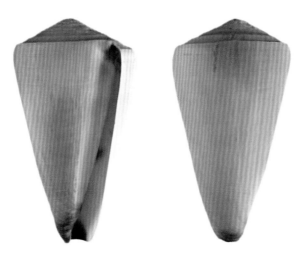

图2.338　玉女芋螺

339．维瑟芋螺（*Conus visseri*），命名者及时间：Delsaerdt A，1990

（1）外形特征

螺壳尺寸 8 mm。

（2）分布

分布于泰国普吉岛。

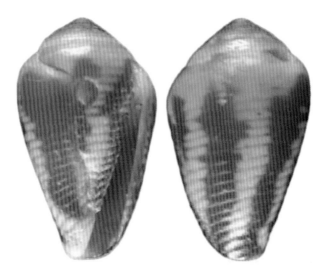

图2.339　维瑟芋螺

340．书卷芋螺（*Conus voluminalis*），命名者及时间：Reeve，1843

（1）外形特征

螺壳尺寸 30～72 mm。贝壳呈倒圆锥形，螺旋部低平，体螺层高大。壳面平滑或具螺肋。贝壳颜色为棕色、黄色至橘黄色和白色相杂，有 1～2 条白色宽带。

（2）分布

分布于孟加拉湾至菲律宾海域。

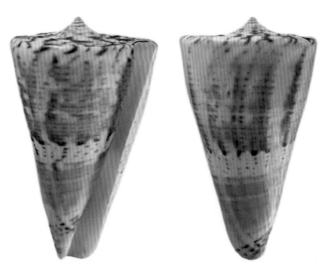

图2.340　书卷芋螺

341. 黄菊芋螺（*Conus xanthicus*），命名者及时间：Dall W H，1910

（1）形态特性

螺壳尺寸 22～50 mm。

（2）分布

分布于墨西哥西部至洪都拉斯海域、科隆群岛。

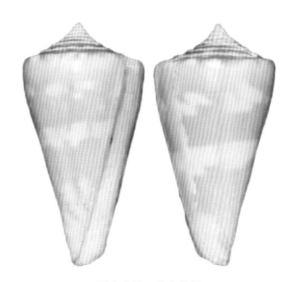

图 2.341 黄菊芋螺

342. 斑纹芋螺（*Conus zebra*），命名者及时间：Lamarck，1810

（1）外形特征

螺壳尺寸 21～40 mm。

（2）分布

分布于印度尼西亚至澳大利亚北部海域、所罗门群岛。

图 2.342 斑纹芋螺

343．砖墙芋螺（*Conus zonatus*），命名者及时间：Hwass J G，1792

（1）外形特征

螺壳尺寸35～88 mm。壳颜色为浅紫色，带有窄的栗色线条和白斑，白斑不规则地聚在一起形成螺旋状排列的白色条带。贝壳厚重，螺塔部短小，侧面有凹陷，壳顶有尖锐突起，后期螺层上有沟槽。体形大，侧面几乎平直，肩部微圆。

（2）分布

分布于塞舌尔、马斯克林群岛、印度、泰国和印度尼西亚苏门答腊。

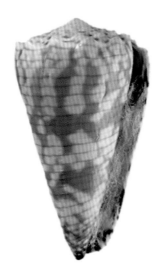

图2.343　砖墙芋螺

第三部分 Part ❸

芋螺索引

中文名索引（含别名）

拉丁名索引

附：编者简介

石　琼：博士、教授、研究员，深圳市华大海洋研究院院长、深圳华大海洋科技有限公司副总经理兼首席科学家、中国科学院大学华大教育中心博士生导师，研究方向：水产基因组学、海洋药物、鱼类分子育种。

高炳淼：博士、副教授，海南医学院药学院科研办公室主任，硕士生导师，研究方向：海洋药物资源开发。

彭　超：深圳市华大海洋研究院工程师，深圳华大海洋科技有限公司项目主管。

吴　勇：博士、副研究员，海南大学热带生物资源教育部重点实验室，硕士生导师，研究方向：海洋药物资源开发和利用。

朱晓鹏：博士、助理研究员，海南大学海洋学院，研究方向：海洋药物。

陈　琴：硕士、讲师，海南广播电视大学，研究方向：海洋生物技术。

林　波：博士、助理研究员，海南医学院基础医学与生命科学学院，研究方向：药物结构及功能。

安婷婷：硕士，海南省药物研究所，研究方向：海洋药物，新药研发与药物检测。

易　博：博士、副主任药师，中国人民解放军第一八七中心医院药剂科副主任。

唐天乐：博士、讲师，海南医学院热带医学与检验医学院，研究方向：环境毒理学与污染控制。

张　章：硕士研究生，海南大学热带农林学院，研究方向：海洋生态毒理学。

任　洁：博士研究生，海南大学热带农林学院，研究方向：海洋生物技术。

姚　戈：博士、助理研究员，中国人民解放军军事科学院防化研究院。

杨家安：博士、首席科学家，麦科罗医药科技（武汉）有限公司总经理，中科院深圳先进研究院客座教授，研究方向：蛋白结构信息和应用，开创PFSC技术支持生物制药研究。

黄　海：博士、教授，海南热带海洋学院生命科学与生态学院。

林学强：硕士、助理研究员，海南华大海洋科技有限公司总经理。

徐军民：硕士、研究员，深圳市华大海洋研究院名誉院长，深圳华大海洋科技有限公司总经理。